MONOGRAPHIEN AUS DEM GESAMTGEBIET DER PHYSIOLOGIE DER PFLANZEN UND DER TIERE

HERAUSGEGEBEN VON

F. CZAPEK-PRAG † · **M. GILDEMEISTER**-BERLIN · **R. GOLDSCHMIDT**-BERLIN · **C. NEUBERG**-BERLIN · **J. PARNAS**-LEMBERG
W. RUHLAND-LEIPZIG

REDIGIERT VON W. RUHLAND

VIERTER BAND

ELEKTROPHYSIOLOGIE DER PFLANZEN

VON

KURT STERN

BERLIN
VERLAG VON JULIUS SPRINGER
1924

ELEKTROPHYSIOLOGIE DER PFLANZEN

VON

DR. KURT STERN
FRANKFURT AM MAIN

MIT 32 ABBILDUNGEN

BERLIN
VERLAG VON JULIUS SPRINGER
1924

ISBN-13: 978-3-642-88802-1 e-ISBN-13: 978-3-642-90657-2
DOI: 10.1007/978-3-642-90657-2

Vorwort.

Dies Buch ist die erste zusammenfassende Darstellung der pflanzlichen Elektrophysiologie; denn die umfangreichen Werke Boses berücksichtigen nur eigene Versuche und Anschauungen, die Darstellung Biedermanns beschränkt sich auf die elektromotorischen Erscheinungen, im Pfefferschen Handbuch sind gemäß seiner Anlage die einzelnen Abschnitte über elektrophysiologische Themen auseinandergerissen, und sie sind verhältnismäßig sehr knapp gehalten. Die letzten zwei Jahrzehnte seit dem Erscheinen der letzten Auflage der Pfefferschen Pflanzenphysiologie haben nicht nur eine Fülle neuer Erfahrungstatsachen auf unserem Gebiete kennengelehrt, sondern vor allem durch die Entwicklung der physikalischen Chemie und physikalisch-chemischen Biologie die Möglichkeit und die Aufgabe geschaffen, die Erfahrungstatsachen nicht nur zu registrieren, sondern unter einheitlichen und kausalen Gesichtspunkten zu beleuchten. Der Versuch hierzu ist im vorliegenden Buche gemacht. Nicht die Mitteilung der Beobachtungstatsachen als solche, sondern gerade ihre Verknüpfung nach physiologischen und physikalisch-chemischen Gesichtspunkten war das Ziel, das mir bei der Abfassung vorschwebte. Als Beispiel sei auf die Verknüpfung der Bethe-Toropoffschen Membranversuche mit denen Schellenbergs über Elektrotropismus verwiesen (S. 103) oder auf das Kapitel über die quantitativen Beziehungen zwischen Reiz und Reaktion. Dabei lag es in der Natur der Sache, daß einzelne Ausführungen, wie die über das Reizmengengesetz (S. 54) oder über Reizleitung (S. 197), obwohl von rein elektrophysiologischen Tatsachen ausgehend, zu Schlußfolgerungen führten, die weit über den Rahmen pflanzlicher Elektrophysiologie hinausgreifen.

Frankfurt a. M., Oktober 1923.

Kurt Stern.

Inhaltsverzeichnis.

Druckfehlerberichtigung.

Seite 27 Z. 7 v. o. Ladung statt Lagerung,
„ 52 Z. 2 v. o. Wurzeln „ Muskeln,
„ 65 Z. 3 v. o. Reaktion „ Organisation,
„ 173 Z. 6 v. u. tetanisch „ mechanisch.

I. Die physikalischen Grundlagen der pflanzlichen Elektrophysiologie.

Die pflanzliche Elektrophysiologie umfaßt alle diejenigen Prozesse in der Pflanze, in denen elektrische Energie durch Umwandlung aus anderen Energieformen erzeugt oder durch Umwandlungen in andere Energieformen verbraucht wird, und die weiteren Wirkungen dieser Transformationen. Diese weiteren Wirkungen sind als „Reaktionen" der Pflanze verhältnismäßig leicht zu untersuchen und gut bekannt, während die sie auslösenden Energietransformationen schwierig aufzuklären und wenig aufgeklärt sind. Der Darstellung dieses Themas soll eine kurze Erläuterung seiner physikalischen Grundlagen vorausgeschickt werden.

Die typische Pflanzenzelle besteht aus einem Zellsaftraum, der allerseits von einer Protoplasmamembran umgeben wird. Diese Protoplasmamembran wird ihrerseits von einer mit wäßriger Salzlösung getränkten Cellulosehaut umschlossen. Der Zellsaft enthält Salze und organische Stoffe, wie Farbstoffe, Zucker, Eiweiß, teils echt, teils kolloid in Wasser gelöst. Das Protoplasma stellt eine teils grob-, teils kolloiddisperse Emulsion von Eiweiß, Fett und anderen organischen Stoffen in wäßriger Lösung dar, erhält aber durch mannigfache suspendierte feste Teilchen zugleich den Charakter einer Suspension. Bald überwiegt in ihm der Sol-, bald der Gelcharakter, wie es überhaupt als Ganzes wie in einzelnen seiner Teile alle möglichen Phasenmischungen, -trennungen und -umwandlungen zeigen kann, deren ein so kompliziert gebautes System fähig ist. Für gelöste Stoffe ist es nur teilweise durchlässig, und speziell seine äußere und innere Grenzschicht besitzen eine besondere selektive Permeabilität. Die Cellulosehaut wird oft durch Einlagerungen, Ausscheidungen oder Umwandlungen in ihrer chemischen und physikalischen Beschaffenheit verändert z. B. verholzt, verkorkt oder mit einer Wachsschicht imprägniert. Da derartig gebaute Zellen die Bausteine der Pflanzen sind, so müssen die an Pflanzen beobachteten elektrischen Erscheinungen auf die elektrischen Vorgänge in der einzelnen Zelle bzw. in Zellaggregaten zurückzuführen sein. Die physikalischen Grundlagen der pflanzlichen Elektrophysiologie müssen also der Betrachtung der elektrischen Vorgänge an Systemen entnommen werden, die die in elektrischer Hinsicht charakteristischen Eigenschaften pflanzlicher Zellen und Zellkomplexe zeigen.

A. Die Erzeugung elektrischer Energie aus anderen Energieformen.

Jede Produktion elektrischer Energie setzt den Verbrauch einer äquivalenten Menge anderer Energie voraus. Prinzipiell kann jede beliebige Energieform in elektrische umgewandelt werden. Aus Zweckmäßigkeitsgründen wird jedoch in der Technik und im Laboratorium vor allem chemische, osmotische und mechanische Energie zur Erzeugung elektrischer Energie verwendet. (Akkumulator — Konzentrationskette — Dynamomaschine.) Dieselben Energietransformationen könnten auch in der Pflanze stattfinden; denn sie verfügt über chemisch reaktionsfähige Stoffe, über Konzentrationsdifferenzen und mechanische Bewegung von Flüssigkeit oder festen Teilchen. Damit es jedoch mit diesen Mitteln zur Erzeugung elektrischer Energie kommt, müssen noch spezielle Bedingungen gegeben sein, die wir im folgenden betrachten wollen.

1. Die Erzeugung elektrischer Energie aus chemischer.

Damit chemische Energie in elektrische umgewandelt werden kann, müssen reagierende Stoffe, die bei unmittelbarer Berührung ihre Ladungen aneinander direkt abgeben, räumlich getrennt sein, so daß die Ladungen sich nur durch Vermittlung von Ladungen auf- und abgebenden Stoffen ausgleichen können. Solche Ladungen auf- und abgebende Stoffe nennt man Elektroden. Das bloße Vorhandensein von Elektroden würde jedoch nur das Auftreten von elektrischen Potentialdifferenzen verständlich machen; denn wenn die Elektroden durch Aufnahme oder Abgabe von Ladungen ein bestimmtes Potential erreicht haben, so würde die dadurch entstehende elektromotorische Gegenkraft an ihrer Grenzfläche die Aufnahme weiterer gleichnamiger Ladungen, also den Fortgang dieses Prozesses verhindern. Damit die Aufnahme und Abgabe von Ladungen zwischen Elektroden und Elektrolyt dauernd unterhalten werden kann, d. h. die den Strom liefernde chemische Reaktion, muß ein ständiger Ausgleich der auf den Elektroden erzeugten Spannungen möglich sein, und dieser wird erst durch das Hinzutreten einer leitenden Verbindung zwischen den Elektroden ermöglicht.

Die für die Umwandlung von chemischer in elektrische Energie erforderlichen Bedingungen werden offenbar im Organismus vielfach gegeben sein. Die räumliche Trennung reagierender Stoffe kann leicht durch die zahlreich vorhandenen Membranen bewirkt werden. Aber deren Bedeutung beruht nicht nur in dieser Trennungsfunktion, sondern die Membranen sind auch befähigt, aus den umgebenden Lösungen Ladungen aufzunehmen und an sie abzugeben. Die Membranen wirken also, wie zuerst Wilhelm Ostwald hervorgehoben hat, im Organismus als Elektroden. Damit es aber zum Fließen eines elektrischen Stromes und nicht nur zu einer Aufladung der Membranen kommt, müssen diese leitend verbunden werden. Dies kann geschehen dadurch, daß wir von außen zwei solche Membranen leitend verbinden, wie es bei jeder Ableitung einer Potentialdifferenz im Experiment geschieht. Es kommt aber offenbar bereits durch die leitende Substanz des Organismus selbst in seinem Innern zur Strombildung, so daß die von außen angelegte leitende Verbindung nur einen Nebenschluß erzeugt. Über den Verlauf, Stärke usw. der Ströme im Innern der Pflanzen wissen wir freilich nichts. Es soll nur erwähnt werden, daß anscheinend, abgesehen von der Strombildung durch leitende Verbindung zweier Membranen, auch eine Strombildung innerhalb einer Membran zustande kommen kann, wie Freundlich ausgeführt hat. Wenn nämlich deren beide Grenzflächen auf verschiedenes Potential geladen sind, z. B. dadurch, daß die eine an eine oxydierende, die andere an eine reduzierende Substanz angrenzt, so wird ein Strom einerseits durch die capillare Flüssigkeit der feincapillar gedachten Membran fließen, andererseits durch die stets mehr oder weniger leitende Substanz der capillaren Wände kurzgeschlossen sein können. Es würde also zur Bildung von Lokalströmen kommen, die so lange fließen, wie die treibende Potentialdifferenz an den Membranflächen durch Aufnahme bzw. Abgabe von Ladungen aus der Umgebung aufrechterhalten wird.

2. Die Erzeugung elektrischer Energie aus osmotischer.

Außer chemischer Energie kann auch die beim Ausgleich von Konzentrationsdifferenzen gewinnbare Energie in der Pflanze in elektrische Energie transformiert werden. Wenn wir eine Kette aufbauen von der Form $Ag/\underset{I}{AgNO_3}/\underset{II}{AgNO_3}/Ag$ — zwischen 2 Silberelektroden verschiedene Konzentrationen eines Silbersalzes —, so erhalten wir einen Strom von der verdünnteren zur konzentrierteren Lösung; an der in die verdünnte Lösung tauchenden Elektrode wird Silber aufgelöst, auf der anderen Silber niedergeschlagen. Dadurch werden die beiden Elektroden auf verschiedenes Potential aufgeladen, und bei leitender Verbindung zwischen ihnen findet ein Ausgleich der Ladungen statt. Dieser gestattet den Elektroden Aufnahme bzw. Abgabe neuer Ladungen, und der Ausgleich, d. h. der elektrische Strom, dauert so lange, bis durch die Abscheidung von $Ag^{\cdot}$ an der Kathode und deren Abspaltung an der Anode Konzentrationsgleichgewicht hergestellt ist. Da, wie wir wissen, allenthalben in der Pflanze Konzentrationsdifferenzen von Elektrolyten auftreten und durch den Stoffwechsel dauernd aufrechterhalten werden können, so wird auch in ihnen durch leitende Verbindung von elektrodenartig wirkenden Membranen, die durch Angrenzen an verschiedene Elektrolytkonzentrationen auf verschiedenes Potential geladen sind, eine Umwandlung von Konzentrationsenergie in elektrische zustande kommen können, sei es, daß diese Verbindung im Organismus selbst stattfindet, sei es, daß sie durch einen von außen angelegten Leiter erzielt wird. Für die elektromotorische Kraft solcher Konzentrationsketten ist übrigens im allgemeinen nicht nur die Differenz der Elektrodenpotentiale maßgebend. Dies ist nur dann der Fall, wenn die Wanderungsgeschwindigkeit von Kat- und Anionen die gleiche ist. Ist sie verschieden, was vor allem bei Säuren und Alkalien infolge der besonders großen Wanderungsgeschwindigkeit von $H^{\cdot}$- und OH'-Ionen der Fall ist, so entsteht an der Grenzfläche von konzentrierter gegen verdünnte Lösung noch ein Diffusionspotential. Zwei verschieden konzentrierte Lösungen suchen sich stets durch Diffusion auszugleichen. Wenn nun z. B. an der Grenzfläche einer konzentrierten gegen eine verdünnte HCl-Lösung HCl in die verdünnte Lösung hineindiffundiert, so eilt das schnellere $H^{\cdot}$ voran und, indem das langsamere Cl'

zurückbleibt, kommt es zu einer Scheidung von positiver und negativer Elektrizität an der Grenzfläche. Diese Scheidung kann aber nicht sehr weit fortschreiten. Sie erzeugt nämlich eine elektromotorische Gegenkraft, da sich ja positive und negative Elektrizität elektrostatisch anziehen, so daß sich bei einer durch das Verhältnis der Wanderungsgeschwindigkeiten von Kat- und Anionen und ihrer Konzentrationen bestimmten Potentialdifferenz an der Grenzfläche, eben dem Diffusionspotential, ein Gleichgewichtszustand einstellt. Dieses Diffusionspotential muß also mit positivem oder negativem Vorzeichen, je nachdem es der elektromotorischen Kraft (EMK) des Elektrodenpotentials gleich oder entgegengesetzt gerichtet ist, dem Elektrodenpotential zugerechnet werden. Cremer hat darauf hingewiesen, daß derartige Diffusionspotentiale vor allem in den verschiedensten nichtwäßrigen Phasen im Organismus von Bedeutung sein könnten. Nimmt man an, daß in dem nichtwäßrigen Lösungsmittel oder in einer Membran die Diffusionsgeschwindigkeit des einen Ions gleich Null sei, so läuft dies darauf hinaus, daß die Membran nur für das andere Ion permeabel ist, sich also wie eine Metallelektrode gegenüber einem zugehörigen Metallsalz verhält. Rohonyi hat ausgeführt, daß man Ketten aus Elektrolyten und dazwischengeschalteten Membranen konstruieren könne (Ferrocyankupfer, Gerbsäuregelatine), in denen die Membran durch eine Schicht reinen Wassers ersetzt werden könne, ohne daß sich die EMK der Kette ändere. Die Membranen haben dabei nach ihm die Bedeutung eines elektrolytfreien wäßrigen Mediums, und die beobachteten EMK der Ketten seien Diffusions-EMK. Auf Grund dieser Versuche kommt er zu der Anschauung, daß die bioelektrischen Potentialdifferenzen auf Diffusions-EMK beruhen, die an der Grenzfläche von salzhaltigen wäßrigen Phasen gegen die wäßrige, salzfreie, saure Plasmamembran entstehen.

Dagegen bezieht Beutner die Entstehung dieser Potentialdifferenzen auf das Auftreten von Phasengrenzkräften (Haber) an der Grenze von wäßrigen und öligen Phasen. Durch thermodynamische Untersuchungen von Nernst und Haber wissen wir, daß ebenso wie an der Grenzfläche Metall/Elektrolytlösung auch an der Grenzfläche beliebiger, unmischbarer elektrolytischer Leiter im allgemeinen Potentialdifferenzen auftreten müssen. Experimentell sind derartige Potentialdifferenzen und mit deren

Hilfe aufgebaute Ketten von Haber und Klemensiewicz untersucht worden, z. B. die Ketten: wäßrige Lösung variabler $[H^{\cdot}]$/Glas, (Benzol)/wäßrige Lösung variabler $[H^{\cdot}]$. Die Versuchsanordnung war dabei folgende (Abb. 1). Ein am unteren Ende zu einer dünnwandigen Glaskugel aufgeblasenes, mit KCl oder verschieden saurer Lösung gefülltes Glasröhrchen taucht in ein mit Lösung verschiedener $[H^{\cdot}]$ gefülltes Becherglas. Von dieser Lösung wird durch eine Kalomelelektrode zur Erde, von der Lösung in der Glaskugel zu einem Elektrometer abgeleitet. Die beobachtete Potentialdifferenz kann, da andere Kräfte nicht in Frage kommen,

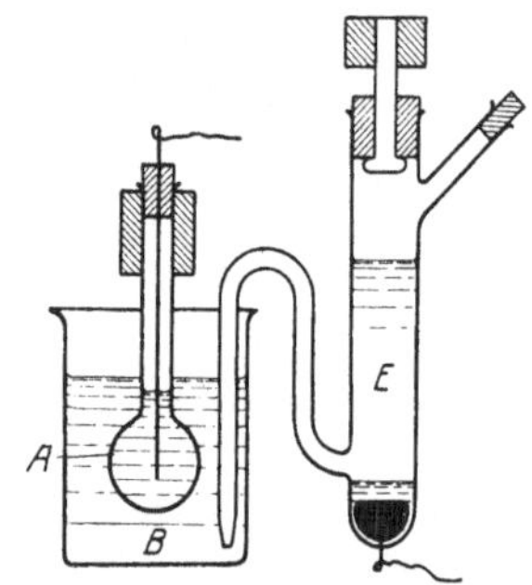

Abb. 1. Nach Freundlich, Capillarchemie.

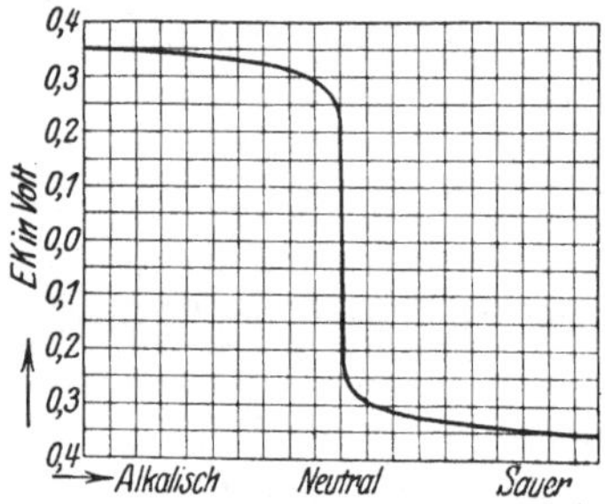

Abb. 2. Nach Höber, Physik, Chemie.

nur die Summe der beiden Phasengrenzkräfte zwischen Außen- und Innengrenzfläche der Glaskugel gegen die angrenzenden Lösungen sein. Es zeigte sich, daß die EMK dieses Systems mit dem Verhältnis der $[H^{\cdot}]$ im Becherglas und Glaskugel variierte, und zwar entsprechend folgender experimentell und theoretisch gefundenen Kurve (Abb. 2). Man sieht aus ihr, daß besonders in der Nähe des Neutralpunktes bereits geringe Änderungen der $[H^{\cdot}]$ der einen Lösung Potentialdifferenzen von einigen Zehntel Volt erzeugen. Wie Freundlich und Rona experimentell zeigten und Haber bereits annahm, wird die EMK der Kette eindeutig durch das Verhältnis der $[H^{\cdot}]$ in den beiden Lösungen bestimmt, während Beimischungen anderer, speziell stark absorbierbarer Ionen auf die Größe der EMK ohne Einfluß sind, soweit sie nicht durch ihre Anwesenheit das Verhältnis der $[H^{\cdot}]$ verändern. Haber hat die Bedeutung derartiger Phasengrenzkräfte an der Grenze beliebiger, nicht mischbarer elektrolythaltiger

Phasen für die Elektrophysiologie klar erkannt und auch versucht, die Aktionsströme an Muskeln durch infolge von Säureproduktion an der tätigen Stelle entstehende Phasengrenzkräfte zu erklären.

Auf diesen Haberschen Untersuchungen hat später Beutner zum Teil gemeinsam mit I. Loeb weitergebaut. Er untersuchte vor allem die Phasengrenzkräfte an der Grenze wäßriger Lösungen gegen organische, mehr oder weniger wasserunmischbare Substanzen, die er als Öle bezeichnet. Dabei wurden folgende Ketten untersucht:

A. Ketten mit einem Öl zwischen zwei verschiedenen wäßrigen Lösungen.

1. Die beiden wäßrigen Lösungen enthalten zwei verschiedene Salze in gleicher Konzentration.

2. Die beiden wäßrigen Lösungen enthalten dasselbe Salz in verschiedenen Konzentrationen.

B. Ketten mit zwei verschiedenen Ölen zwischen zwei identischen wäßrigen Lösungen.

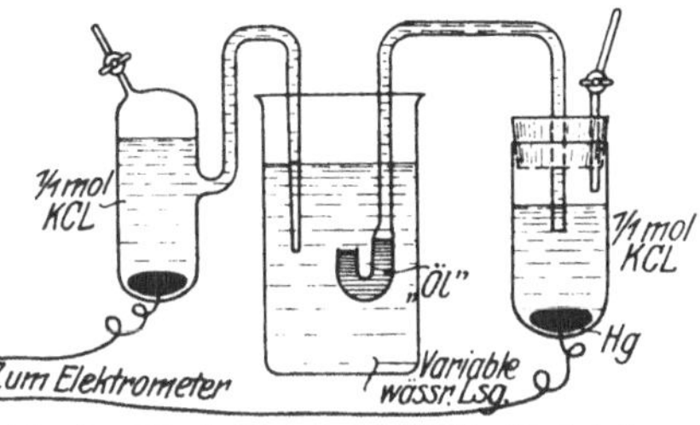

Abb. 3. Nach Beutner, Die Entstehung elektrischer Ströme.

A 1. In ein Becherglas mit variabler wäßriger Lösung taucht ein doppelt u-förmig gebogenes Rohr (Abb. 3), dessen unterer Teil mit dem zu prüfenden Öl gefüllt ist, während der obere mit der anderen Lösung gefüllt ist und in die KCl-Lösung einer ableitenden Kalomelelektrode taucht. Durch eine zweite Kalomelelektrode wird vom Becherglas abgeleitet. Die EMK dieser Kette ist dann gleich der Summe der elektromotorischen Teilkräfte 1, 2, 3, 4, nämlich:

$$\text{Elektrode}\underset{1}{/}\text{Lösung I}\underset{2}{/}\text{Öl}\underset{3}{/}\text{Lösung II}\underset{4}{/}\text{Elektrode.}$$

Da als Elektrodenflüssigkeit $\frac{m}{1}$ KCl-Lösung gewählt ist, so sind, wie sich aus Berechnungen Nernsts ergibt, die Potentialsprünge 1 und 4 als minimal zu vernachlässigen. Die EMK der Kette hängt also lediglich von den EMK an der Grenzfläche des Öls gegen die zwei verschiedenen Lösungen ab. Die Größe und Richtung der EMK dieser Ketten wird nach Beutner bestimmt durch die Verteilungskoeffizienten der beiden verschiedenen Salze zwischen Wasser und Öl. Es handelt sich also um Konzentrationsketten, bei denen die Ölschicht der wäßrigen, die Inhomogenität enthaltende Schicht bei den oben erwähnten Silberkonzentrationsketten entspricht, während die Grenzflächen gegen die beiden verschiedenen Lösungen den Silberelektroden entsprechen. Sie sind genau wie diese oder die Glasmembran in den Versuchen von Haber und Klemensiewicz der Sitz von Phasengrenzkräften, wie sich auch thermodynamisch zeigen läßt.

A 2. Dasselbe gilt von den Ketten, in denen das Öl einerseits von einer konzentrierten, andererseits von einer verdünnten Lösung desselben Salzes begrenzt wird, wobei, wie durch Leitfähigkeitsmessungen gezeigt wurde, die Salzverteilung zwischen wäßriger und öliger Phase nicht dem Nernstschen Verteilungssatz, also der Konzentration proportional, erfolgt. Die chemische Natur des Öls, die bei den Ketten vom ersten Typ im allgemeinen von untergeordneter Rolle ist, hat hier eine beträchtliche Bedeutung. Saure oder säurehaltige Öle geben nämlich einen umgekehrt gerichteten Strom wie basische.

B. Auch die Zusammenstellung von zwei aneinandergrenzenden verschiedenen Ölen zwischen zwei identischen Lösungen, also:

$$\text{Lösung}/\underset{1}{\text{Öl I}}/\underset{2}{\text{Öl}}\ \underset{3}{\text{II}}/\text{Lösung}$$

ergab Ketten. Die EMK dieser Ketten war im wesentlichen an den beiden Grenzflächen gegen die wäßrigen Lösungen lokalisiert. Dasjenige Öl, das mehr Salz aufnahm, erwies sich als positiv gegen das weniger aufnehmende Öl. Entsprechende elektromotorische Erscheinungen zeigten sich auch an Niederschlagsmembranen.

3. Die Erzeugung elektrischer Energie aus mechanischer, photischer, thermischer.

Nachdem wir die physikalischen Grundlagen für die Elektrizitätsproduktion in der Pflanze aus chemischer und Konzentrationsenergie besprochen haben, bleibt uns noch die Betrachtung der Gewinnung von elektrischer Energie aus mechanischer. Während diese in der Technik im allgemeinen durch Erzeugung von Induktionsströmen stattfindet, kommt für die Pflanze vor allem die Elektrizitätsproduktion durch Flüssigkeitsbewegungen in Frage, ein Fall, der von früheren Autoren, z. B. von Kunkel, als die einzige Quelle pflanzlicher Elektrizitätsproduktion angesehen wurde. Preßt man durch eine Capillare die Lösung eines verdünnten Elektrolyten und leitet durch Kalomelelektroden mittels KCl-Gelatine von den beiden Enden der Capillare zu einem Elektrometer ab, so erhält man einen Ausschlag, der als Strömungspotential bezeichnet wird. Ebenso erhält man eine Potentialdifferenz, wenn man feines Pulver in einer Flüssigkeit herabfallen läßt und seitlich oben und unten von der Flüssigkeit ableitet, ohne daß die fallenden Teilchen mit den Elektroden in Berührung kommen. Derartige Potentiale durchfallende Teilchen sind von Stock für in Äther oder Toluol fallendes Quarzpulver gemessen worden. Das Auftreten der Potentialdifferenzen in diesen Fällen beweist, daß mit der bewegten Flüssigkeit bzw. den fallenden Teilchen freie elektrische Ladungen gewandert sind. Es muß eine elektrische Doppelschicht zwischen bewegter und unbewegter Substanz in diesen Systemen bestehen, deren eine Belegung in die bewegte, deren andere Belegung in die unbewegte Substanz fällt. Die nächstliegende Annahme wäre wohl, diese Doppelschicht für identisch anzusehen mit der durch die bereits besprochenen Phasengrenzkräfte erzeugten Doppelschicht, wie sie ja von Haber und Klemensiewicz und Beutner aufgezeigt worden ist. Dies ist nun aber, wie eine einfache Überlegung zeigt, nicht der Fall. Wenn wir eine wassergefüllte Capillare aus Glas oder sonst einem wasserbenetzbaren Stoffe haben, so haftet bekanntlich die unmittelbar am Glase gelegene Wasserschicht — sie soll als „Wandschicht" bezeichnet werden — sehr fest am Glase. Da aber die Strömungspotentiale bereits bei durch geringe Überdrucke erzielten Wasserbewegungen auftreten, so treten sie also auf, wenn die leicht bewegliche innere Flüssigkeitsschicht sich gegen die Wandschicht verschieben wird, und die fragliche Potentialdifferenz muß ihren Sitz an der Grenzfläche zwischen beweglicher und unbeweglicher Flüssigkeitsschicht haben. Die elektrische Phasengrenzkraft dagegen muß ihrer ganzen Natur nach eine elektrische Doppelschicht erzeugen, deren eine Belegung in der wäßrigen Phase, deren andere im Glas bzw. Öl sitzt. Also kann die fragliche Potentialdifferenz, die sog. elektrokinetische Potentialdifferenz oder ζ nicht mit der Phasengrenzkraft ε identisch sein. Es ließ sich aber auch experimentell zeigen, daß ζ und ε nicht identisch sind. Freundlich und Rona gingen von der

Annahme aus, daß, wenn Phasengrenzkraft und elektrokinetische Potentialdifferenz identisch seien, Beeinflussungen der einen auch Beeinflussungen der anderen zur Folge haben müßten. Ein Mittel zur Beeinflussung von ζ lag, wie schon lange bekannt, in dem Zusatz stark absorbierbarer Ionen zu einer ursprünglich davon freien, für elektrokinetische Versuche dienenden Flüssigkeit vor. Es wurden also Versuche gemacht, in denen mit derselben Lösung und Glasmembran einmal nach der Methode von Haber und Klemensiewicz ε, zum anderenmal ζ mittels Messung von Strömungspotentialen bestimmt wurde. Es ergab sich, daß ζ äußerst empfindlich auf gewisse Zusätze reagierte, z. B. nach Zusatz von 1—2 Mikromolen Aluminiumchlorid oder 50 Mikromolen Krystallviolett seinen Sinn umkehrte, also die vorher positive Elektrode des Strömungspotentials nach Zusatz zur negativen wurde und umgekehrt. Dagegen erwies sich ε, wie bereits bei Besprechung der Phasengrenzkräfte erwähnt, nur insoweit durch Zusätze veränderlich, als diese die die Größe von ε eindeutig bestimmende [H˙] veränderten, während bei Konstanthalten der [H˙] durch ein Puffergemisch selbst so aktive Stoffe wie Aluminiumchlorid und Krystallviolett ohne jeden Einfluß auf die Größe von ε blieben.

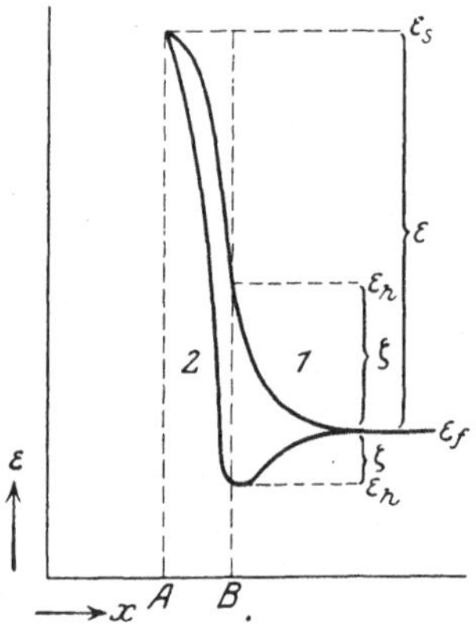

Abb. 4. Nach Freundlich, Capillarchemie.

Sind also ε und ζ sowohl örtlich wie ihrem Verhalten nach verschieden, so fragt es sich, in welchem Verhältnis sie denn zueinander stehen. Eine anschauliche Vorstellung hiervon kann man sich an Hand eines Diagramms von Smoluchowski bilden. Es stellt einen Längsschnitt durch eine Capillare mit angrenzender Lösung dar (Abb. 4). *A* bedeutet die Grenzfläche der festen Wand gegen die Flüssigkeit, *B* die der Wandschicht gegen die bewegliche Flüssigkeit rechts von *B*. Die Ordinaten der eingezeichneten Kurven 1 und 2 stellen die Höhe des elektrischen Potentials an den Punkten des Systems dar, die durch den Schnittpunkt der betreffenden Ordinaten mit der Abszisse dargestellt werden, also z. B. die Ordinate der Kurve 1 in *A* das Potential an der Grenzfläche festflüssig. Der in der Kurve 1 dargestellte Potentialverlauf versinnbildlicht den Fall, in dem das Potential von der Grenzfläche festflüssig ab ständig sinkt. An der Grenzfläche der Wandschicht gegen die bewegliche Flüssigkeit hat es bereits etwa die Hälfte seines Betrages verloren und nimmt nach dem Innern der Flüssigkeit zu weiter ab. ε als Potentialdifferenz zwischen je einer Belegung der Doppelschicht in der festen und flüssigen Phase ist durch $\varepsilon_s - \varepsilon_f$ gegeben, ζ jedoch, das die Potentialdifferenz zwischen Wandschicht und freibeweglicher Flüssigkeit darstellt, ist durch $\varepsilon_h - \varepsilon_f$ gegeben, stellt also nur einen Teilbetrag von ε dar. Da jedoch, wie wir gesehen, auch bei gleichbleibendem Vorzeichen von ε Umkehr des Vorzeichens von ζ stattfinden kann, z. B. in den Freundlich - Ronaschen Versuchen durch Aluminiumchlorid und Krystallviolett, so muß die Potentialkurve in einer flüssigkeitserfüllten Capillare nicht nur den einfachen Verlauf von 1 haben können, sondern es müssen auch Formen der Kurve wie 2 vorkommen können, bei denen ja ζ umgekehrtes Vorzeichen wie ε hat. Anschaulich kann man sich mit Gouy diese diffuse Doppelschicht, wie sie in v. Smoluchowskis Diagramm dargestellt wird, etwa derart vorstellen, daß an der einen Belegung — Grenzfläche von fester Phase gegen Wandschicht — eine Anreicherung von Kationen stattfindet, ihr gegenüber in der Flüssigkeit eine Anreicherung von Anionen bzw. Verarmung an Kationen, die sich über mehrere Molekülschichten erstrecken kann und nach dem Innern der Flüssigkeit zu asymptotisch abnimmt.

Eine direkte Umwandlung von Licht in elektrische Energie, wie sie etwa im Hallwachseffekt, d. i. der positiven Aufladung einer bestrahlten Metallplatte, vorliegt, dürfte, soweit bekannt, für die Elektrizitätsproduktion der Pflanze keine Bedeutung haben. Wo eine Umwandlung von Licht in elektrische Energie in der Pflanze erfolgt, wird dies vielmehr wohl immer auf dem Umwege über photochemische Prozesse erfolgen. Im Prinzip würde eine derartige Umwandlung den Vorgängen im photogalvanischen Element entsprechen. Wenn man zwei mit einer dünnen Schicht eines lichtempfindlichen Silberhalogens bestrichene Platinplatten in eine Salzlösung taucht und nur die eine Platte belichtet, wobei eine Reduktion des Silbersalzes auf der belichteten Elektrode stattfindet, so erhält man einen elektrischen Strom, den Strom einer Reduktionskette.

Die direkte Umwandlung von Wärme in elektrische Energie, wie wir sie z. B. in den Thermoelementen haben, hat, soweit sich bei unserer Unkenntnis der Vorgänge im Protoplasma etwas darüber sagen läßt, nur untergeordnete Bedeutung.

B. Die Umwandlung elektrischer Energie in andere Energieformen.

Bei der Umwandlung elektrischer Energie in andere Energieformen in der Pflanze kann es sich entweder um die Umwandlung selbstproduzierter elektrischer Energie oder von außen zugeführter handeln, ohne daß für die Transformation dadurch ein prinzipieller Unterschied entstände.

1. Die Umwandlung elektrischer in mechanische Energie.

Diese Umwandlung erfolgt vor allem in der Pflanze in den sog. elektroosmotischen und kataphoretischen Erscheinungen. Teilt man eine in einem Gefäß enthaltene Flüssigkeit durch ein poröses Diaphragma, taucht in jeden Teil eine Elektrode und schickt einen elektrischen Strom durch das System, so beobachtet man, daß die Flüssigkeit von der einen Seite des Diaphragmas zur anderen strömt und dort bis zu einer gewissen Höhe steigt, bei der dann der hydrostatische Druck der hinübergewanderten Flüssigkeitsmenge dem Bestreben des elektrischen Stromes, weitere Flüssigkeit zu überführen, das Gleichgewicht hält. Man kann das Diaphragma auch durch ein System von Capillaren oder eine Capillare ersetzen, so daß seine Wirkung also als die eines Systems von Capillaren aufzufassen ist. Die Analogie der geschilderten Erscheinung mit der Osmose, bei der ja auch in einer von zwei durch ein Diaphragma getrennten Flüssigkeiten gleichen Niveaus eine Niveauverschiebung stattfindet, hat ihr den Namen Elektroosmose eingetragen. In den beschriebenen Versuchen ist das Diaphragma unbeweglich, die Flüssigkeit beweglich; den umgekehrten Fall: bewegliches Diaphragma, ruhende Flüssigkeit haben wir vor uns, wenn wir in der Flüssigkeit kolloid- oder grobdisperse feste Teilchen oder Tröpfchen einer nicht mischbaren Flüssigkeit suspendieren. Diese wandern dann im Potentialgefälle, und zwar, sofern sie aus derselben Substanz bestehen wie das ruhende Diaphragma bei der Elektroosmose, zur entgegengesetzten Elektrode wie zu derjenigen, zu der die Flüssigkeit beim festen Diaphragma gewandert wäre. Man nennt diese Erscheinung Kataphorese der suspendierten Teilchen. Auf Elektroosmose beruhen auch gewisse von Lemström beobachtete Erscheinungen, auf die wir in einem späteren Kapitel noch zurückkommen. Lemström tauchte eine Capillare in ein Gefäß mit Wasser. Das Wasser stand in leitender Verbindung mit der Erde. Oberhalb der Capillare, durch eine Luftschicht von wechselnder Entfernung vom Wassermeniscus der Capillare getrennt, befand sich eine Metallspitze in leitender Verbindung mit dem negativen Pol einer Influenzmaschine (Abb. 5). Der positive Pol derselben ist geerdet. Wenn die Maschine in Wirksamkeit tritt, so geht also ein elektrischer Strom durch die Spitze, Luft, Capillarenwasser und Wasser im Gefäß zur Erde, und es zeigen sich nach einigen Augenblicken Wassertropfen im oberen Teil der Röhre, wenn deren Innenseite vorher benetzt war. Das Wasser steigt, solange der Strom fließt, dauernd an der Wand hinauf, und nur das durch die Schwerkraft bewirkte Wiederherabsinken verhindert, daß die heraufbeförderte Wassermenge proportional der Zeit zunimmt. Noch bei 75 cm Abstand der Spitze vom Wassermeniscus in der Capillare beobachtete Lemström die Tröpfchenbildung, bei noch größerer Entfernung noch ein Heraufkriechen des Wassers an den Glaswänden.

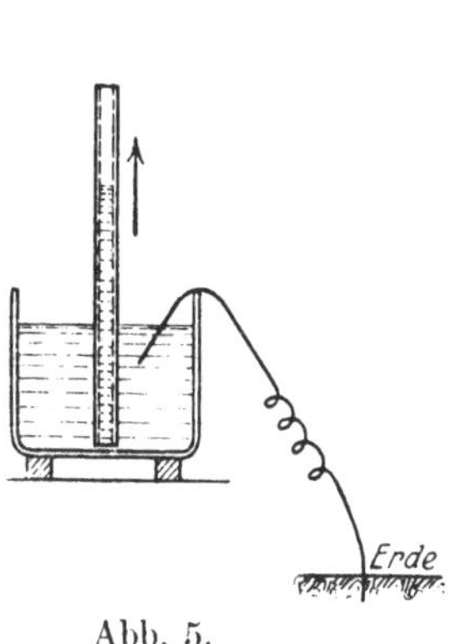

Abb. 5.

Das Auftreten von Kataphorese und Elektroosmose ist nach dem über die Strömungspotentiale und Potentiale durch fallende Teilchen Gesagten leicht verständlich. Wir haben dort festgestellt, daß zwischen der an einer capillaren Wand bzw. einem festen Teilchen festhaftenden Wandschicht und der an sie grenzenden freibeweglichen Flüssigkeit eine Potentialdifferenz bestehen muß, die sog. elektrokinetische Potentialdifferenz ζ. Es verhalten sich also die freibewegliche Flüssigkeit bzw. die mit der festhaftenden Wasserschicht beladenen Partikelchen wie große Ionen, und bei Anlegen einer äußeren EMK müssen sie deshalb wie diese überführt werden. Die Größenordnung von ζ liegt bei einigen 10^{-2} Volt. Die Richtung von ζ hängt von der Natur des festen Stoffes und der Flüssigkeit ab. Bei schwach sauren festen Stoffen lädt sich die Wandschicht, d. h. die ihnen fest anhaftende Flüssigkeit, meist negativ, die umgebende Flüssigkeit dagegen positiv. Umgekehrt ist die Wandschicht in schwach basischen Stoffen meist positiv. Man kann sich dies durch die Annahme erklären, daß im allgemeinen bei solchen Stoffen das $H^{\cdot}$ bzw. OH' eine größere Lösungstention haben wird als das entsprechende An- bzw. Kation und demgemäß die Wandschicht die Ladung des Ions mit dem geringeren Lösungsdruck annehmen wird. Doch sind die obwaltenden Verhältnisse noch nicht ganz aufgeklärt.

Die Größe und Richtung von ζ wird außer von der Natur der Membran auch von der Natur und Konzentration der Flüssigkeit bestimmt. Ist z. B. die Wandschicht negativ gegen die Flüssigkeit, so läßt sie sich durch positive Ionen mehr oder weniger entladen und umladen, ist sie positiv gegen die Flüssigkeit, so findet die Ent- und Umladung durch negative Ionen statt. Der Punkt, in dem die elektrokinetische Potentialdifferenz den Wert Null erhält, heißt isoelektrischer Punkt. Es handelt sich bei der Ent- und Umladung offenbar um Adsorption der wirksamen Ionen. Besonders einflußreich sind die mehrwertigen Ionen wie $Al^{\cdots}$ $Ce^{\cdots}$ $Th^{\cdots\cdot}$ $FeCy^{\cdots\cdot}$ sowie $H^{\cdot}$ und OH'. Die Umladung gelingt vor allem leicht, wenn die Wandsubstanz von einem amphoteren Elektrolyten gebildet wird. So fand I. Loeb, daß Kollodiummembranen von den eben genannten mehrwertigen Kationen nicht umgeladen wurden, daß dagegen diese Umladungen eintraten, nachdem die Membran mit Eiweiß imprägniert war. Die Abhängigkeit von ζ von der Konzentration der in Lösung befindlichen Ionen ist kompliziert, im allgemeinen wächst mit steigender Elektrolytkonzentration ζ bis zu einem Maximum, um bei weiterem Anwachsen der Konzentration wieder zu sinken.

Von der Konzentration der in der Flüssigkeit gelösten Ionen hängen die elektrokinetischen Erscheinungen nicht nur insofern ab, als diese die Größe von ζ beeinflußt, sondern auch insofern, als sie die Dicke der elektrischen Doppelschicht ändert. In hohen Konzentrationen findet man deshalb keine elektrokinetischen Erscheinungen mehr, weil die Dicke der elektrischen Doppelschicht hier so gering wird, daß diese unmittelbar an der festen Phase anliegt und sich nicht so weit ins Innere der Flüssigkeit erstreckt, daß noch zwischen Wandschicht und freibeweglicher Flüssigkeit eine wirksame Potentialdifferenz besteht. Dazu kommt noch, daß in konzentrierten Lösungen die Stromleitung, die sich bei den elektrokinetischen Versuchen stets als Summe von galvanischer Leitfähigkeit der vorhandenen Ionen und der Oberflächenleitfähigkeit der bewegten geladenen Oberflächenschicht darstellt, größteneils durch die vorhandenen Ionen übernommen wird. In verdünnten Lösungen ist die eben erwähnte Vermehrung der normalen Leitfähigkeit durch Oberflächenleitfähigkeit experimentell leicht festzustellen. So fand Stock, daß die Leitfähigkeit von Nitrobenzol und Anilin vervielfacht wird, wenn man diesen Flüssigkeiten sorgfältig gereinigtes Quarzpulver zusetzt. Auf Elektroosmose durch die oben erwähnten Lokalströme in Membranen beruhen nach Freundlich möglicherweise auch gewisse anormale osmotische Vorgänge, also Flüssigkeitsbewegungen, die besonders von I. Loeb studiert worden sind. Loeb füllte Kollodiumsäckchen, die in der Regel mit einer Eiweißhaut imprägniert waren und an denen ein Steigrohr angebracht war, mit Elektrolytlösung. Wurde das Ganze in reines Wasser getaucht, so erhielt Loeb teils positive, teils negative Osmosen, d. h. Bewegung der Flüssigkeit vom Becherglas in die Elektrolytlösung oder umgekehrt ins Becherglas. Bei Verwendung von einwertigen Alkalisalzen zeigte sich mit zunehmender Konzentration eine Zunahme der positiven Osmose, die bei etwa 4 Millimol pro Liter ihr Maximum erreichte, um dann wieder abzunehmen, schließlich eine neue Zunahme der Osmose von etwa 60 Millimol pro Liter an. Das Verhalten bis 60 Millimol entspricht ganz der Stärke der Elektroosmose durch entsprechende Gelatinemembranen in entsprechenden Salzlösungen bei von außen angelegter Spannung, so daß Loeb die Flüssigkeitsbewegungen bei diesen Konzentrationen im wesentlichen für elektroosmotischer Natur hält, während erst bei höheren Konzentrationen die eigentliche Osmose sich geltend mache. Diese Anschauung wird auch durch die Parallelität von Elektroosmose und Flüssigkeitsbewegung bei niedrigen Konzentrationen mehrwertiger Ionen gestützt. Doch ist die Rolle, die Quellungserscheinungen bei dem ganzen Beobachtungskomplex spielen, wohl noch nicht genügend geklärt (Flusin).

2. Umwandlung elektrischer Energie in osmotische.

Mit der Erzeugung mechanischer Energie aus elektrischer Energie ist vielfach die Erzeugung osmotischer Energie verbunden. Beim Durchströmen einer Elektrolytlösung, in die ein beliebiges poröses Diaphragma eingeschaltet ist (verwendet wurde Gelatine, Eiereiweiß, Agar-Agar, Schweinsblase, Kollodium, Holz, Kohle, Gips), treten nämlich nach den Untersuchungen von Bethe und Toropoff außer der besprochenen elektroosmotischen Verschiebung der Flüssigkeit zu beiden Seiten des Diaphragmas entgegengesetzte Konzentrationsänderungen aller in der Lösung enthaltenen Ionen ein. Die Konzentrationsänderungen der Neutralionen an den Membranen wurden durch deren Titration in 2 Kammern beiderseits der Membran nach Verlauf einer bestimmten Zeit festgestellt. Die Konzentrationsänderungen der H˙, also die Neutralitätsstörungen, wurden durch den Umschlag eines zugesetzten Indicators (Rosolsäure) bestimmt. Alkalischwerden wird durch eine scharfe rote Linie direkt am Diaphragma angezeigt, Säuerung durch Umschlag des in neutraler Lösung orangefarbenen Indicators in Gelb. Die Zeit, nach welcher bei Veränderung nur einer Variablen, z. B. der Spannung der Farbumschlag des Indicators beobachtet werden konnte, die Zeit also, die zur Hervorbringung einer Neutralitätsstörung von bestimmter Größe erforderlich ist, nennen Bethe und Toropoff Störungszeit und benutzen sie als Maß der Neutralitätsstörung. Es zeigte sich, daß die Abhängigkeit der Störungszeit von der angelegten Spannung durch eine hyperbelähnliche Kurve dargestellt wird. Für unsere späteren Erörterungen besonders wichtig sind die Kurven, die sich für die Beziehung zwischen Störungszeit einerseits, durch das Diaphragma geschickter Elektrizitätsmenge $(I \cdot t)$ bzw. elektrischer Energie $(I^2 \cdot t)$ andererseits ergaben. In obenstehender Abb. 6 sind die Störungszeiten als Abszissen $I \cdot t$ bzw. $I^2 \cdot t$ als Ordinaten eingetragen und durch Kurven

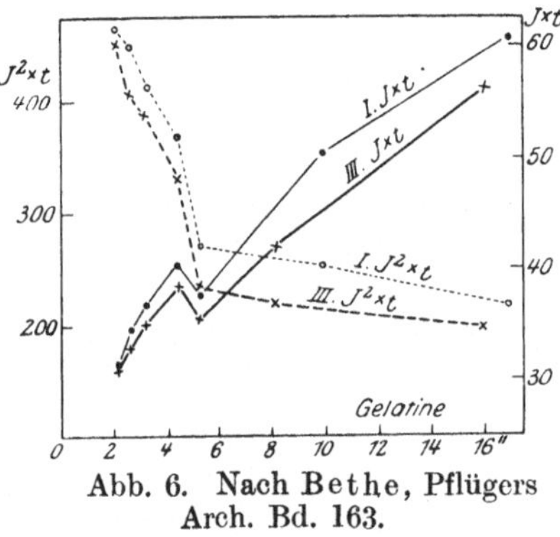

Abb. 6. Nach Bethe, Pflügers Arch. Bd. 163.

verbunden. Man sieht, daß die zur Erreichung der Störungszeit erforderliche elektrische Energie beim Übergang von sehr kurzen zu etwas längeren Störungszeiten rasch abnimmt, um bei noch längeren Störungszeiten der Abszisse annähernd parallel zu gehen, also konstant zu bleiben. Betrachtet man die Abhängigkeit der zur Erreichung der Störungszeit erforderlichen Elektrizitätsmengen von der Länge der Störungszeit, so ergibt sich, daß sie keineswegs konstant sind, sondern mit der Dauer der Störungszeit zunehmen. Betrachtet man ferner die Abhängigkeit dieser Elektrizitätsmengen von der Spannung, so ergibt sich für Kollodium und Pergament mit der Zunahme der Spannungen eine Zunahme der Elektrizitätsmenge, für Gelatine dagegen eine Abnahme, d. h. mit steigender Spannung wird bei Kollodium und Pergament die durchgeschickte Elektrizitätsmenge immer schlechter, bei Gelatine immer besser ausgenutzt im Hinblick auf die Erzielung einer bestimmten Neutralitätsstörung. Mit zunehmender Konzentration der Elektrolyte nehmen die Störungszeiten bei gleichbleibender Spannung ab. Die Elektrizitätsmengen dagegen, die zur Hervorbringung der Störung nötig sind, nehmen wesentlich zu, d. h. die Konzentrationsänderungen bezogen auf gleiche Elektrizitätsmengen werden bei steigender Konzentration geringer. Mit der Verdichtung des Diaphragmenmaterials, wie sie für Gelatinemembranen durch Verwendung verschieden konzentrierter Gelatine erreicht wurde, nimmt die Größe der Konzentrationsänderungen zu.

Vergleicht man die Störungszeit in äquinormalen Lösungen von Salzen mit gleichem An- bzw. Kation, aber verschiedenem Kat- bzw. Anion, so ergibt sich eine deutliche Abhängigkeit der Störungszeit von der Natur der anwesenden Ionen. Die Neutralitätsstörung wird gefördert durch Anionen in der Reihenfolge:

$$\text{Citrat} > PO_4 > C_2O_4 > SO_4 > I > Br > Cl > NO_3\,,$$

durch Kationen in der Reihenfolge:

$$NH_4 > Ni > K > Cs > Na > Ng > Ba > Ca > La > Co(NH_3)_6\,.$$

Während also die Förderung durch Anionen von den dreiwertigen über die zweiwertigen zu den einwertigen abnimmt, ist für Kationen die Förderung durch die einwertigen am stärksten, die dreiwertigen am geringsten. Vor allem aber ist die Größe und Richtung der Konzentrationsänderung und Wasserbewegung eine Funktion der [H˙] der Ausgangslösung. Die Abb. 7 zeigt dies für NaCl-Lösung bei verschiedener [H˙]. Diese wurde durch Zusatz von HCl und NaOH erzielt, der so bemessen wurde, daß die Cl′ stets $\frac{m}{100}$ betrug. Die Abszissenachse gibt die Werte der p_H der Ausgangslösung an, die Ordinaten geben a) die Zu- und Abnahme der Cl′ auf der Kathodenseite des Diaphragmas an verbunden durch die ausgezogene Kurve, b) die Werte der Verschiebung des Meniscus bei der elektroosmotischen Flüssigkeitsbewegung verbunden durch die gestrichelte Kurve, beides bezogen auf gleiche Elektrizitätsmengen für jede [H˙]. Die Kurven zeigen, daß Wasserbewegung und Konzentrationsänderung bei annähernd der gleichen [H˙] ihre

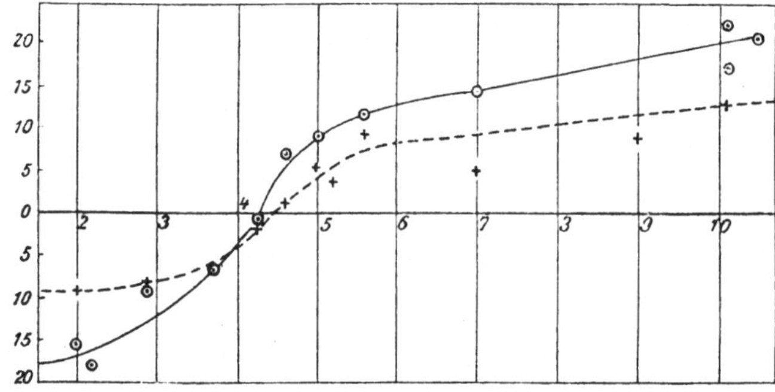

Abb. 7. Nach Bethe u. Toropoff, Zeitschr. f. physik. Chem. **89.**

Richtung ändert. In der Nähe dieses Umkehrpunktes sind die Änderungen von Konzentration und Wasserbewegung am größten. Bei Kollodium, Holz und Kohle ist die Richtung der Konzentrationsänderung und Wasserbewegung bei jeder [H˙] derart, daß die Zunahmen auf der — Seite des Diaphragmas zustande kommen und der Wasserstrom mit dem positiven Strom geht, wie dies ja für die elektroosmotische Bewegungsrichtung von Wasser das Normale ist. Bei der Besprechung dieser Erscheinungen war bereits erwähnt, daß jedoch besonders Membranen, die aus amphoteren Elektrolyten aufgebaut sind, wie Gelatine, Eiereiweiß, Schweinsblase, leicht umladbar sind. Bethe und Toropoff finden, daß an solchen Membranen durch Variieren der [H˙] nicht nur Umkehr der Bewegungsrichtung der Flüssigkeit, sondern mit dieser zugleich Umkehr der Neutralitätsstörung erzielt werden kann. Während bei niedriger [H˙] die normale Bewegung des Wassers zum negativen Pol stattfindet, und die Zunahme der Konzentration aller Ionen auf der — Seite des Diaphragmas auftritt, tritt bei hoher [H˙] eine Umladung der betreffenden Membranen auf, durch die mit der Umkehr des Wasserstromes auch der Ort der Konzentrationszunahmen der Ionen von der — auf die +Seite des Diaphragmas verschoben wird. Die Lage des Indifferenzpunktes, in dem keine Wasserverschiebung eintritt, ist je nach der Art der gegenwärtigen Ionen verschieden. Mehrwertige Anionen verschieben ihn nach der sauren, mehrwertige Kationen nach der alkalischen Seite. In der Regel liegt er in der Nähe des Neutralitätspunktes auf der sauren Seite.

Die beobachteten Konzentrationsänderungen werden von Bethe und Toropoff folgendermaßen erklärt: Die Ausbildung der elektrokinetischen Doppelschicht in den Capillaren der Membranen kommt dadurch zustande, daß in der festhaftenden Wandschicht eine Anreicherung von Anionen bzw. Kationen stattfindet, wenn diese sich negativ bzw. positiv auflädt, während in der gegenüberliegenden Belegung in der beweglichen Flüssigkeit eine Anreicherung von Kat- bzw. Anionen auftritt. Die Stromleitung wird durch Kat- und Anionen besorgt. Aber die in der festhaftenden Wandschicht befindlichen Ionen werden eine geringere Beweglichkeit haben, als sie die Ionen in der freibeweglichen Flüssigkeit haben. Es wird also die Überführungszahl, die das Maß der Ionenbeweglichkeit darstellt, für die in der Wandschicht angereicherten Ionen verringert gegenüber ihrer Überführungszahl in freibeweglichem Wasser, und infolgedessen wird das Verhältnis der Überführungszahlen von Anionen und Kationen in der Membran ein anderes sein wie in der freien Lösung. Ist dies der Fall, so muß es an den Membrangrenzen gegen die betreffende Lösung zu Konzentrationsänderungen kommen. Denn angenommen, die Überführungszahlen für ein Kation und dazu gehöriges Anion eines Salzes wären in Wasser m und $1-m$, in der Membran aber n und $1-n$, wobei $m > n$ sein soll, also z. B. das Kation durch Absorption in seiner Beweglichkeit gehindert, so werden beim Durchgang von einem Farad an die nach der Anode zu liegende Grenzfläche m-Kationen herangeführt, n-Kationen von ihr weggeführt. Also kommt es an ihr zu einer

Vermehrung der Kationen um $m - n$ Äquivalente, während an der nach der Kathode zu gelegenen Grenzfläche n-Kationen zu —, m von ihr weggeführt, also eine Zunahme um $n - m$ Äquivalente $= -(m - n)$, d. h. eine Abnahme um $m - n$ Äquivalente auftritt. Dieselbe Überlegung zeigt, daß auch die Anionen an den entsprechenden Grenzflächen um die entsprechenden Beträge, also $m - n$ Äquivalente, zu- bzw. abnehmen. Berücksichtigt man noch, daß die Stromleitung in einem in wäßriger Lösung befindlichen capillaren Diaphragma nicht nur durch die Salzionen, sondern auch durch die Ionen des Wassers bewirkt wird, so ergibt sich durch eine entsprechende Betrachtung, wie Bethe und Toropoff zeigten, auch die experimentell gefundene Neutralitätsstörung sowie die elektroosmotische Wasserbewegung, die nach Bethe und Toropoff vor allem auf Wanderung von an Ionen gebundenem Hydratwasser beruht. Zur Erzeugung von Konzentrationsänderungen an den Membranen ist aber, wie obige Betrachtung lehrt, die Annahme einer capillaren wasserdurchtränkten Membran gar nicht notwendig. Es genügt bereits jedes 2. Lösungsmittel als Membran, indem die Wanderungsgeschwindigkeiten der Ionen von derjenigen in der wäßrigen Lösung abweicht. Nernst und Riesenfeld haben derartige Konzentrationsänderungen zuerst errechnet, und Nernst hat diese Betrachtungen zur Grundlage einer Theorie der Erregung gemacht, auf die wir im späteren zu sprechen kommen.

Die bei Stromdurchgang an den Phasengrenzen in der Zelle auftretenden Konzentrationsänderungen, mit denen oft chemische Reaktionen verknüpft sein werden, lassen eine der angelegten EMK entgegengesetzt gerichtete entstehen, die ganz der Polarisation entspricht, die bei Stromdurchgang durch Elemente an der Grenzfläche von Elektrolyt und Elektrode auftritt.

3. Umwandlung elektrischer Energie in chemische.

Die Bedingungen für die Umwandlung chemischer in elektrische Energie haben wir oben besprochen. In allen diesen Fällen wird auch durch Aufwand elektrischer Energie eine entsprechende, umgekehrt verlaufende Reaktion zustande kommen können (Elektrolyse). Wird z. B. durch leitende Verbindung einer Wasserstoff- und Sauerstoffelektrode unter Bildung von Wasser ein elektrischer Strom erzeugt, so wird umgekehrt durch Durchleiten eines elektrischen Stromes durch eine wäßrige Lösung Wasser in Wasserstoff und Sauerstoff gespalten. Eine derartige Elektrolyse erzeugt aber im allgemeinen durch Ansammlung von Elektrolyseprodukten an den Elektroden eine der angelegten Spannung entgegengesetzte EMK, so daß der Prozeß zum Stillstand kommt, wenn die EMK der Polarisation der angelegten EMK gleich geworden ist. Um den Prozeß trotz der Polarisation dauernd aufrechterhalten zu können, ist unter diesen Umständen eine für jeden Prozeß bestimmte Zersetzungsspannung erforderlich, die dadurch gekennzeichnet ist, daß sie größer ist als jede bei dem Prozeß mögliche Polarisationsspannung. Das Auftreten von Polarisation kann aber mehr oder weniger verhindert werden und dadurch auch ein Prozeß weit unterhalb seiner Zersetzungsspannung dauernd unterhalten werden. Dies kann erstens dadurch geschehen, daß die Elektroden selbst die entstandenen Elektrolyseprodukte aufnehmen, sog. unpolarisierbare Elektroden sind wie z. B. eine Zinkelektrode in Zinksulfat, an der sich bei Stromdurchgang entweder Zinkionen niederschlagen oder von der sich solche loslösen. Es kann zweitens dadurch geschehen, daß an den Elektroden sog. Depolarisatoren vorhanden sind, die eine Ansammlung von Elektrolyseprodukten an den Elektroden und das dadurch bedingte Entstehen einer elektromotorischen Gegenkraft verhindern. Es sind dies z. B. oxydierende oder reduzierende Stoffe, die also im Falle der elektrolytischen Wasserzersetzung an der Kathode entstehenden Wasserstoff wegoxydieren, an der Anode entstehenden Sauerstoff wegreduzieren, dadurch die Entstehung einer polarisatorischen elektromotorischen Gegenkraft gegen die angelegte EMK verhindern und den Fortgang des Prozesses auch bei unterhalb der Zersetzungsspannung liegenden angelegten Spannungen ermöglichen. Unter diesen Umständen wäre es, wie Nathanson ausgeführt hat, prinzipiell möglich, daß z. B. durch die oben erwähnten Membranströme eine elektrolytische Wasserzersetzung in der Zelle stattfindet auch beim Vorhandensein von Spannungen, die weit unter der Zersetzungsspannung des Wassers liegen. Der dabei elektrolytisch gebildete Wasserstoff und Sauerstoff könnte auf andere organische Substanzen reduzierend bzw. oxydierend wirken.

II. Die Wirkung der Elektrizität auf Protoplasma und Zelle.

Die Wirkungen der Elektrizität auf die Zelle können direkte oder indirekte sein. Direkte elektrische Wirkungen nennen wir solche, die in der unmittelbaren Umwandlung zugeführter elektrischer Energie in andere Energieformen bestehen, z. B. Kataphorese, Elektroosmose, Stromwärme usw. Indirekte elektrische Wirkungen nennen wir solche, die erst durch eine direkte Wirkung der Elektrizität ausgelöst werden. Es besteht also zwischen der Energie der elektrischen Einwirkung und der Energie der Prozesse, die die indirekte elektrische Wirkung darstellen, im allgemeinen keine Gleichheit oder auch nur Proportionalität. Derartige indirekte Wirkungen bezeichnet man bekanntlich als Reizwirkungen, und mit der Feststellung der „Reizbarkeit“ als allgemeiner Protoplasmaeigenschaft charakterisiert man diejenige seiner Eigenschaften, die bedingt, daß Zufuhr oder Abgabe beliebiger Energie in der Regel neben direkten auch indirekte Wirkungen an ihm hervorrufen.

Die allgemeinen Gesetze, die sich für die Beziehungen zwischen Reiz und Reaktion bei Einwirkung der verschiedenartigsten Reizmittel auf die Organismen ergeben haben, gelten auch für die Wirkung des elektrischen Reizes auf die Zelle.

Der elektrische Reiz muß einen gewissen Schwellenwert überschreiten, bevor es zu einer merklichen Reaktion kommt. Hörmann bestimmte die Stromdichte, die gerade bei Nitella die erste merkliche Reizwirkung, nämlich Stillstand der Plasmaströmung, hervorruft, zu $0{,}1 \cdot 10^{-9}$ Amp/cm². Eingehendere vergleichende Untersuchungen über die Größe des Schwellenwertes fehlen leider auf diesem Gebiete. Es wäre aber von höchstem Interesse, zu vergleichen, wie sich die Größe der für verschiedene Plasmata und für verschiedene Zell- und Organismenreaktionen festgestellten Schwellenwerte verhält. Möglicherweise würden sich aus einem solchen Vergleich der elektrischen Schwellenwerte, dem richtiger die Größe der erforderlichen Reizmengen als der erforderlichen Stromdichten zugrunde zu legen wäre, wichtige Schlußfolgerungen ergeben.

Aus der Tatsache der elektrischen Reizschwelle folgt ohne weiteres, daß auch eine Latenzzeit existieren muß. Diese wurde von Hörmann ebenfalls für den plötzlich eintretenden Stillstand der Plasmaströmung von Nitella auf Bruchteile einer Sekunde bis 8 Sekunden festgestellt für Reize, die nur wenig über der Reizschwelle liegen. In welcher Weise sich die Größe der Latenzzeit mit der Intensität des Reizes auf das Plasma ändert (Hyperbelgesetz?), ist an diesem selbst noch nicht untersucht, ebensowenig die Abhängigkeit der Latenzzeit von anderen Faktoren wie Temperatur usw.

Durch einen elektrischen Reiz wird die Erregbarkeit des Plasmas für folgende Reize geändert. Bei Verwendung von schwelligen Reizen fand Hörmann an Nitella, daß der 1., auch meist 2. und 3. Reiz erst bei höherer Stromstärke Stillstand der Plasmaströmung hervorrufen wie die folgenden. Dabei wurde nach jeder Reizung mit der folgenden gewartet, bis nach dem Bewegungsstillstand wieder die normale Plasmaströmung sich eingestellt hatte. Bei einer größeren Anzahl folgender Reizauslösungen blieb dann die Erregbarkeit konstant und maximal, um schließlich wieder zu sinken (Ermüdung). Auch in der Fähigkeit zur Summation unterschwelliger Reize, wie sie außer von Hörmann auch von Steinach bei Nitella festgestellt wurde, kommt die Wirkung vorangegangener Reize auf die Erregbarkeit zum Ausdruck. Steinach fand, daß bei Nitella noch elektrische Reize summiert werden, wenn ihr Intervall 6 Sekunden beträgt. Schließlich zeigt sich die Änderung der Erregbarkeit auch in dem sog. Ein- und Ausschleichen der elektrischen Ströme. Ein stärkerer elektrischer Gleichstromreiz bewirkt beim Schließen Stillstand der Plasmabewegung von Nitella an der Kathode; während des Stromschlusses stellt sich die Bewegungstätigkeit wieder her, und beim Öffnen erfolgt Stillstand an der Anode. Jede plötzliche Intensitätsänderung des Stromes während des Schlusses, sei es Zu- oder Abnahme, wirkt als neuer Stillstandsreiz (Becquerel). Wird aber der Reizstrom nicht plötzlich geöffnet, sondern ganz allmählich auf Null verringert (Ausschleichen), so gelingt es in der Regel jede Stillstandsreaktion zu verhindern (Hörmann). Dagegen läßt sich bei der Schließung durch ein allmähliches Anwachsen des Stromes von unterschwelliger zu immer höherer Stärke (Einschleichen) ein völliges Ausbleiben der Stillstandsreaktion nicht erzielen, doch scheint auch hier die Reizstärke an der Schwelle höher zu liegen wie bei plötzlichem Einsetzen der gesamten Reizstärke.

Die Abhängigkeit der Erregbarkeit durch elektrischen Reiz von anderen als elektrischen Faktoren ist leider fast noch gar nicht untersucht. Einen Fingerzeig für weitere Studien gibt hier die Beobachtung Veltens, daß mit sehr verdünnter Zuckerlösung behandelte Elodeazellen sich sensibler gegen den elektrischen Strom verhalten als vollkommen normale. Vielleicht hängt dies damit zusammen, daß durch die Zuckerlösung die Permeabilität der Zelle erhöht war und deshalb bei gleicher angelegter Spannung infolge des geringeren Widerstandes die Stromstärke größer war.

Die Art der Elektrizitätswirkung in der Zelle ist äußerst mannigfaltig. Sie hängt ab von der Dauer, Stärke und Richtung des elektrischen Reizes und von der Natur der dem Strom unterworfenen Zellen. Wir können 2 Hauptarten von Stromwirkungen unterscheiden:

a) **Physikalische Stromwirkungen.** Darunter sollen solche Stromwirkungen verstanden werden, die bei jedem beliebigen membranösen kolloiden System infolge des Stromdurchganges auftreten, z. B. Kataphorese, Elektroosmose, Konzentrationsänderungen an den Membranen.

b) **Vitale Stromwirkungen.** Darunter sollen alle die Stromwirkungen verstanden werden, die mit dem speziellen Aufbau der Zellen im Zusammenhang stehen, auch wenn es sich nicht um Wirkungen am lebenden Plasma handelt, z. B. also auch um Absterbe- und Desorganisationserscheinungen in den durchströmten Zellen.

A. Die physikalischen Stromwirkungen.

1. Kathaphorese.

Kataphoretische Wanderungen des ganzen Zellinhaltes und einzelner seiner Bestandteile sind bereits seit langem besonders an toten Zellen beobachtet worden. So fand Haidenhain (zit. nach Jürgensen), daß in Vallisneriazellen unter dem Einfluß letaler Ströme das Plasma sich von der Zellwand abhebt und an der Zellwand ansammelt, die nach dem positiven Pol zu liegt. Wechsel der Pole hat Umkehr der Bewegungsrichtung zur Folge, also wiederum Wanderung zum positiven Pol. Dubois-Reymond (1860) hat Kataphorese der Stärkekörnchen in Kartoffelzellen zum positiven Pol hin beobachtet, eine Beobachtung, die später von Munk und Velten bestätigt wurde.

Kühne beobachtete Wanderung des abgestorbenen Plasmas von Tradescantiazellen zum positiven Pol, und zwar in den Zellen in der Nähe der Kathode, deren ursprünglich violetter Zellsaft durch die an der polarisierbaren Elektrode abgeschiedene Lauge grün gefärbt war. Ob in den infolge Säurebildung rot gefärbten Zellen an der Anode Wanderung des Zellinhalts zum negativen Pol hin stattfand, wie es der Fall sein sollte, wenn das Plasma durch H^+-Adsorption sich dort positiv aufgeladen hat, ist von Kühne nicht angegeben. Velten beobachtete Wanderung des toten Elodeaplasmas zum positiven Pol. Sehr interessant ist das Bild, das dieser Forscher bei in Teilung begriffenen Cladophorazellen fand. Bei diesen wird die Zellteilung dadurch bewerkstelligt, daß in der Mitte der zylindrischen Längszellwand ein Membranring angelegt wird, der durch Anlagerung weiterer Schichten immer weiter ins Innere vorspringt, um schließlich als kreisförmige Platte die Mutterzelle in 2 Hälften zu zerlegen. In Zellen, in denen dieser Teilungsprozeß erst so weit fortgeschritten war, daß zwischen beiden Tochterzellen sich noch ein kleines Loch befand, sah Velten, wie der Inhalt aus der Zellhälfte, die nach dem negativen Pol zu lag, bei Stromschluß in die andere Zellhälfte hinüber wanderte. Beim Passieren der engsten Stelle ist entsprechend der größten Stromdiche daselbst auch die Geschwindigkeit der kataphorischen Bewegung am größten. Beim Umpolen wandert der Zellinhalt in die andere Zellhälfte. Aber auch bei konstantem Stromdurchgang findet periodisch eine gewisse Rückwanderung statt, deren Natur noch nicht ganz geklärt ist, bei der aber anscheinend elastische Kräfte eine Rolle spielen. Derartige elastische Kräfte sind vielleicht auch von Bedeutung bei dem von allen Beobachtern hervorgehobenen ruckartigen Zurückprallen des gewanderten Zellinhaltes beim Öffnen des Stromes. Es ist aber den früheren Untersuchern entgangen, daß die Hauptursache dieser Bewegung in der umgekehrten Kataphorese des Zellinhaltes durch den dem polarisierenden Strom entgegengesetzten, beim Öffnen auftretenden und rasch an elektromotorischer Kraft verlierenden Polarisationsstrom liegen muß. Thornton beobachtete, wie Diatomeen, Bakterien aus jungen Kolonien, Hefezellen, Vaucheriafäden, Pleurokokkus usw. kataphorisch zum negativen Pol geführt wurden, während Blut und andere tierische Zellen zum positiven Pol wandern. Er zieht daraus den Schluß, daß eine spezifische Differenz von tierischen und pflanzlichen Zellen in ihrer verschiedenen Wanderungsrichtung bei der Kataphorese gegeben sei. Die oben angeführten Beobachtungen, ferner diejenige Bancrofts, daß die jungen Tochterkolonien im Inneren von Volvox zum positiven Pol wandern, sowie sein eigener Befund, daß Lycogala (Myxomycet) ebendorthin wandert, zeigen aber, daß hier von einer generellen Gesetzmäßigkeit keine Rede sein kann.

Eine eingehende Untersuchung über die Verlagerung des Zellinhaltes bei elektrischer Durchströmung von Wurzelzellen der Bohne verdanken wir Meier. Die Wurzeln wurden in einer feuchten Kammer zwischen unpolarisierbaren Elektroden durchströmt mit Strömen von der Größenordnung 10^{-2}—10^{-1} M.-A. und unmittelbar darauf mit Flemmingscher Flüssigkeit fixiert. Es zeigte sich sowohl bei Durchströmungen unter wie über der Tötlichkeitsgrenze im allgemeinen eine Wanderung des Zellinhaltes nach dem positiven Pol. Die Wanderung ist nicht in allen Zonen der Wurzel gleich ausgeprägt. Nach Durchströmung mit einer Stromstärke, die erst bei 10facher Dauer tötlich gewirkt hätte, fand Meier in den Zellen unmittelbar hinter der Wurzelspitze und in den älteren Zellen mit großen Vakuolen geringe Wirkung, in den Zellen etwa 1 mm hinter der Wurzelspitze die stärkste Verlagerung. Meier schließt daraus wohl mit Recht, daß das Plasma dicht an der Wurzelspitze in einem sehr viscosen gelartigen Zustand sei, der die Wanderung erschwere, und daß das Ausbleiben in den großvakuoligen Zellen darauf beruhe, daß in diesen der größte Teil des Stromes durch den gut leitenden Zellsaft gehe und infolgedessen im schlecht leitenden Plasma eine geringe Stromdichte und demnach Wanderungsgeschwindigkeit herrsche. Der erste merkliche Effekt besteht darin, daß das Chromatin zum positiven Pol zu wandern beginnt. Kurz darauf flacht sich der Nucleolus ab. Nach Verlauf von $^1/_2$ der zur Tötung erforderlichen Zeit beginnt das Cytoplasma deutlich zum positiven Pol zu wandern, und nach $^3/_4$ dieser Zeit sind Plasma und Kernsubstanz dort angehäuft.

Sowohl in den Versuchen Meiers wie denen früherer Autoren, vor allem Veltens, wurden hin und wieder Abweichungen von der normalen Wanderungsrichtung aufgefunden, sei es, daß in einzelnen Fällen statt Wanderung zum +Pol solche zum —Pol auftrat, sei es, daß ein Teil der Zellbestandteile zum positiven, ein anderer zum negativen wanderte. Die Wanderungsrichtung zum positiven Pol macht die Annahme einer negativen Ladung der wandernden Teilchen gegen den Zellsaft bzw. Wasser erforderlich, wie sie etwa durch Absorption von OH^- oder mehrwertigen Anionen bewirkt wird. In den Fällen, in denen Wanderung zum —Pol eintritt, muß man den wandernden Teilchen positive Lagerung zuschreiben, wie sie etwa durch H^+-Adsorption oder durch Adsorption mehrwertiger Kationen erzielt wird. Es sind mir indessen nur wenig Untersuchungen bekannt geworden, die sich näher mit der Frage beschäftigen, ob in saurem Zellsaft die kataphorische Wanderung des Plasmas zum negativen Pol, in alkalischem zum positiven Pol erfolgt, und ob spezifische Zellbestandteile spezifische Ladungen tragen, die eine spezifische Wanderungsrichtung bedingen. Hardy fand keine Verlagerung des Zellkerns und keinen Einfluß auf die Kernteilungsfigur in Zwiebelwurzelzellen bei elektrischer Durchströmung, dagegen dehnte sich der Kern elliptisch in Richtung der Stromlinien, seine körnige Masse sammelte sich am +Pol, die des Cytoplasmas am —Pol.

2. Elektroosmose.

Auch die der Kataphorese reziproke elektroosmotische Wasserbewegung ist an Zellen beobachtet worden. Carlgreen hat an Volvox gefunden, daß bei Verwendung hinreichend starker Ströme lebende Exemplare von Volvox aureus am anodischen Pol zusammenschrumpfen, am kathodischen sich vorwölben. Je länger der Strom dauert, um so deutlicher tritt die Erscheinung, die übrigens auch an Paramaecien beobachtet wurde, auf. Wie sie sich mit der Leitfähigkeit des Mediums und der Natur der anwesenden Ionen ändert, ist noch nicht untersucht. Jedenfalls entspricht aber die beobachtete Wanderung des Wassers zur Kathode der in den Kataphoreseversuchen als Regel bezeichneten Wanderung der plasmatischen Substanz zum positiven Pol. Möglicherweise ist an den von Carlgreen beobachteten Erscheinungen auch Quellung und Entquellung infolge von Konzentrationsänderungen beteiligt. Elektroosmotische Wanderungen scheinen auch bei einigen von Kunkel an Pflanzen beobachteten Widerstandsänderungen infolge Durchströmung eine Rolle zu spielen. Direkte Beobachtungen der durchströmten Zellen liegen indessen nicht vor.

3. Konzentrationsänderungen.

Wir haben in einem früheren Kapitel die Überlegungen und Versuche Bethes besprochen, nach denen es allgemein an durchströmten Membranen zu Konzentrationsänderungen und Neutralitätsstörungen kommen muß. Derartige Neutralitätsstörungen sind von Bethe auch an Internodialzellen von Tradescantia myrtifolia beobachtet worden. Schnitte aus Schichten dicht unter der Stengelepidermis wurden in Ringerscher Lösung über unpolarisierbare Elektroden gebrückt und bei verschiedenen Spannungen verschiedene Zeiten hindurch durchströmt. Jede Zelle verliert bei der Durchströmung an der der Anode zugewandten Seite die natürliche violettrote Farbe des Zellsaftes und wird dort grün, ein Zeichen von Alkalibildung, während sie sich an der Kathodenseite, wenn auch weniger deutlich, gegen rot verändert als Zeichen dort auftretender Säuerung. Es handelt sich hier zweifellos nicht um Farbänderungen, die durch an den Elektroden ausgeschiedene Elektrolyseprodukte hervorgerufen werden. Das geht schon daraus hervor, daß die Alkalibildung nach der Anodenseite zu stattfindet und daß die Neutralitätsänderung rechts und links von je einer Querwand zwischen 2 Zellen entgegengesetzten Charakter hat. Bei Verwendung schwacher Ströme kann man an demselben Schnitt den Versuch bis 5mal wiederholen, bevor infolge Absterbens der Zelle das Anthocyan des Zellsaftes austritt und dadurch die weitere Fortsetzung des Versuches unmöglich macht. Der Beginn der Neutralitätsstörung wurde unter dem Mikroskop verfolgt. Die beistehende Abb. 8 gibt die Kurven für die Produkte $E \cdot t$ und $E^2 \cdot t$ als Ordinaten, die zugehörigen Störungszeiten als Abscissen. Man sieht, daß sie eine bemerkenswerte Ähnlichkeit mit den im Modellversuch an toten Membranen erhaltenen Kurven zeigen (vgl. Abb. 6). Eine Bestätigung und weitere Ausdehnung dieser Befunde auf andere

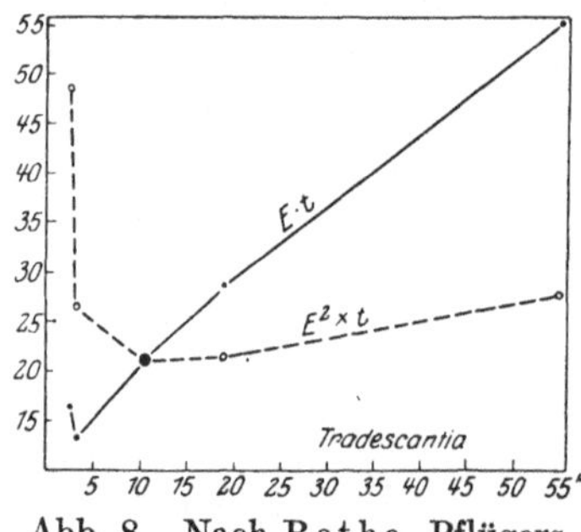

Abb. 8. Nach Bethe, Pflügers Arch. **163**.

Objekte wäre wegen der hohen Bedeutung, die diesen Konzentrationsänderungen für die Erregung der lebenden Substanz zukommen müßte, von höchstem Interesse[1]).

B. Die vitalen Stromwirkungen.

1. Einfluß auf Plasmabewegung.

Bekanntlich ist in zahlreichen pflanzlichen Zellen das Protoplasma in rotierender oder zirkulierender Bewegung. Diese Bewegung wird in typischer Weise durch elektrische Reize alteriert. Dabei hat sich als Resultat zahlreicher Untersuchungen etwa folgendes ergeben:

a) Schwache Reize rufen Verlangsamung, stärkere Stillstand der Plasmabewegung hervor.

b) Nach vorausgegangener Verlangsamung kommt es in kurzer, nach Stillstand in längerer Zeit wieder zur Aufnahme der Bewegung, sei es, daß der Strom geschlossen bleibt, sei es, daß er nach eingetretener Reaktion wieder geöffnet wird.

c) Sehr starke Ströme rufen irreversiblen Stillstand der Plasmabewegung hervor.

Becquerel hat die Erscheinung der Verlangsamung, des Stillstandes und der Wiederaufnahme der Plasmabewegung nach elektrischem Reiz zuerst an Chara festgestellt. Seine Beobachtungen wurden von Velten bestätigt und auf andere Objekte mit Plasmaströmung ausgedehnt. Hörmann hat dann in einer ausgedehnten Untersuchung an Nitella unsere diesbezüglichen Kenntnisse vertieft.

Seine Versuchsanordnung, die auch für künftige Untersuchungen Gutes zu leisten verspricht, war folgende: Der Objektträger (Abb. 9), auf dem beobachtet wurde, war durch Vaselineaufstriche in zwei rechteckige isolierte Hälften geteilt, die mit Wasser benetzt waren. Der Nitellafaden lag in der Längsrichtung des Objektträgers quer zu dem Vaselinequerstreifen in der Mitte, in den er mittels eines leicht aufgedrückten Deckgläschens versenkt wurde. Die Tonstiefel der Elektroden berührten den Objektträger etwa in der Mitte jeder seiner Hälften. Der Reizstrom trat also hauptsächlich an den Eintrittsstellen der Zelle aus der

[1]) Dabei wäre auch die von Bethe an durchströmten Nerven festgestellte Differenz in der Färbbarkeit an Anoden- und Kathodengegend zu berücksichtigen, die der Autor ebenfalls auf polarisatorische Änderungen der $[H^{\cdot}]$ zurückführt.

Vaseline in die Zelle ein und aus ihr aus. Physiologische Anode und Kathode waren also bekannt, und der Strom hatte in der ganzen durchflossenen Strecke zwischen Anode und Kathode etwa gleiche Dichte. Er wurde durch einen 2-V-Akkumulator geliefert, der durch einen Rheostaten von 10 000 Ω kurzgeschlossen war. Von diesem wurde durch Laufstöpsel abgezweigt und über eine Wippe den Elektroden zugeleitet. Bisweilen wurde auch mit Induktionsschlägen gereizt.

Bei Reizen dicht über der Reizschwelle erfolgt plötzlicher Stillstand der Plasmabewegung in der ganzen Zelle, also an Kathode und Anode. Von einer Verlangsamung der Plasmabewegung, wie sie bei anderen Objekten von anderen Autoren ziemlich allgemein gefunden wurde, berichtet Hörmann nichts, so daß ich die Antwort auf die Frage offen lassen muß, ob auch Nitella bei hinreichend schwachen Reizen eine Verlangsamung der Plasmabewegung erkennen läßt, oder ob das erste Zeichen der Reaktion stets Stillstand derselben ist. Bei stärkeren Reizströmen bewirkt Schließung Stillstand nur an der Kathodenseite, die Anodenseite bleibt scheinbar unverändert. Öffnung des Reizstromes bewirkt Stillstand an der Anode, an der Kathode nimmt die Strömungsgeschwindigkeit wieder zu. In diesen Beobachtungen treten uns zum ersten Male polare Wirkungen des Stromes auf das Plasma entgegen, die uns noch im folgenden bei den elektrotaktischen, -tropistischen und -nastischen Reaktionen überaus häufig begegnen werden und die auch in der tierischen Physiologie zu den charakteristischen Wirkungen des elektrischen Stromes gehören. Als Analogon zu den unter das sog. Pflügersche Gesetz fallenden polaren Erscheinungen am Nervmuskelpräparat sieht auch Hörmann seine Befunde an.

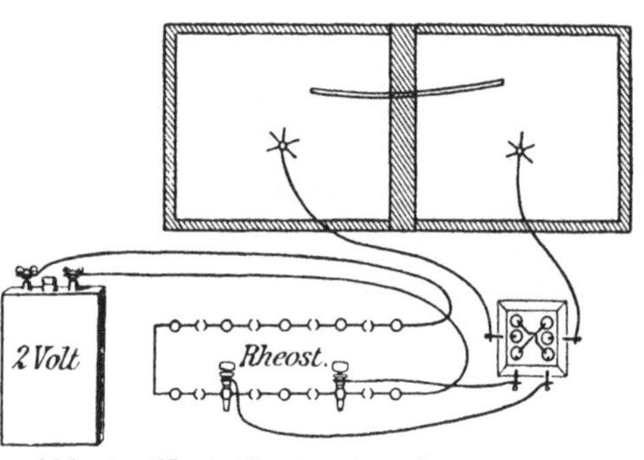

Abb. 9. Nach Hörmann, Studien über die Protoplasmaströmung.

Es handelt sich bei diesem Gesetz um folgenden Tatbestand. Sendet man durch den Nerven eines Nervenmuskelpräparates einen Strom in auf- und absteigender Richtung, d. h. in der Richtung von dem Muskel weg bzw. auf ihn zu (Abb. 15), so erhält man je nach der Stärke des verwendeten Stromes folgende Ergebnisse:

Stadium und Stromstärke	Aufsteigender Strom		Absteigender Strom	
	Schließung	Öffnung	Schließung	Öffnung
I Schwach	Zuckung	Ruhe	Zuckung	Ruhe
II Mittel	Zuckung	Zuckung	Zuckung	Zuckung
III Stark	Ruhe	Zuckung	Zuckung	Ruhe

Diese Befunde werden so gedeutet, daß bei der Schließung nur an der Kathode eine Erregung eintrete. Die bei der Schließung schwacher und mittlerer Ströme auftretende Kathodenerregung bewirke Schließungszuckung. Bei der Öffnung trete an der Anode Erregung ein, die man als Erregung durch die Kathode des Polarisationsstromes auffassen könne. Bei schwachen Strömen (I) reiche diese Öffnungserregung noch nicht hin, um Öffnungszuckung hervorzurufen, dazu bedürfe es Ströme mittlerer Intensität (II). Bei starken Strömen bewirke die Anode eine Depression; man erhalte in diesem Falle, dem 3. Stadium des Pflügerschen Zuckungsgesetzes (III) für den aufsteigenden Strom keine Schließungs- für den absteigenden keine Öffnungszuckung, da die von der Kathode des Reiz- bzw. Polarisationsstromes ausgehende Erregung nicht über die unter Depression stehende Anode hinweg zum Muskel sich ausbreiten könne. Den durch den Stromdurchgang an der Kathoden- bzw. Anodengegend erzeugten Zustand bezeichnet man als Kat- bzw. Anelektrotonus.

Hörmann will seine Ergebnisse an Nitella so aufgefaßt wissen, daß bei schwachen Reizen entsprechend dem 2. Stadium des Pflügerschen Gesetzes die von der Kathode ausgehende Erregung noch die Anode überschreiten kann und es infolgedessen zum Stillstand der Strömung in der ganzen Zelle kommt, während bei stärkeren Reizen entsprechend dem 3. Stadium des Pflügerschen Gesetzes der an der Anode auftretende Anelektrotonus die Erregbarkeit dort so herabsetzt, daß die Erregung nicht mehr über die Anode hinweggeleitet werden kann. Während des Stromschlusses stellt sich nach Hörmann zwar an der Kathode wieder die zum Stillstand gekommene Plasmabewegung ein, jedoch nicht in ihrer ursprünglichen Stärke, so daß er von einer Dauererregung durch den Katelektrotonus spricht. In den früheren Arbeiten, z. B.

bei Becquerel, wird jedoch für Chara die Herstellung der normalen Bewegungstätigkeit des Plasmas bei dauerndem Stromschluß angegeben. Dieser Punkt bedarf also weiterer Klärung. Bemerkenswert sind auch einige Angaben Hörmanns über eine gewisse Unabhängigkeit von Kat- und Anelektrotonus. Während im allgemeinen eine bestimmte Reizstärke sowohl an der Kathode beim Schließen wie an der Anode beim Öffnen Stillstand hervorruft, gelangten auch Fälle zur Beobachtung, bei denen beim Schließen keine Reaktion, aber beim Öffnen ein über die ganze Zelle sich ausbreitender Stillstand eintrat. Umgekehrt zeigten sich Fälle. bei denen zwar bei einer gewissen Stromstärke Stillstand an der Kathode beim Schließen, jedoch erst bei einer viel höheren Reaktion beim Öffnen statthatte. Erwähnt sei noch, daß bei Verwendung sehr schwacher Reize von Velten an Vallisneria und Elodea Beschleunigung von Protoplasmabewegung beobachtet und als Wirkung von Temperatursteigerung infolge Stromdurchganges gedeutet wurde. Ein exakter Nachweis für diese Deutung ist jedoch nicht gebracht, und die Möglichkeit, daß es sich auch hier um eine direkte Reizwirkung des elektrischen Stromes handelt, scheint noch nicht ausgeschlossen.

Da die Beobachtungen der genannten und anderer Autoren an den verschiedensten Objekten (Chara, Elodea, Vallisneria, Tradescantia, Cucurbita, Urtica usw.) über Verlangsamung bzw. Stillstand von Plasmabewegung nichts prinzipiell Neues bringen, vielmehr sogar die Befunde Hörmanns über polare Stromwirkung noch einer Erweiterung auf andere Objekte bedürfen, soll hier auf diese Untersuchungen nicht näher eingegangen werden. Dagegen sind noch eine Reihe weiterer tiefgreifender Elektrizitätswirkungen auf das Plasma festgestellt worden, die wir nach einer Schilderung Veltens an den Haarzellen von Cucurbita Pepo erläutern wollen. Diese Zellen zeigen ein in zirkulierender Bewegung befindliches Plasma, das teils als Wandbelag, teils in Form von den Zellsaft durchziehenden Strängen verteilt ist. Das Plasma läßt schon durch sein optisches Verhalten Zusammensetzung aus zwei verschiedenen Schichten erkennen, einer plasmareicheren, dunkleren, körnigeren und einer wasserreicheren, helleren, hyalinen. In der plasmareichen Schicht befinden sich die Körnchen in Ruhe, sowie aber Körnchen aus dieser Schicht in die wasserreiche, offenbar viel weniger viscose Schicht gelangen, zeigen sie lebhafte Brownsche Bewegung. „Läßt man“, schreibt Velten, „einen schwachen Induktionsstrom durch die Zelle gehen, so ist die erste Wirkung die, daß eine große Anzahl von Körnchen anfangen, Molekularbewegung zu zeigen. Zu gleicher Zeit wird die Strömung verlangsamt. Ist die Einwirkung etwas stärker, so treten zunächst an verschiedenen Stellen Anschwellungen auf; der Plasmafaden erscheint alsdann varikös. Die Anschwellung kann bestehen in einer kugligen Auftreibung, oder es können feine Fäden aus dem Strange hervortreten. Überläßt man das Objekt der Ruhe, so können die Fortsätze wieder eingezogen werden und die regelmäßige Strömung kann wiederum beginnen.“

Die Anschwellungen beruhen, wie die Beobachtung lehrt, in erster Linie auf weiterer Wasseraufnahme der helleren wasserreichen Plasmapartien. Unter Umständen geht diese so weit, daß die angeschwollene Stelle sich verbreitert, vollständig vom Plasmastrange abschnürt und nun frei im Zellsaft herumschwimmt als Kugel mit dichter Membran und wäßrigem Inhalt. Diese Kugeln schwellen entweder weiter an und zerplatzen dann oder sie kontrahieren sich unter dem dauernden Einfluß des elektrischen Stromes. Dieser Einfluß bewirkt bei weiterer Dauer eine Aufquellung der ganzen inneren Plasmamasse, die an den Wandbelag angeschwemmt wird, der sich schließlich als Zeichen des endgültigen Todes kontrahiert. Das Protoplasma wird nach dem positiven Pol kataphorisch geführt, und schließlich kann man nur noch an einzelnen kleineren Plasmateilchen Rotationen beobachten, deren physikalische Natur noch nicht geklärt ist.

Ganz ähnliche Erscheinungen beobachtet man an den Haaren von Tradescantia. Die Zellen der Staubfadenhaare dieser Pflanze führen, an einem protoplasmatischen Wandbelag ansetzend, zahlreiche netzförmig in violettem Zellsaft ausgespannte Protoplasmastränge. Sowohl im Wandbelag wie in den einzelnen Strängen bemerkt man Strömungen des Plasmas, die oft in einem Strange nach entgegengesetzten Richtungen verlaufen. Die Folge davon ist eine fortwährende Veränderung der Gestalt des Plasmanetzes. Velten hat in eleganter Weise die Wirkung des elektrischen Stromes in einer solchen Haarzelle lokalisiert, indem er als eine Elektrode die Spitze einer an die Zellwand gelegten Nadel benutzte. Bei Verwendung eines hinreichend schwachen Induktionsschlages trat nur an der in unmittelbarer Nähe der Nadelspitze befindlichen Plasmastelle als der Stelle größter Stromdichte Bewegungsstillstand auf. Es folgte Vakuolenbildung, Auftreibung des Plasmas und gleichzeitig lebhafte Molekularbewegung an dieser Stelle. Infolge des lokalen Stillstandes und der Zufuhr neuen Protoplasmas aus dem noch beweglichen Teil kommt es zur Klumpenbildung. Nach kurzer Zeit verschwinden jedoch die Vakuolen und Auftreibungen wieder, und das Plasma bietet ein normales Aussehen in der ganzen Zelle. Geht man von einer gerade in Ruhe befindlichen Zelle aus, so kommt es nach Kühne zu einem Zusammenfließen von Klumpen und Bläschen in der Richtung auf die stärkste Stromdichte, und diese Bewegung scheint als Reiz für die Aufnahme der normalen Zirkulation zu wirken. Wenn auch hier wie bei den Versuchen Veltens an Cucurbita polarisierbare Elektroden benutzt wurden, so geht doch aus Beobachtungen Kühnes an Tradescantia hervor, daß sich die Erscheinungen im Prinzip ebenso abspielen, wenn keine Säure- oder Alkalibildung von den Elektroden her in Frage kommt. Der Zellsaft von Tradescantia führt nämlich Anthocyan, das ein empfindlicher H^+-Indicator ist, und Kühne konnte die geschilderten Wirkungen auch in solchen Zellen nachweisen, deren unveränderte Färbung anzeigte, daß Säure- oder Alkaliwirkung nicht ihre Ursache war. Allerdings bedarf nach den erwähnten Untersuchungen Bethes an Tradescantia (Säure- und Alkalibildung an den Quermembranen auch bei Verwendung unpolarisierbarer Elektroden) die Frage einer erneuten Untersuchung, die möglicherweise ergibt, daß die charakteristischen Elektrizitätswirkungen gerade durch notwendig mit dem Stromdurchgang verbundene $[H^+]$-Änderungen am Plasma hervorgerufen werden.

Gardiner reizte Fäden von Mesocarpus pleurocarpus mit Induktionsschlägen. Ein einzelner Induktionsschlag bewirkte Kontraktion des Protoplasmas an den Querwänden der Zellen, so daß dort das Protoplasma konkav ins Zellinnere einsprang, während ein linsenförmiger Raum rechts und links von der gemeinsamen Querwand je zweier Zellen von Wasser erfüllt wurde. Bei stärkeren Schlägen kommt es auch zur Abhebung des Protoplasmas von den Längswänden. Gardiner gibt an, daß plötzliche Belichtung, Temperatursteigerung auf 45—50° und der Reiz gewisser Gifte entsprechende Kontraktionen hervorruft. Er deutet diese Kontraktionen als aktive protoplasmatische Reizbewegungen, die den Muskelkontraktionen analog seien. Es ist aber aus Gardiners Angaben nicht klar ersichtlich, ob es sich um reversible oder irreversible Kontraktionen handelt, was natürlich für ihre Deutung von grundlegender Bedeutung ist. Im letzteren Falle kann es sich, da infolge der beim Absterben eintretenden Durchlässigkeit der Membran ein starker osmotischer Gegendruck nicht zu überwinden ist, sehr wohl um eine mit der Koagulation des Protoplasmas einhergehende Schrumpfungserscheinung handeln. Indes nach den Angaben Gardiners über die kontraktive Wirkung plötzlicher Belichtung und anderer Reize sollte man eher annehmen, daß es sich um eine reversible Reizerscheinung handelt. Ist dies der Fall, so bedarf die Frage nach der Energiequelle für den Eintritt und die zeitweise Aufrechterhaltung des kontrahierten Zustandes einer eingehenden Untersuchung, die vom Standpunkt der erklärenden wie vergleichenden Physiologie von höchstem Interesse wäre.

Geht man zu Stromstärken über, die irreversible Veränderungen und damit den Tod hervorrufen, so kann man nach den Beobachtungen Klemms verschiedene Formen der Desorganisation unterscheiden Bei Tradescantia wölbt sich die innere Plasmamembran in den Zellsaft vor, und zwar an einzelnen Stellen, an denen sich Vacuolen bilden. Indem diese sich vergrößern, lösen sie sich vom wandständigen Plasma los und wandern in den Zellsaftraum, in dem so schließlich eine Anzahl größerer und kleinerer Plasmakugeln liegen mit je einer Haupt- und zahlreichen kleinen Vakuolen. Die Vakuolenwände sind lebend, zeigen oft Plasmaströmung, während das wandständige Plasma und einzelne ins Innere gelagerte Plasmaschlieren absterben. Manchmal verläuft der Prozeß auch so: Das Protoplasma quillt, die äußere Wandschicht löst sich wie bei einer Plasmolyse mehr oder weniger von der Zellmembran ab, im Plasma bilden sich Vakuolen. Während deren Wände lebend bleiben, stirbt das übrige Plasma ab, so daß das Bild schließlich dasselbe ist wie im ersten Falle. Schließlich kann drittens nach plasmolyseähnlicher Protoplastenablösung infolge Quellung die innere Plasmamembran gegen den Zellsaftraum hin platzen, und, während das körnige abgestorbene Plasma sich im Zellsaft verteilt, bilden sich einige vakuolige Kugeln. Die äußere Plasmamembran bleibt dagegen zunächst wenigstens leben und kann sich allmählich wieder vollkommen der Zellwand anlegen. Diese Beobachtung ist deshalb von Interesse, weil sie zeigt, daß auch die äußere Hautschicht des Plasmas bis zu demselben Grade einer selbständigen Existenz fähig ist, wie dies von der inneren seit den Untersuchungen de Vries' allgemein bekannt ist und damit einen gewissen Beweis für die Existenz einer optisch nicht als different erkennbaren Membran liefert. Erwähnenswert ist ferner noch, daß vor Absterben der Zelle der Kern unter Kugligwerden besonders stark quillt und, wie aus der Farbstoffspeicherung zu ersehen ist, früher als das Cytoplasma abstirbt. Auch bei anderen Objekten findet Klemm ähnlichen Verlauf des Absterbens nach letalem, elektrischem Reiz, vor allem weitgehende schaumige Vakuolisierung.

Es erübrigt sich, auf weitere ähnliche Beobachtungen über Elektrizitätswirkung auf das Plasma anderer Objekte einzugehen, wie man sie z. B. bei Brücke, Kühne und Velten findet. Bevor wir aber die bisher beschriebenen Veränderungen näher analysieren, müssen wir noch die ähnlichen Befunde am unbehäuteten Plasma bei Myxomyceten besprechen. Kühne hat sie zuerst an Didymium studiert. Das Plasmodium von Didymium besteht aus einem Netz von Plasmasträngen. An den Strängen ist eine hyaline Randschicht und eine körnerreiche in ständigem, mehr oder weniger lebhaftem Fließen befindliche Achsenschicht zu unterscheiden. Nach der Peripherie des Plasmodiums hin kommt es durch Verbreiterung und Verschmelzung einzelner Bänder zur Bildung einer durchlöcherten Platte mit gewulstetem Rand. An dieser Platte ist die hyaline Schicht sehr schmal, oft kaum nachweisbar, dagegen ist hier die Plasmaströmung außerordentlich lebhaft. Bei kurzem Tetanisieren mit schwachen Induktionsschlägen an einem Plasmodium, dessen beide Enden auf die in 4 mm Abstand befindlichen Platinelektroden gekrochen waren, fand Kühne an den Rändern der Elektroden mit Verbreiterung verbundene Verkürzung der Plasmastränge, Knorrigwerden und Abreißen einzelner Stränge, Austritt von Blasen und Stillstand der Körnchenbewegung. Nachdem die Plasmodien sich in einer feuchten Kammer erholt hatten, zeigten sie ganz normales Aussehen und Bewegung. Bisweilen beobachtete er auch Umkehr der Strömungsrichtung in den Plasmafäden und bei der Kontraktion der relativ körnerfreien Randsubstanz einen Übertritt von Körnchen aus ihr in die körnige Achsensubstanz oder auch das

Aussenden von keulenförmigen Hervorwölbungen aus der Achsensubstanz in den hyalinen Rand. Mit Gleichstrom findet Kühne beim Schließen und Öffnen oder beim Umpolen an beiden Polen kurzdauernde, schwache Kontraktionserscheinungen, die sich auch auf die nicht direkt mit den Elektroden in Berührung stehenden Teile erstreckten. Außerdem trat kataphorische Körnchenströmung vom negativen zum positiven Pole auf. Während der Dauer des Stromes zieht sich das Plasma am negativen Pol stark zusammen und wird unter Austritt von körnchenführenden Blasen zerstört, während sich am positiven Pole nur kuglige Auftreibungen entwickeln unter Grünfärbung der Körnchen, mit denen sie vollgepfropft sind. Alle Versuche Kühnes sind mit polarisierbaren Elektroden ausgeführt und schließen daher die Möglichkeit einer Mitwirkung von an den Platinelektroden sich bildenden Polarisationsprodukten (Säure, Alkali) auf die beobachtete Veränderung nicht aus. Aber die späteren Untersuchungen Verworns mit unpolarisierbaren Elektroden zeigen im wesentlichen das gleiche Bild.

Untersucht wurden von Verworn vor allem Pelomyxa und Aethalium. Das Plasmodium von Pelomyxa ist ein eiförmiges Protoplasmaklümpchen, das durch Sand, Schlamm und stark lichtbrechende normale Inhaltsbestandteile, sog. Glanzkörper, undurchsichtig ist, mit Ausnahme seiner äußersten Randpartie. Schwache, lokale Reize (Licht-, Wärme-, mechanische) bewirken, lokal angewendet, langsames Zurückziehen der gereizten Körperstelle, auf den ganzen Körper einwirkend Kugligwerden des Plasmodiums. Starke Reize bewirken, allseitig einwirkend, schnelles Kugligwerden und gleichzeitig infolge Zerfalls der äußeren Plasmaschicht Austritt des körnigen Inhalts an der ganzen Oberfläche. Bei lokaler starker Reizung tritt lokaler Zerfall des Randplasmas und der Austritt des Körperinhalts an der Reizstelle oft schon auf, bevor die Abrundung des Plasmodiums eingetreten ist. Ähnliche Wirkung ruft auch der elektrische Strom hervor. Beim Schließen eines Gleichstroms tritt Zerplatzen an der Anodenseite auf, schreitet während der Dauer des Stromschlusses nach der Kathode zu fort, wo sich zunächst das noch unversehrte Plasma sammelt, um schließlich ebenfalls zerstört zu werden. Die Fortpflanzungsgeschwindigkeit der Reizwirkung von der Anode aus nimmt mit deren zunehmender Ausbreitung ab. Sie beträgt an der Reizschwelle von der Anode bis zur Kathode etwa $^1/_2$—$^3/_4$ Minuten, bei stärkeren Reizen viel weniger. An der Kathode tritt im Moment der Schließung keinerlei merkliche Reaktion ein. Wird der Strom geöffnet, wenn die Erregung noch nicht zu weit fortgeschritten ist, so hört der Zerfallsprozeß an der Anodenseite sofort auf, während an der Kathode Plasma körnig hervorquillt. Bei erneutem Schließen bedarf es eines stärkeren Stromes als des ursprünglichen, um Erregung hervorzurufen, es ist also durch den ersten Reiz die Erregbarkeit herabgesetzt. Derjenige Teil des Plasmodiums, der die Reizung überlebt hat, nimmt nach einger Zeit wieder scharfe Umrisse an und lebt normal weiter.

Auffälligerweise tritt bei Verwendung einzelner Induktionsschläge bei Pelomyxa nur Kathodenerregung ein. Es erklärt sich dies daraus, daß bei einem einzelnen Induktionsschlag, der ja einen sehr kurz dauernden Gleichstrom darstellt, die Schließungserregung nicht Zeit hat zur Entwicklung zu kommen, so daß nur die Wirkung der Öffnung, d. h. des Aufhörens des Induktionsschlages, zur Geltung kommt. Dies ergibt sich zweifellos, wenn man durch eine geeignete Vorrichtung Gleichstromstöße von variabler Dauer auf Pelomyxa wirken läßt. Verworn erzielte diese variable Dauer durch wechselnde Zeit, während welcher zwei Kontakt gebende Drähte sich berührten. Die kürzesten Stromstöße gaben überhaupt keine Erregung, etwas längere gaben nur die der Öffnung entsprechende Kathodenerregung, noch etwas längere schwache Anodenerregung, die der Schließung des Stromes, und sofort darauf folgende Kathodenerregung, die der Öffnung des Stromes entsprach. Wird die Dauer des Stromes noch größer gewählt, so erhält man die normale Anodenschließungserregung und Kathodenöffnungserregung. Bei sehr langen Strömen blieb die Kathodenöffnungserregung aus, offenbar weil die Erregbarkeit durch die Stromdauer herabgesetzt war.

Sehr ähnliche Erscheinungen wie an Pelomyxa beobachtete Verworn an Aethalium septicum. Ein etwa 1 mm großes Stück des Plasmodiums wurde aus einem Strang herausgeschnitten und in Wasser gereizt. Bei der Schließung von Gleichstrom trat an der Anode körniger Zerfall, bisweilen verbunden mit dem Austreten von blasigen Protuberanzen, auf, an der Kathode gar keine Reaktion. Dieser Zerfallsprozeß schreitet während der Dauer des Stromschlusses bis zur Kathode fort. Wird vorher der Strom geöffnet, so hört der Zerfall auf, und unter Abstoßung der zerstörten Plasmamassen nimmt der lebende Rest wieder scharfe Umrisse an, wie sie vor Beginn des Versuches vorhanden waren. An der Kathode tritt hier beim Öffnen keine Reaktion ein. Die im Plasmodium vorhandene Körnchenströmung kommt bei Stromschluß mehr oder weniger schnell zum Stillstand, wird aber, vorausgesetzt, daß schwache, nicht zerstörende Reizströme benutzt werden, nach einiger Zeit wieder aufgenommen, ohne daß eine Beziehung zwischen ihrer Richtung und der Richtung des Reizstromes besteht.

Versuchen wir, das Gemeinsame aus all den geschilderten Plasmaveränderungen infolge elektrischer Reize herauszuheben, so kommen wir zu der etwas paradoxen Formulierung, daß dies Gemeinsame in dem Fehlen einer für alle Objekte bei einer bestimmten Reizstärke allgemein auftretenden Wirkung besteht. Wir beobachten Auftreten oder Verschwinden, Beschleunigung oder Verlangsamung aller Art Plasma- und Körnchenbewegung, Quellungen und Entquellungen, Expansionen und Kontraktionen, Koagulationen und Peptisationen, Fällungen und Lösungen, Verschwinden und Auftreten von Granulationen, Entmischungen und Mischungen (Vakuolisierung und Verschwinden derselben), Viscositätszu- und abnahmen, kurz alle möglichen Veränderungen, die überhaupt an einem komplizierten kolloiden System auftreten können. Dies ist auch durchaus verständlich, wenn man bedenkt, wie fein abgestimmt auf relative und absolute Konzentrationen der anwesenden Ionen der Zustand der verschiedenen Kolloide und Kolloidsysteme auch im Reagensglas ist. Da das Plasma jeder Art, ja jeder Zelle in verschiedenen Zuständen, ein verschiedenes hochkompliziertes Kolloidsystem darstellt, die Wirkung des elektrischen Stromes aber in Verschiebungen und damit verbundenen Konzentrationsänderungen der im Plasma, Zellsaft und Außenmedium vorhandenen Ionen besteht, so kann die Mannigfaltigkeit der auftretenden Erscheinungen je nach der Art der Zelle, nach ihrem Zustand, nach der Stärke, Dauer und Verzweigung des elektrischen Reizstromes nicht wundernehmen.

Wenn aber auch sicherlich die Wirkungen der elektrischen Durchströmung auf das Plasma äußerst mannigfaltig sind, so kann nicht verkannt werden, daß durch Anwendung kolloidchemischer Gesichtspunkte auf diesem Gebiete eine weit größere Übersicht und Einsicht in die obwaltenden Verhältnisse gewonnen werden könnte, als dies auf Grund jener zahlreichen Untersuchungen, die wir kennengelernt haben, bis jetzt der Fall ist. Denn diese Untersuchungen stammen zum größten Teil aus früheren Jahrzehnten, in denen es eine Kolloidchemie noch nicht gab und eine kolloidchemische Fragestellung, die sich heute beim Lesen jener Berichte allenthalben aufdrängt, nicht zur weiteren Klärung der Sachlage anregen konnte. Hier liegt noch ein weites Feld für künftige Forschungen vor, zu dessen Bearbeitung bis jetzt nur wenige Ansätze vorliegen, die dringend einer weiteren extensiven und intensiven Erweiterung bedürfen.

Da ist vor allem eine nachgelassene Arbeit von Greeley zu erwähnen, die sich freilich in der Hauptsache mit Paramäcien beschäftigt, die aber ihres überaus anregenden, wenngleich wenig kritischen Inhalts wegen auch in einer pflanzlichen Elektrophysiologie nicht übergangen werden kann. Greeley sucht den allgemeinen Gedanken, daß die Wirkungen des elektrischen Stromes auf die Zellen Wirkungen von Konzentrationsänderungen von Ionen auf ein kolloides System sein müssen, durch eine spezielle vergleichende Untersuchung von Ionen- und Stromwirkungen experimentell zu demonstrieren. Er untersucht Paramäcien in Lösungen verschiedener Elektrolyte und findet, daß man nach ihrer Wirkung zwei Gruppen von Lösungen unterscheiden muß, nämlich solche, die das Plasma verflüssigen, und solche, die es verfestigen. Verfestigend wirken Säuren und alle Salze mit kolloidaktiven, besonders mehrwertigen Kationen, verflüssigend die Laugen und Salze mit kolloidaktiven, besonders mehrwertigen Anionen. Diese Wirkungen treten an Paramäcien in normaler, alkalischer Kulturflüssigkeit auf. Wird die Lösung neutralisiert und nachher sauer gemacht, so tritt zunächst eine Indifferenz ein, indem sowohl Kationen wie Anionen koagulierend oder verflüssigend wirken können, und nachher eine ziemlich ausgesprochene Umkehr, indem nunmehr die Anionen in der Regel koagulieren und die Kationen verflüssigen. Bei Stromdurchgang durch in Gelatine eingebettete, also unbewegliche Paramäcien ergab sich nun, daß an der der Anode zugekehrten Seite die Paramäcien verfestigt waren, an der der Kathode zugekehrten verflüssigt. Dies führt Greeley darauf zurück, daß die zur Kathode wandernden Kationen bei ihrem Auftreffen auf die anodische Seite der Paramäcien denselben Einfluß ausüben müssen, wie ihn die Kationen auch in seinen Elektrolytversuchen ausgeübt haben, nämlich verfestigen, während die zur Anode wandernden Anionen beim Auftreffen auf die kathodische Seite den Elektrolytversuchen entsprechend verflüsigen müssen. Die Erklärung Greeleys, die nur die Zuwanderung, nicht aber die Abwanderung von Ionen beim Stromdurchgang an den Membranen berücksichtigt, ist nicht haltbar. Seit den Untersuchungen Bethe und Toropoffs wissen wir aber, daß an den Membrangrenzen Konzentrationsänderungen von Neutral-, H^+- und OH^--Ionen stattfinden müssen, und wir müssen annehmen, daß diese es sind, die die im Stromgefälle beobachteten Veränderungen des Plasmas hervorrufen. Diese Veränderungen sind als Verflüssigung an der kathodischen, Verfestigung an der anodischen Seite von Greeley freilich viel zu einseitig charakterisiert, ohne daß der oben geschilderten außerordentlichen Mannigfaltigkeit des diesbezüglichen Versuchsmaterials Rechnung getragen wäre.

Die von Greeley durch mikroskopische Beobachtung festgestellte Viscositätsänderung des Plasmas bei Durchströmung, bei der es sich anscheinend großenteils um prä- oder postmortale Vorgänge handelt, ist für lebende pflanzliche Gewebe von Bersa und Weber festgestellt worden. Als Maß der Viscosität diente die Wanderungsgeschwindigkeit von Stärkekörnchen im Plasma der Stärkescheidezellen von Phaseolus multiflorus unter dem Einfluß von Zentrifugalkraft. Es ergab sich eine beträchtliche Viscositätssteigerung unter dem Einfluß der Durchströmung, da selbst bei einer Zentrifugierungsdauer, die etwa dreimal so lange währt, als diejenige, welche zur Verlagerung der Statholiten normaler Zellen genügt, keine Verlagerung erfolgt. Nach einer Erholungszeit von 20—40 Minuten tritt Viscositätsabnahme ein, und der frühere normale Viscositätsgrad wird annähernd oder völlig erreicht. Verwendet wurden Durchströmungen zwischen etwa 0,1—10 M.-A. Bei den höchsten Stromstärken genügten einige Sekunden, bei den niedrigsten erst einige Minuten Stromdauer zur Erzielung des Effektes. Es wäre von hohem Interesse, wenn sich in derartigen Versuchen auch polare Wirkungen und Viscositätsminderungen zeigen ließen.

Die Arbeit Bersas und Webers zeigt bereits, wie man Stromwirkungen auf das Plasma auch durch Indizien erschließen kann, selbst wenn sie durch direkte Beobachtung nicht oder nur schwierig nachgewiesen werden können. Zu derartigen Veränderungen gehören auch die Permeabilitätsänderungen, die das Plasma unter dem Einflusse des elektrischen Stromes erfährt.

Kövessi säte in Porzellanschalen auf mit destilliertem Wasser überschichtetem Filtrierpapier Weizenkörner aus und legte an Platinelektroden, die in 7 cm gegenseitiger Entfernung auf das Filtrierpapier aufgelegt waren, 110 V. Der Strom, über dessen Stärke und Dichte Angaben fehlen, wurde in 6 Versuchen durchgeschickt, und zwar je 1, 2, 4, 8, 16, 32 Tage lang. Nach jedem Versuche wurde die Leitfähigkeitszunahme des destillierten Wassers gemessen und mit der von undurchströmten Kontrollschalen mit Weizenkörnern verglichen. Hier seien Kövessis Zahlen für den 6. Versuch wiedergegeben, bei dem nach 1, 2, 4, 8, 16, 32 Tagen die Leitfähigkeit gemessen wurde.

	I. Durchströmt.	II. Kontrolle.
Tage	Widerstand des Wassers	Widerstand des Wassers
0	275 700	275 700
1	14 390	90 000
2	12 989	56 670
4	10 704	56 000
8	11 739	56 000
16	12 222	56 000
32	14 096	56 000

Es hat also bereits nach eintägiger Durchströmung eine sehr erheblich stärkere Exosmose stattgefunden als im Kontrollversuch, ein Zeichen erhöhter Permeabilität, und dies Ergebnis zeigten alle Versuche. Aus der Bemerkung Kövessis, daß sich während der Durchströmung das Längenwachstum in dem Maße verringerte, wie Stoffe aus dem Keimling herausdiffundierten, geht hervor, daß zumindest nach eintägiger Durchströmung die Stromwirkung noch weit von letaler entfernt gewesen sein muß, ebenso aus seiner Bemerkung, daß sich bei Analyse an der Kathode K^+, Ca^{++}, Fe^{+++} und an der Anode PO_4^{---}, SO_4^{--}, NO_3^- sowie nach — also erst nach! — 4 bis 8 Tagen Eiweißstoffe fanden.

Auf einem anderen Wege kommen Bose und Koketsu zur Annahme von Permeabilitätserhöhungen infolge elektrischen Reizes.

Bose nahm einige Zentimeter lange, gelenklose Stengelstücke von Mimosa und tauchte sie an ihrem unteren Ende in eine stark verdünnte Silbernitratlösung. Wurde am oberen Ende gereizt, so bildete sich nach einigen Sekunden — so viel, wie der Reizleitungsgeschwindigkeit im Mimosenblattstiel entspricht — am unteren Ende ein weißer Niederschlagsring aus unlöslichen Silbersalzen. Ferner wurde eine sorgfältig mit reinem Wasser abgespülte junge Wurzel von Colocasia in sehr verdünnte Silbernitratlösung getaucht und mit Induktionsschlägen gereizt. Nach einigen Reizen bildete sich ein Niederschlag unlöslicher Silbersalze um die gereizte Wurzel, während um ungereizte Kontrollwurzeln die Flüssigkeit klar blieb. Diese Ausfällungen werden von Bose wohl mit Recht damit erklärt, daß der elektrische Reiz eine Permeabilitätserhöhung und damit einen Salzaustritt aus den gereizten Zellen hervorruft. In den Versuchen Koketsus wurden Schnitte der Blattunterseite von Rhoeo discolor über unpolarisierbare Kalomelelektroden gebrückt und dann mittels Induktionsschlägen oder Gleichstrom gereizt. Entweder sofort nach der Reizung oder erst nach einem längeren Aufenthalt in destilliertem Wasser in eine plasmolysierende Lösung (Salpeter, Rohrzucker, Harnstoff) gebracht, war die Schnelligkeit und Stärke der Plasmolyse im 1. Falle kleiner, im 2. dagegen größer als in den ungereizten Kontrollschnitten. Die elektrisch gereizten Zellen sind also unmittelbar nach der Reizung schwerer, nach einem längeren Aufenthalt in destilliertem Wasser leichter plasmolysierbar. Koketsu erklärt dieses Verhalten durch die Annahme, daß die Durchlässigkeit der Zellen für gelöste Stoffe durch den elektrischen Reiz erhöht werde. Die plasmolysierende Lösung dringe deshalb zunächst rascher ein wie in ungereizte Zellen und müsse demnach in höherer Konzentration vorhanden sein, um Plasmolyse zu erzielen. Durch längeres Liegen aber diffundierten Stoffe aus der Zelle, erniedrigten dadurch den osmotischen Druck und machten die Zelle leichter plasmolysierbar. Um diese Erklärung aufrechtzuerhalten, müßte man freilich, worauf Koketsu nicht hinweist, annehmen, daß das Plasmolyticum unmittelbar nach der Reizung rascher eindringe, als die Exosmose aus der Zelle stattfinde, wie sich überhaupt derartige Versuche zweckentsprechender und eindeutiger einrichten ließen. Aber in Verbindung mit den Ergebnissen Kövessis und Boses wird man auch in denen Koketsus einen Beweis für Permeabilitätserhöhung infolge elektrischen Reizes sehen dürfen. Die Frage, ob auch unter Umständen durch elektrischen Reiz Permeabilitätsverringerungen auftreten, bleibt noch zu untersuchen. Auf weitere Befunde über Durchlässigkeitsänderungen kommen wir in späteren Kapiteln zu sprechen.

Hier sei nur noch einer Methode gedacht, Wirkungen des elektrischen Stromes auf das durchflossene Gewebe und im besonderen Permeabilitätsänderungen zu erschließen: die Methode der Widerstandsmessung. Der Widerstand lebender Gewebe beim Durchsenden eines elektrischen Stromes setzt sich aus zwei Summanden zusammen, erstens aus dem wahren Ohmschen Widerstand, der also dem Widerstand etwa eines Quecksilberfadens entspricht, zweitens aus dem scheinbaren oder Polarisationswiderstand. Bei der Durchströmung des Gewebes tritt ja infolge Polarisation an den Membranen eine E.-M.-K. auf, die der E.-M.-K. des polarisierenden Stromes entgegengesetzt gerichtet ist. Die Intensität des polarisierenden Stromes wird durch den Polarisationsstrom geschwächt, wie sie durch eine Vermehrung des Widerstandes geringer geworden wäre, d. h., es tritt eine scheinbare Widerstandszunahme, eben der Polarisationswiderstand auf. Bekanntlich hat Kohlrausch eine Methode zur Widerstandsmessung ausgearbeitet, bei der durch Verwendung frequenter Weichselströme die Wirkung der Polarisation mehr oder weniger aufgehoben wird, und die demnach den Ohmschen Widerstand auch polarisierbarer Systeme zu messen gestattet. Osterhout hat sie zuerst an Pflanzen angewandt.

Vergleichende Messungen des Widerstandes für Gleichstrom und frequenten Wechselstrom an tierischen Geweben haben zunächst einmal gezeigt, daß ersterer erheblich, oft mehrfach größer ist als letzterer und damit das Vorhandensein von Polarisation bewiesen, die übrigens an tierischen Häuten eine beträchtliche Anzahl Volt betragen kann. Sie haben ferner ergeben, daß im allgemeinen nach Reizung eines Gewebes eine Abnahme des Gleichstromwiderstandes bei annähernder Konstanz des Widerstandes für frequenten Wechselstrom auftritt, also eine Abnahme der Polarisierbarkeit, die am natürlichsten durch die Annahme von Permeabilitätserhöhungen gedeutet wird (Gildemeister, Schwartz, Ebbecke). Als Beispiel sei der psychogalvanische

Reflex angeführt. Dieser besteht darin, daß bei irgendwelcher psychischer Erregung eines stromdurchflossenen Menschen z. B. durch Anruf eine Erhöhung der Stromintensität eintritt, die, wie Gildemeister durch vergleichende Messung des Widerstandes für Gleichstrom und frequenten Wechselstrom zeigte, auf Abnahme der Polarisierbarkeit und demnach wohl Zunahme der Permeabilität der Membranen der Schweißdrüsenzellen beruht.

Auch für pflanzliche Gewebe besteht das Überwiegen des Gleichstrom- über den Wechselstromwiderstand. So fand Ebbecke bei Verwendung nicht besonders hoher Frequenzen letzteren doppelt bis dreifach so hoch als ersteren. Aber außer der hierdurch nachgewiesenen Polarisierbarkeit hat sich auch an Pflanzen entsprechend dem Verhalten tierischer Gewebe eine Änderung des Widerstandes nach Reizung aufzeigen lassen. So hat bereits Burdon - Sanderson an Dionaea eine Widerstandsabnahme nach Reizung festgestellt. Später fand Bose (1907), daß der Gleichstromwiderstand von Farngefäßbündeln nach thermischer Reizung um etwa 1% (4000 Ω) reversibel erniedrigt wurde (allmähliche Temperatursteigerung bewirkt Widerstandszunahme). Bei subtonischen Geweben kann man nach Reizung zunächst eine Widerstandszunahme beobachten, die nach weiterer Reizung in eine Widerstandszunahme, gefolgt von -abnahme, und schließlich bei noch weiterer Reizung in sofortige Widerstandsabnahme übergeht. Hand in Hand mit der Widerstandsabnahme geht eine auf Permeabilitätszunahme beruhende Turgescenzabnahme. Auch die bereits bekannte Tatsache der Widerstandsabnahme mit dem Tode wurde von Bose kurvenmäßig belegt. Sie ist als Folge des mit dem Tode einhergehenden Aufhörens der Permeabilität der Plasmamembranen ohne weiteres verständlich.

Widerstandsabnahme nach geotropischer Reizung hat Small (1919) an Vicia Faba gefunden, und zwar bei Messung des Wechselstromwiderstandes nach der Kohlrauschschen Methode. Er nimmt an, daß der Widerstandsabnahme eine Permeabilitätserhöhung entspricht und schließt aus seinen speziellen Versuchsergebnissen, daß die Permeabilität der Zellen auf der Unterseite stärker erhöht wird als auf der Oberseite der horizontal gelegten Wurzel, und daß die Zunahme der Permeabilität mit der Vergrößerung des Winkels zwischen der Wurzel und der Vertikalen auf der Unterseite schneller erfolgt als auf der Oberseite. Da die

Wechselfrequenz in Smalls Versuchen — er arbeitete mit einem gewöhnlichen Induktionsapparat — nicht sonderlich hoch gewesen sein dürfte, also noch merkliche Polarisation beim Stromdurchgang stattgefunden haben wird, so dürften seine Ergebnisse zu einem guten Teil auf Abnahme von Polarisierbarkeit der Plasmamembranen beruhen.

Kürzlich hat Ebbecke gefunden, daß nach elektrischer Reizung der Gleichstromwiderstand (W =) pflanzlicher Gewebe in viel höherem Maße herabgesetzt wird als der Wechselstromwiderstand (W ~). Daß letzterer überhaupt noch beträchtlich verändert wurde, schreibt Ebbecke im wesentlichen der Verwendung von Frequenzen in seinen Versuchen zu, die nicht hoch genug seien, um Polarisation der Membranen ganz zu vermeiden. Ein Beispiel mag das Verhalten eines grünen Stengels zahlenmäßig belegen:

	W =	W ~	W = : W ~
Vor Durchströmung.	400	81	4,9
Nach „ „	33	23	1,44

Entsprechende Erscheinungen treten auch nach mechanischer und demnach wohl ganz allgemein nach Reizung überhaupt ein.

Wenn auch nach den verschiedenen mit anderen Methoden gewonnenen Ergebnissen über Permeabilitätserhöhung von elektrisch bzw. anderweitig gereizten Zellen die Befunde über die Abnahme des elektrischen Widerstandes gereizter Zellen mit großer Wahrscheinlichkeit im Sinne einer Wirkung von Permeabilitätserhöhungen von Membranen gedeutet werden können, so wird man doch eine kritische Untersuchung anderer Deutungsmöglichkeiten in jedem Falle nicht außer acht lassen dürfen; denn die Wirkung des elektrischen Stromes auf das durchflossene Gewebe erschöpft sich nicht in Polarisation und Permeabilitätsänderung der durchströmten Membranen, sondern auch Kataphorese, Elektroosmose, Reizströme, Änderung der Cuticula und ihrer Polarisation andere physikalische und chemische Änderungen des Plasmas als die der Permeabilität, Austritt von Zellsaft aus Zellen in Interzellularen und dadurch bedingte Änderung des Stromverlaufes im Gewebe, wirken auf Änderung des wahren sowie Polarisationswiderstandes ein. Eine alte experimentelle Untersuchung Kunkels, deren Befunde ich in unveröffentlichten Versuchen im großen und ganzen bestätigen konnte, zeigt die außerordentliche Mannigfaltigkeit und Kompliziertheit der Veränderungen, die ein pflanzliches Gewebe beim Durchleiten des Gleichstroms infolge der oben angeführten Momente erleidet. Besonders charakteristisch ist dabei, daß der Widerstand akropetal und basipetal verschieden ist. Eine mit den modernen, von den Tierphysiologen, speziell Gildemeister, ausgearbeiteten Methoden durchgeführte Untersuchung dieser Widerstandserscheinungen ist ebenso dringend erforderlich wie erfolgversprechend.

III. Die quantitativen Beziehungen zwischen Reiz und Reaktion.

Wir wollen in diesem Kapitel die quantitativen Beziehungen betrachten, die zwischen elektrischem Reiz und Reizreaktion bestehen. Dazu müssen wir uns zunächst vor Augen führen, welche Größen das Reizmittel, den elektrischen Reiz, und welche die Reaktion auf ihn charakterisieren.

Als elektrischen Reiz können wir verwenden Gleich- oder Wechselstrom, Induktionsströme, Kondensatorentladungen, elektrische Wellen und Strahlen. In jedem dieser Fälle können wir den Reiz auffassen als einen kürzer oder länger dauernden Strom von konstanter oder wechselnder Richtung, und demgemäß sind für die Charakterisierung des elektrischen Reizes Dauer, Dichte, Energie und Richtung des Reizstromes maßgebend.

Die Reaktion auf einen Reiz kann je nach der Natur der der Reizung unterworfenen Organe oder Prozesse äußerst verschieden sein. Aber sofern wir überhaupt eine Reaktion beobachten, können wir unterscheiden: ihre kleinste, feststellbare Größe, den Schwellenwert, und ihr größtes Ausmaß, ihren Maximalwert. Die Zeit, die vom Beginn der Reizung bis zum Eintritt der Reaktion verstreicht, bezeichnet man als Latenzzeit, die Zeit vom Beginn der Reaktion bis zu dem Zeitpunkte, in dem sie ihren Maximalwert erreicht hat, als Reaktionsdauer, und die in der Regel unmittelbar anschließende Zeit, in der die Pflanze wieder in den ursprünglichen Zustand zurückkehrt, als Erholungszeit. Nachdem wir diese den elektrischen Reiz und die Reaktion charakterisierenden Begriffe fixiert haben, können wir zu unserer Ausgangsfrage nach den quantitativen Beziehungen zwischen elektrischem Reiz und Reaktion zurückkehren.

Diejenige derartige Beziehung, die bei anderen als elektrischen Reizen wie Licht, Schwere, chemischen oder Wundreizen bei Pflanzen am besten untersucht ist, ist die Beziehung zwischen dem Produkt aus Intensität und Dauer des Reizes einerseits, der sog. Reizmenge (R.-M.), und dem Schwellenwert der Reaktion andererseits. Es hat sich dabei das sogenannte Reizmengensesetz (R.-M.-G.) ergeben. Dies besagt, daß an der Reizschwelle die Reizmenge konstant ist, jedenfalls in einem ziemlich weiten mittleren Bereich der Intensität bzw. Dauer des Reizes. In diesem Bereich hat die Reizmenge ihr Minimum. Geht man zu Reizen mit sehr hoher oder sehr niedriger Intensität und dementsprechend sehr kurzer oder sehr langer Dauer über, so wächst die Reizmenge, die zur Erzielung der Schwellenreizung notwendig ist. Doch liegen für diese Intensitätsbereiche nur sehr wenige experimentelle Erfahrungen an pflanzlichen Objekten vor. Soweit man sich nach diesen ein Bild machen kann, wächst die Vergrößerung der zur Schwellenreizung erforderlichen Reizmenge mit Ab- und Zunahme der Reizintensität, sodaß zu niedrige Intensität selbst bei längster Reizdauer keine Reaktion mehr auslöst und ebensowenig höchste Reizintensität, wenn sie nicht eine gewisse Einwirkungsdauer überschritten hat. Genau das gleiche Gesetz gilt für die Reizvorgänge am tierischen Organismus, nur daß hier das Gebiet der konstanten Reizmenge viel enger ist als bei Pflanzen und die Zunahme der Reizmenge bei hohen und niedrigen Intensitäten viel ausgeprägter hervortritt.

Gilt und innerhalb welcher Grenzen gilt dieses Reizmengengesetz für die elektrische Reizung von Pflanzen? Wir müssen versuchen, diese Frage auf Grund des Versuchsmaterials zu beantworten. Einige Versuche scheinen für die Gültigkeit des R.-M.-G. bei der elektrischen Reizung unter bestimmten Umständen zu sprechen. Gassner reizte Wurzeln mit elektrischen Strömen verschiedener Stärke und Dauer, um den Einfluß der Einwirkungsdauer auf die eintretende negativ galvanotropische Krümmung festzustellen. Aus seinen Versuchen hat Bersa folgende Tabelle zusammengestellt:

Lupinus albus.

Stromdichte in Milliamp. pro cm²	Reizdauer	Stromdichte mal Reizdauer = Reizmenge	Stromdichte in Milliamp. pro cm²	Reizdauer	Stromdichte mal Reizdauer = Reizmenge
0,002	$3^3/_4$ Std.	0,45	0,2	4 Min.	0,80
0,005	50 Min.	0,25	0,4	3 „	1,20
0,01	60 „	0,60	0,7	1 „	0,70
0,02	45 „	0,90	1,0	30 Sek.	0,50
0,05	20 „	1,00	2,0	3 „	0,10
0,1	8 „	0,80	4,5	1—2 „	0,15
0,15	8 „	1,20			

Man ersieht aus der 3. und 6. Spalte, daß abgesehen von den zwei ersten und letzten Werten der Tabelle die Reizmenge um einen Mittelwert von 0,8 schwankt. Wenn man bedenkt, daß diese Zahlen nach Versuchen gewonnen wurden, die vor Kenntnis des R.-M.-G. angestellt sind und ohne die Absicht, genaue zahlenmäßige Beziehungen aufzustellen, so wird man trotz der verhältnismäßig großen Abweichungen, die einzelne Versuche vom Mittelwert zeigen, der Ansicht Bersas beipflichten, daß für den beobachteten negativen Galvanotropismus das R.-M.-G. innerhalb gewisser Grenzen gültig ist.

Das ist nach Beobachtungen Boses auch für die Reizung von Mimosen mit Induktionsschlägen der Fall, wenn diese tetanisch, also in sehr kurzen Intervallen appliziert werden. So findet er die Reizschwelle erreicht einmal, wenn er viermal schließt und öffnet beim Rollenabstand 0,1 der Skala des Induktionsapparates, das andere Mal, wenn er 20 mal schließt und öffnet beim Rollenabstand 0,5, also bei Reizen von etwa $^1/_5$ der vorherigen Intensität. Er faßt seine Ergebnisse in die Worte: „The effective stimulation is equal to the individual intensity of stimulus multiplied by the number of repetition.“

Auch Steinach findet bei intermittierender Reizung an Mimosen und Berberitzen mittels Öffnungsinduktionsschlägen, daß bei gleichem Intervall die Schlagzahl kleiner wird mit der Vergrößerung der Reizintensität. Doch sprechen seine Versuche nicht gerade für eine quantitative Gültigkeit des R.-M.-G.

Aber nicht nur für den etwas kompliziert liegenden Fall der intermittierenden Reizung, sondern auch für Einzelreizungen hat sich in vielen Fällen die Ungültigkeit des R.-M.-G. ergeben. Für Kondensatorentladungen durch Berberitzstaubblätter fand ich folgendes Verhalten. Gereizt wurde durch Entladung von a) 0,01 MF (Mikrofarad) geladen auf 250 V, b) 0,5 MF geladen auf 25 V, wobei die unpolarisierbaren Elektroden auf den Narben zweier Nachbarblüten lagen, die Entladung also von der Narbe der einen Blüte durch deren Griffel, Blütenboden und -stiel zum Blütenstiel,-boden und zur Narbe der anderen Blüte ging (Abb. 10). Es ergab sich bei a) Zucken einiger oder aller Staubblätter an der Blüte, der der Pluspol anlag, also starke Reaktion, während bei b) keinerlei Reaktion auftrat. Bei a) enthält aber der Kondensator nur $^1/_5$ der Elektrizitätsmenge wie bei b), nämlich nur $25 \cdot 10^{-7}$ gegenüber $125 \cdot 10^{-7}$ Amp.-Sek. Die fünffache Reizmenge (Stromstärke · Dauer) hat also, bei niedriger Spannung angewendet, keinen Reizerfolg, während die einfache stark reizt. Reizintensitäten und -zeiten liegen bei diesem Versuch durchaus im mittleren Teil des für Reizungen an pflanzlichen und tierischen Objekten im allgemeinen benutzten Gebietes, die Ungültigkeit des R.-M.-G. im vorliegenden Falle kann man also nicht auf Verwendung extrem hoher oder niedriger Reizintensitäten zurückführen.

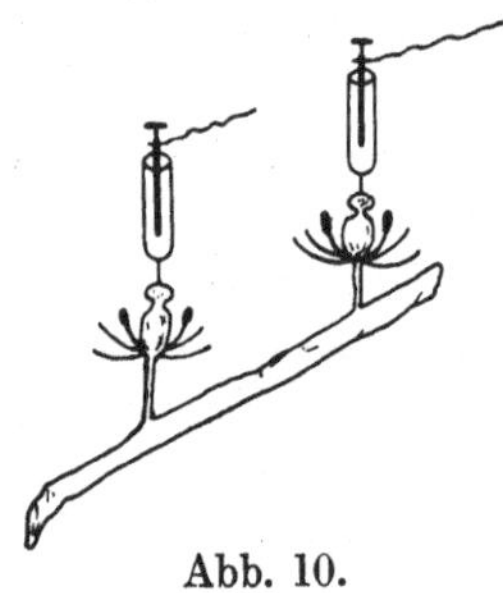

Abb. 10.

Am leichtesten aber ist die Ungültigkeit des R.-M.-G. zu demonstrieren durch die Verwendung von Induktionsschlägen. Bei gleicher Stromstärke im primären Kreis enthalten ja Schließungs- und Öffnungsschlag die gleiche Elektrizitätsmenge, und nur die Spannung und deren zeitlicher Verlauf sind bei beiden verschieden. Würde das R.-M.-G. für Induktionsschläge schlechthin gelten, so müßte also bei einer bestimmten Stromstärke im Primärkreis der Schwellenwert einer Reaktion sowohl beim Schließungs- wie dem dazugehörigen Öffnungsschlage erreicht werden. Es hat sich schon längst gezeigt, daß dies keineswegs der Fall ist, daß vielmehr die physiologische Wirkung des Öffnungsschlages viel größer ist als die des Schließungsschlages bei gleicher Stromstärke im primären Kreis. Eine Tabelle nach eigenen Versuchen an Mimosa soll dies erläutern.

In der Tabelle bedeuten die Zahlen unter Amp. die Stromstärke im Primärkreis unter S. u. Ö. die Ausschläge eines eingeschalteten ballistischen Galvanometers beim Schließungs- und Öffnungsschlag. R = Ruhe, Z = Zuckung.

Versuche an Blättchengelenken.
Die Fäden der Elektroden liegen an Spitze und Basis einer Blattfieder.
A. Gleichgerichtete S.- und Ö.-Schläge.
a) Aufsteigender Strom.

Amp.	Blatt Nr.	Skalenteile		Reaktion	
		S.	Ö.	S.	Ö.
0,4	1.	0	1,5	R	Z alle Bl.
0,4	2.	0	0,5	R	Z einige Bl.
0,6	n. 5 Min. 2.	0	1,5	R	Z alle Bl.
0,5	3.	0	3	R	Z alle Bl.
0,5	4.	0	3	R	Z alle Bl.
0,5	5.	0	0,5	R	Z $^1/_2$ der Bl.
b) Absteigender Strom.					
0,5	1.	0	2	R	Z alle Bl.
0,5	2.	0	2	R	Z alle Bl.
0,5	3.	0	2	R	Z alle Bl.
B. Entgegengesetzt gerichtete S.- und Ö.-Schläge. a) S. absteigend, Ö. aufsteigend.					
0,5	1.	0	0	R	R
0,7	1.	0	1	R	Z alle Bl.
0,5	2.	0	1	Z einige Bl.	Z alle übrigen Bl.
b) S. absteigend, Ö. aufsteigend.					
0,4	1.	0	0,5	R	Z alle Bl.
0,4	1.	0	0	R	Z alle Bl.

Der Unterschied in der Reizwirkung von S.- und Ö.-Schlag ist also außerordentlich beträchtlich, und das R.-M.-G. gilt gar nicht, ebensowenig wie bei den angeführten Versuchen mit Kondensatorentladungen. Ganz entsprechende Erfahrungen hat man auf tierphysiologischem Gebiete gemacht, und du Bois-Reymond hat das Gesetz aufgestellt, daß für die elektrische Reizung nicht der absolute Wert der Stromdichte, sondern deren Geschwindigkeitsänderung maßgebend sei. Diesen Standpunkt haben auch mehrfach Pflanzenphysiologen sich zu eigen gemacht (Brunn, Jost). So schreibt Jost: „Das R.-M.-G. kann hier garnicht gelten, weil es eben nicht darauf ankommt, wie lange ein konstanter Reiz wirkt, sondern wie rasch er seine Intensität ändert.“ Wenn man aber den Erfahrungen über die Wirkung von S.- und Ö.-Schlägen und Kondensatorentladungen unter verschiedener Spannung die Erfahrungen an galvanotropisch gereizten Muskeln gegenüberstellt, so wird man doch nicht so glattweg die Gültigkeit eines Gesetzes ablehnen dürfen, das sich in so vielen Fällen bewährt hat. Vielmehr deutet gerade der Widerspruch der elektrophysiologischen Erfahrungen — bald Gültigkeit, bald Ungültigkeit des R.-M.-G. — darauf hin, daß hier vielleicht eine tiefere Analyse eine gewisse Lösung des Widerspruchs bringen kann. Einer solchen Analyse bedarf vor allem der Begriff der „Reizmenge".

Man bezeichnet zwar das Produkt aus Reizintensität und -dauer allgemein als Reizmenge, wenn man aber von der Reizmenge an der Reizschwelle spricht, so muß man berücksichtigen, daß man bei gleicher Reizintensität an der Reizschwelle eine Reaktion erhält nicht nur bei einer bestimmten Reizdauer, sondern bei zahlreichen; denn, wenn bei gegebener Reizintensität eine bestimmte Reizdauer genügt, um Reaktion auszulösen, die Latenzzeit für die Reaktion aber länger ist als die Dauer des Reizes, so ist es ohne weiteres klar, daß auch irgendeine beliebige längere Reizdauer innerhalb der Größe der Latenzzeit die Reaktion auslösen wird. Die kleinste Reizdauer, die bei gegebener Reizintensität gerade noch genügt, um Reaktion auszulösen, wird von den Pflanzenphysiologen als Präsentationszeit bezeichnet und das R.-M.-G. wird streng definiert als das Gesetz von der Konstanz des Produktes von Reizintensität und Präsentationszeit. Es lag recht nahe bei Reizen, die nur kleine Bruchteile einer Sekunde dauern, wie z. B. ein Induktionsschlag oder eine Kondensatorentladung von einer Unterscheidung zwischen Reizdauer und Präsentationszeit als praktisch bedeutungslos abzusehen. Das ist auch von früheren Autoren geschehen und deshalb zunächst auch in der vorangegangenen Erörterung. Diese Vernachlässigung ist aber zum mindesten in unserem Falle nicht zulässig. Es hat nämlich Lapicque gezeigt, daß in tierischen Objekten bei der Kondensatorentladung tatsächlich nur ein Bruchteil der entladenen Elektrizitätsmenge erregend wirkt; denn, wenn er die Entladung eines Kondensators durch einen Nerven abbrach, als sie erst bis zu einem gewissen Bruchteil fortgeschritten war, so erhielt er trotzdem genau die gleiche Reaktion, wie wenn der Kondensator sich vollständig durch den Nerven entladen hätte, es sei denn, daß die Entladung gar zu vorzeitig abgebrochen war, ein Fall, in dem überhaupt keine Reaktion auftrat. Den Zeitbruchteil der Kondensatorentladung, der zur Erzielung der Reizwirkung genügt, nennt Lapicque „temps utile“ (Nutzzeit). Es wirkt also bei der Kondensatorentladung nur die Elektrizitätsmenge reaktionsauslösend, die sich innerhalb der Nutzzeit durch das Gewebe entlädt, während die nach Ablauf der Nutzzeit hindurchgehende Elektrizitätsmenge keinen merkbaren Einfluß auf den Ablauf der Reaktion mehr hat.

Der Begriff der „Nutzzeit“ entspricht ganz dem Begriff „Präsentationszeit der Pflanzenphysiologen“. Nun könnte man meinen, daß die Ungültigkeit des R.-M.-G. in den angeführten Fällen nur daher rührt, daß bei ihnen nicht die Präsentationszeit berücksichtigt wurde, sondern nur die Reizdauer schlechthin. Dem ist aber nicht so, wie Versuche von Hermann zeigen, in denen mittels Kondensatorentladung die zur Schwellenreizung eines Froschnerven notwendigen Elektrizitätsmengen und Arbeiten bestimmt wurden. Die folgende Tabelle gibt eine seiner Versuchsreihen wieder.

Kapazität	Spannung	Nutzzeit	Endpotential	Elektrizitätsmengen		Elektrische Energie	
Mf	V	σ	v^x	Q	Q^x	E	E^x
0,001	0,429	0,108	0,116	0,14	0,14	1,021	0,021
0,005	0,499	0,279	0,138	0,25	0,21	0,622	0,605
0,01	0,374	0,374	0,157	0,37	0,28	0,699	0,656
0,05	0,198	1,951	0,080	0,99	0,59	0,980	0,823
0,1	0,186	2,198	0,111	1,86	0,70	1,730	1,054
0,5	0,157	2,464	0,136	7,85	0,80	6,16	1,197
1	0,148	2,692	0,139	14,80	0,85	10,95	1,227

Es bedeuten Q bzw. Q^x die im Kondensator vorhandene bzw. in der Nutzzeit von ihm abgegebene Elektrizitätsmenge.

Es bedeuten E bzw. E^x die im Kondensator vorhandene bzw. in der Nutzzeit von ihm abgegebene elektrische Energie.

Man sieht aus ihr, wie die in der Nutzzeit bis zur Erreichung des Schwellenwertes vom Kondensator abgegebenen Elektrizitätsmengen keineswegs konstant sind, sondern mit der Größe der verwendeten Kapazität stark zunehmen. Das R.-M.-G. gilt also auch nicht für die durch Einführung der Begriffe „Nutz“- oder „Präsentationszeit“ schärfer präzisierten Schwellenreizmengen bei Kondensatorentladung und die Diskrepanz zwischen den Fällen seiner Ungültigkeit und Gültigkeit bei elektrischer Reizung bleibt bestehen. Versuchen wir deshalb den Begriff der Reizmenge noch weiter zu präzisieren.

Wir müssen nämlich, genau genommen, 3 Arten von Reizmengen unterscheiden. 1. die applizierte, 2. die absorbierte, 3. die erregende und dementsprechend 3 Reizmengengesetze. Was hiermit gemeint ist, läßt sich am deutlichsten am Beispiel der Lichtreizung auseinandersetzen. Wir wollen annehmen, daß die Lichtreizung dadurch zustande kommt, daß photochemische Reaktionen irgendwelcher Zellbestandteile durch das absorbierte Licht bewirkt werden. Die applizierte Lichtmenge wäre in diesem Falle das Produkt aus Beleuchtungsintensität und -dauer, die absorbierte Lichtmenge das Produkt der von dem gereizten Organ pro Sekunde absorbierten Lichtenergie und der Absorptionsdauer, die erregende Lichtmenge das Produkt derjenigen Lichtenergie, die in dem photochemischen Prozeß pro Sekunde umgesetzt wird, der die Erregung bedingt, und der Dauer der Umsetzung. Da nach Voraussetzung die Reaktion durch diese erregende Lichtmenge bedingt wird, so muß zunächst, wenn überhaupt ein einfacher quantitativer Zusammenhang zwischen Reizmenge und Reaktion besteht, dieser zwischen erregender R.-M. und Reaktion bestehen. Die absorbierte Lichtmenge setzt sich zusammen aus der Summe von erregender Lichtmenge und der Lichtmenge, die von Zellbestandteilen absorbiert werden, die in keinem Zusammenhang mit der Erregung stehen (Zellmembran, Chlorophyll). Besteht zwischen erregender und absorbierter Reizmenge ein einfacher quantitativer Zusammenhang, z. B. Proportionalität, und ebenso zwischen applizierter und absorbierter, wie dies z. B. für Lichtreizung aus physikalisch-chemischen Gründen sehr wahrscheinlich ist, so wird auch zwischen absorbierter bzw. applizierter Reizmenge und Reizreaktion ein solcher Zusammenhang bestehen können. Tatsächlich ist bei den bisherigen Untersuchungen stets die applizierte oder höchstens die absorbierte Reizmenge in Zusammenhang mit der Größe der Reaktion gebracht worden, schon aus dem einfachen Grunde, weil höchstens diese beiden Reizmengen einer Messung zugänglich sind. Aber ein derartig einfaches Verhältnis zwischen den 3 verschiedenen Reizmengen braucht nicht immer zu bestehen, und es besteht auch nicht bei denjenigen elektrischen Reizformen, bei denen das R.-M.-G. nicht gültig gefunden wurde. Das läßt sich physikalisch ohne weiteres demonstrieren. Der S.- und Ö.-Schlag eines Induktoriums enthalten gleiche Elektrizitätsmenge bei gleicher Stromstärke im primären Kreis. An einem in den sekundären Kreis eingeschalteten ballistischen Galvanometer kann man dies, wenn der sekundäre Kreis metallisch geschlossen ist, durch die Gleichheit der Ausschläge ohne weiteres nachweisen. Wenn wir aber ein lebendes pflanzliches Gewebe, sei es mit polarisierbaren oder unpolarisierbaren Elektroden, in den sekundären Kreis hinzuschalten, so ergibt nunmehr die Ablesung am Galvanometer für den S.-Schlag eine viel kleinere durchgehende Elektrizitätsmenge wie für den Ö.-Schlag (Fleischleffekt). Dies ist bereits aus Tab. S. 51 ersichtlich und sei nochmals durch folgende Tabelle erläutert, in der unter S. und Ö. die Galvanometerausschläge eingetragen sind, die S.- und Ö.-Schläge — bei gleicher Intensität im primären Kreis eines Induktoriums — beim Durchsenden durch Stengelstücke von Hieracium ergaben:

Ampere	a) Fadenelektroden seitlich anliegend		b) Nadelelektroden seitlich anliegend	
	S.	Ö.	S.	Ö.
0,3	5	6	0	1,5
0,5	7	12	0	5
0,8	18	25	0	16
1	24	34	0	21
0,8	21	26	0	16
0,5	12	14	0	5
0,3	6	7	0	1,5

Die Ursache dieser Ungleichheit der durchgehenden Elektrizitätsmengen von S.- und Ö.-Schlag bei Zwischenschaltung eines Gewebes sind noch nicht ganz aufgeklärt, aber man ersieht aus diesen Versuchen ohne weiteres, daß die „absorbierten“[1]) Reizmengen hier den „applizierten“ durchaus nicht proportional sind; denn den gleichen „applizierten“ Reizmengen des S.- und Ö.-Schlages entsprechen die ganz verschiedenen „absorbierten“ am Galvanometer abgelesenen. So erklärt sich also ohne weiteres die geringe Reizwirkung des S.-Schlages gegenüber dem Ö.-Schlag und das Versagen des R.-M.-G. für gleiche applizierte Reizmengen Ganz ebenso wird ohne Zweifel für Kondensatorentladung unter verschiedener Spannung durch lebende Gewebe sich bei Messung am ballistischen Galvanometer ergeben, daß die durchgehende, absorbierte Elektrizitätsmenge bei hoher Spannung viel größer

[1]) Die Bezeichnung „absorbiert“ ist hier natürlich in übertragenem Sinne zu verstehen.

ist als bei niedriger, gleiche applizierte Elektrizitätsmengen vorausgesetzt (d. h. Spannung × Kapazität = Konstans). Umgekehrt besteht offenbar Proportionalität der absorbierten und applizierten Reizmengen bei Gleichheit der applizierten in den Gleichstromversuchen an Wurzeln, für die das R.-M.-G. sich als annähernd gültig erwies, jedenfalls im verwendeten Bereich von Zeit und Spannung.

Auch Gleichheit der absorbierten, z. B. am ballistischen Galvanometer abgelesenen Elektrizitätsmengen besagt, wie bereits oben bemerkt, noch nichts über Gleichheit der erregenden Mengen, denn ebenso, wie nur ein Teil des absorbierten Lichtes zu Erregungsprozessen ausgenutzt wird, ebenso kann ein Teil der „absorbierten" Elektrizitätsmenge in Wärme oder andere Energieformen verwandelt werden, ohne daß diese Umwandlung einen Erregungsprozeß auslöst. Wenn derartige Nebenwirkungen in einem anderen Verhältnis sich mit der Spannung und dem zeitlichen Verlauf der Entladung durch den Organismus ändern, wie die erregenden Elektrizitätsmengen, so werden gleichen absorbierten Elektrizitätsmengen verschiedener Spannung und zeitlichen Verlaufs natürlich verschiedene erregende Elektrizitätsmengen entsprechen. Die erregenden Reizmengen sind aber einer direkten Messung unzugänglich. Wir können also nur mit einer gewissen Wahrscheinlichkeit aus der Gültigkeit des R.-M.-G. für applizierte und absorbierte Reizmengen auf seine Gültigkeit für erregende schließen. Wir können aber nicht umgekehrt aus einer Ungültigkeit des R.-M.-G. für die applizierten Reizmengen ohne weiteres auf eine solche für die absorbierten schließen und aus der Ungültigkeit für beide noch nicht auf die für die erregenden Reizmengen.

Nach dieser Auseinandersetzung wollen wir den Faden unserer Untersuchung wieder aufnehmen. Wir wollen wissen, welche quantitativen Beziehungen zwischen dem Reiz und der Reaktion bestehen, im besonderen, ob das R.-M.-G. gilt.

Den erwähnten Versuchen Hermanns können wir entnehmen, daß es an tierischen Nerven weder für applizierte noch für absorbierte Reizmengen gilt; denn in diesen Versuchen wurde die in der Nutzzeit applizierte Reizmenge berechnet, die absorbierte durch ein eingeschaltetes Galvanometer gemessen. Beide erwiesen sich als merklich verschieden, wenn auch der Größenunterschied nicht sehr beträchtlich war und für beide zeigte sich das R.-M.-G. ungültig.

Es bleibt uns also noch die Frage zu untersuchen, ob es auch für die erregenden Elektrizitätsmengen ungültig ist oder ob es für sie gilt. Diese Frage können wir, wie erwähnt, nicht ohne weiteres durch experimentelle Untersuchungen beantworten; denn es fehlen uns die Mittel, die erregenden Elektrizitätsmengen zu messen. Dennoch können uns Überlegungen und Kunstgriffe auch hier weiterführen. Dabei wollen wir wieder an Versuche Hermanns anknüpfen. Hermann hatte auf die angeführten nach der Lapicqueschen Methode gewonnenen Ergebnisse keinen besonderen Wert gelegt. Die Nutzzeit, die in ihnen so bestimmt wird, daß jedesmal die kürzeste Zeit festgestellt wird, nach der eine Kondensatorentladung durch den Nerven abgebrochen werden kann, wenn der Erfolg der gleiche sein soll wie bei vollständiger nicht abgebrochener Entladung, hält er überhaupt nicht für geeignet, um ein Bild der wirklichen Energieausnutzung zu geben. Da vielmehr in allen Versuchen die Nutzzeit unter $0{,}1\sigma$ nicht heruntergehe, sei man für die Entladungszeit von $0{,}1\sigma$ für alle Kapazitäten sicher, daß kein Teil der sich entladenden Elektrizitätsmenge oder Energie unausgenützt bleibe, und es sei deshalb zweckmäßiger zu untersuchen, wie sich Q^x und E^x verhielten wenn bei Verwendung verschiedenster Kapazitäten und Spannungen stets die Entladung nach $0{,}1\sigma$ abgebrochen würde. Auf Grund derartiger Versuche kommt Hermann zu dem Ergebnis, daß in diesem Falle Q^x und E^x wenigstens annähernd konstant sind. Dies zeigt folgende Tabelle:

Mf	*V*	*Q*	Q^x	*E*	E^x
1,0	2,122	212,2	0,236	2252	5,002
0,5	2,182	109,1	0,236	1190	5,137
0,1	2,206	22,1	0,235	243,4	5,150
0,05	2,182	10,9	0,237	119	5,117
0,01	2,214	2,2	0,233	24,5	4,890
0,005	2,400	1,2	0,240	14,4	5,184

Wären die so von Hermann bestimmten Schwellenreizmengen Q^x die erregenden Reizmengen in dem von uns auseinandergesetzten Sinne, so würde also durch diese Versuche das R.-M.-G. für die erregenden Reizmengen als in einiger Annäherung geltend gefunden sein. Hermann ist der Ansicht, daß die Voraussetzung zutrifft; denn er hält es ja für sicher, daß die ganze in der Zeit von 0,1σ entladene Elektrizitätsmenge zur Erregung ausgenutzt würde, und er folgert dies aus dem Umstand, daß unter 0,1σ die Nutzzeit auch bei den höchsten von ihm verwendeten Spannungen niemals herunterging. Aber daß dieser Schluß nicht ganz exakt ist, zeigt sofort ein Gedanke an die Verhältnisse bei der Lichtreizung. Bei dieser werden sicher auch bei der kürzesten Reizdauer gewisse Teile der absorbierten Lichtmenge von leblosen Zellbestandteilen absorbiert und also nicht für die Erregung ausgenutzt. Prinzipiell wäre es aber sehr wohl möglich, daß Nutzzeiten auch für die Lichtreizung existieren, und man sieht deutlich, daß man dann keineswegs schließen dürfte, daß in der Zeit, die als Mindestzeit der Nutzzeit gefunden wird, tatsächlich die ganze absorbierte Lichtmenge zur Erregung ausgenutzt wird. Ebenso könnte ein Teil der in der Zeit von 0,15 σ entladenen Elektrizitätsmenge für die Erregung unausgenutzt bleiben. Nimmt man an, daß das Verhältnis dieses Teils zu dem zur Erregung ausgenutzten Teil der in 0,15 σ absorbierten Elektrizitätsmenge bei verschiedener Spannung sich ändert, so daß nur die Summe beider bei jeder Spannung annähernd konstant ist, so könnte der experimentelle Befund zu Recht bestehen, ohne daß das R.-M.-G. für die erregenden Reizmengen gelten würde.

Übrigens hält auch Hermann nicht die Konstanz der Elektrizitätsmengen, sondern die Konstanz der ausgenutzten elektrischen Energie für das Maßgebende bei der Schwellenreizung. Die elektrische Energie sei an der Reizschwelle bei einer bestimmten Reizform konstant. Außer seinen eigenen Versuchsergebnissen spricht ihm hierfür der Umstand, daß dies auch nach der Nernstschen Theorie der elektrischen Reizung der Fall sein müßte. Obwohl diese Theorie an pflanzlichen Objekten bis jetzt keine quantitative Nachprüfung gefunden hat, ist sie doch von so außerordentlicher Bedeutung für unser Gebiet, daß eine ausführlichere Besprechung am Platze erscheint. Ihr Grundgedanke ist nach Nernsts Worten folgender: „Nach unseren gegenwärtigen elektrochemischen Anschauungen kann der galvanische Strom im organisierten Gewebe, also in einem Leiter von rein elektrolytischer Natur, keine anderen Wirkungen als Ionenverschiebungen, d. h. Konzentrationsänderungen verursachen. Wir schließen also, daß letztere die Ursache des physiologischen Effektes sein müssen. Bei Wechselströmen treten Konzentrationsänderungen in mit der Richtung des Stromes wechselndem Sinne auf. Wenn diese einen bestimmten Betrag annehmen, wird die physiologische Wirkung merklich werden, d. h. die Reizschwelle ist erreicht. Wenn nun ein aus der Membran austretender Strom von der Dichtigkeit 1 die Salzmenge ν von der Membran entfernt, so wird gleichzeitig infolge Diffusion eine Rückwanderung des Salzes eintreten; die Konzentrationsänderung an der Membran wird also bedingt durch die entgegenwirkenden Effekte des Stromes und der Diffusion."

Es ergaben sich aus diesen Überlegungen folgende quantitative Beziehungen: Gleiche Konzentrationsänderungen und demnach gleiche Erregungen werden in einem bestimmten System jedesmal hervorgerufen

a) durch konstanten Strom, wenn $i \cdot t = k$, (i = Stromstärke, t = Stromdauer);

b) durch Wechselströme (reine Sinusströme), wenn $\frac{i}{\sqrt{m}} = k$ (m = Wechselfrequenz);

c) durch Kondensatorentladungen, wenn $r \cdot C = k$ (r = Spannung, C = Kapazität).

Hermann hat, wie oben erwähnt, gezeigt, daß man aus diesen Formeln auch ableiten kann, daß zur Erzielung einer bestimmten Konzentrationsänderung an der Membran durch eine bestimmte Reizform eine bestimmte Menge Energie aufgewendet werden muß. Erhebt man nämlich die drei von Nernst berechneten Ausdrücke ins Quadrat, so erhält man $i^2 \cdot t$, $\frac{i^2}{m}$, $r^2 C$, und die Ausdrücke für die Energie eines Gleich-, Wechselstromes und einer Kondensatorentladung sind $w i^2 t$, $w \frac{i^2}{m}$, $\frac{r^2 C}{2}$.

Die Nernstsche Theorie ist an tierischen Objekten vielfach nachgeprüft worden, indem man zusah, ob tatsächlich an der Reizschwelle bei Gleichstrom $i \cdot t = k$, bei Wechselstrom $\frac{i}{\sqrt{m}} = k$, bei Kondensatorentladung $r \cdot C = k$ ist. Das Ergebnis war eine befriedigende Übereinstimmung mit der Theorie in mittleren Gebieten, dagegen Abweichungen bei sehr langen bzw. sehr kurzen Reizzeiten. Diese Abweichungen bestehen darin, daß in diesen beiden Fällen die Intensitäten höher liegen, als es die Berechnung nach den Nernstschen Formeln ergibt. Aber Nernst hat ausdrücklich betont, daß eine Anwendung seiner Formeln in diesen Gebieten unzulässig ist, und daß sie nur für Momentanreize statthaft ist.

Für Pflanzen liegt nur ein Prüfungsversuch zur Theorie vor, Wechselstromreizung von Mimosen durch Reiss. Aus technischen Gründen gelang es aber nicht, quantitative Resultate zu erhalten, doch konnte Reiss zeigen, daß in qualitativer Übereinstimmung mit der Theorie Mimosen bei hoher Frequenz größere Stromstärken zur Schwellenreizung gebrauchen als bei niedrerer Frequenz. Qualitativ sprechen ferner die Versuche Gassners über Beeinflussung des Wurzelwachstums durch Wechselströme für die Richtigkeit der Nernstschen Theorie. Es ergab sich nämlich, daß nach einstündiger Einwirkung von Wechselströmen verschiedener Frequenz von $1 \cdot 10^{-3}$ A/qcm Dichte die Wachstumsverminderung betrug:

Wechselzahl pro Minute	24	46	120	820
Wachstumsverminderung in Prozenten	57,5	32,0	11,7	1,8

Ich habe die prozentischen Wachstumsverminderungen berechnet, die bei Gültigkeit des Nernstschen Gesetzes beobachtet werden müßten. Sie betragen 66, 14,7, 9,2, 3,5.

Man kann eine quantitative Bestätigung der Formel natürlich nicht erwarten, da es sich ja bei Gassners Versuchen gar nicht um Reizung an der Reizschwelle handelte. Aber der Richtung und Größenordnung nach sind die Zahlen ganz befriedigend. Es darf jedoch nicht verkannt werden, daß derartige qualitative Ergebnisse ebensogut in den Rahmen der verschiedensten anderen Theorien passen würden.

Zur Erklärung der Abweichungen bei länger dauernden Reizen hat Nernst die Annahme einer Akkomodation der Membran eingeführt. Diese soll darin bestehen, daß die Konzentrationsänderung durch den Strom, die an der Membran auftritt, an dieser eine Reaktion von relativ langsamem Verlauf auslöst, die die Reizschwelle erhöht, so daß bei langsamem Verlauf der Reizung eine größere Konzentrationsänderung nötig ist eben infolge des Auftretens der schwellenerhöhenden Akkomodation als bei kurz dauernder Reizung, wo diese Akkomodation sich noch nicht merklich ausgebildet hat, wenn die Schwellenkonzentrationsänderung bereits erreicht ist. Doch ist die Akkomodationsreaktion vorläufig nur qualitativ geeignet, die Abweichungen von der Theorie zu erklären. Versucht man sich quantitativ ein Bild von ihrer Wirksamkeit zu machen, so ergibt sich nach dem Berechnungen Hermanns, daß sie z. B. bei Kondensatorentladungen von 1 *Mf* schon nach 1,81 σ die weitere Zunahme der Konzentration effektlos machen müßte, obwohl hier eine Konzentrationszunahme bis 60 σ stattfinde. Dagegen sei bei Gleichstrom noch bei 3 σ keine wesentliche Einmischung der Akkomodation zu merken, bei Wechselstrom sogar bis 94 σ. Hier liegt zweifellos eine beträchtliche Schwierigkeit, da es sich ja bei allen Reizen um annähernd gleichwertige, nämlich Schwellenreizungen handelt.

Zu der hypothetischen Akkomodation kommt aber noch ein anderes reales Moment hinzu, das geeignet ist, Abweichungen von den theoretischen Werten Nernsts für langdauernde Reize verständlich zu machen. In den Nernstschen Formeln ist der Einfachheit halber vorausgesetzt, daß die Membranen, an denen die Konzentrationsänderungen stattfinden, sich in unendlicher Entfernung voneinander befinden. In Wirklichkeit ist dies ja durchaus nicht der Fall, und deshalb hat Hill Formeln entwickelt, die den endlichen Abstand der polarisierten Protoplasmamembranen berücksichtigen. In der Tat entsprechen die Versuchsergebnisse speziell bei längeren Reizzeiten bedeutend besser den Hillschen Formeln als den Nernstschen, ohne daß die spezielle und mathematisch nicht recht faßbare Akkomodationsreaktion herangezogen wäre.

Was die Abweichungen für sehr kurz dauernde Reizungen von der Theorie betrifft, so hat zwar Eucken darauf hingewiesen, daß bei sehr kurz dauernden Kondensatorentladungen schon rein physikalisch eine Deformation der Entladungskurve auftreten dürfte, die Abweichungen von der Theorie nach der beobachteten Richtung hin bedinge. Aber auch Gleichstromstöße scheinen nach Versuchen von Gildemeister und Weiss ein gleiches abweichendes Verhalten zu zeigen. Zu sicheren Schlußfolgerungen in unseren Fragen sind die Versuche dieser Autoren leider nicht brauchbar, da in ihnen die durchgehende Elektrizitätsmenge und Energie nur aus der angelegten Spannung unter vereinfachten, aber kaum zutreffenden Voraussetzungen errechnet wurde.

So muß also die Antwort auf die Frage, ob die erregende Reizmenge oder erregende elektrische Energie an der Reizschwelle konstant ist oder nicht, noch offenbleiben. Wir können nur sagen, daß nach den Versuchen Gassners, Boses und der Tierphysiologen anscheinend hier zum mindesten angenähert einfache quantitative Beziehungen vorhanden sind, deren weitere Erforschung speziell an pflanzlichen Objekten Aufgabe der Zukunft bleibt.

IV. Elektrotaxis.

A. Definition.

Mit Elektrotaxis bezeichnet man diejenige Reizreaktion freibeweglicher Organismen, bei der der elektrische Reiz Ortsveränderungen auslöst, die in bestimmter Weise zur Richtung des elektrischen Stromes orientiert sind. Man spricht von positiver oder anodischer und negativer oder kathodischer Elektrotaxis, je nachdem die Organismen sich dem positiven Pol (Anode) oder dem negativen Pol (Kathode) zubewegen. Wir wollen im folgenden zunächst die Methode betrachten, mit der wir die Elektrotaxis einwandfrei beobachten können, sodann die Ergebnisse der bisherigen Beobachtungen und die Versuche zu ihrer Erklärung darstellen.

B. Methodik.

Da die meisten freibeweglichen pflanzlichen Organismen mikroskopische Dimensionen haben, kommt zur Beobachtung der Erscheinung fast ausschließlich die mikroskopische Betrachtung in Anwendung. Zu dieser eignet sich sehr gut eine von Verworn konstruierte Kammer (Abb. 11). Man kittet quer auf einen Objektträger zwei Leisten aus gebranntem Ton (Tonzellenmasse), die parallel der Längsrichtung des Objektträgers durch isolierende Leisten aus einem Gemisch von gleichen Teilen Wachs und Kolophonium verbunden sind. An die Tonleisten werden die unpolarisierbaren Elektroden angelegt. Die Verwendung unpolarisierbarer Elektroden zu derartigen Versuchen ist wünschenswert, um die Möglichkeit irgendwelcher chemotaktischer Wirkungen auf das Ergebnis der Versuche auszuschalten, Wirkungen, wie sie hervorgerufen werden können durch Säure oder Alkalibildung oder Bildung sonstiger Elektrolyseprodukte an den polarisierbaren Elektroden. Diese Gefahr besteht nicht nur bei Beobachtung unmittelbar an den Elektroden, sondern auch in größerer Entfernung von diesen; denn infolge elektroosmotischer und thermischer Wasserbewegungen, wie sie unter den verwendeten Versuchsbedingungen durch den Stromdurchgang wohl meistens hervorgerufen werden, ist mit einer Fortbewegung der elektrolytischen Produkte von den Elektroden nicht nur durch Diffusion, sondern auch durch Konvektion zu rechnen. Die von vielen Autoren geäußerte Anschauung, daß bei den von ihnen ausgeführten elektrotaktischen Versuchen Chemotaxis nicht zu berücksichtigen sei, weil die Stromstärke zu gering gewesen sei, um Elektrolyse zu verursachen, ist nicht ganz stichhaltig. Die Abscheidung

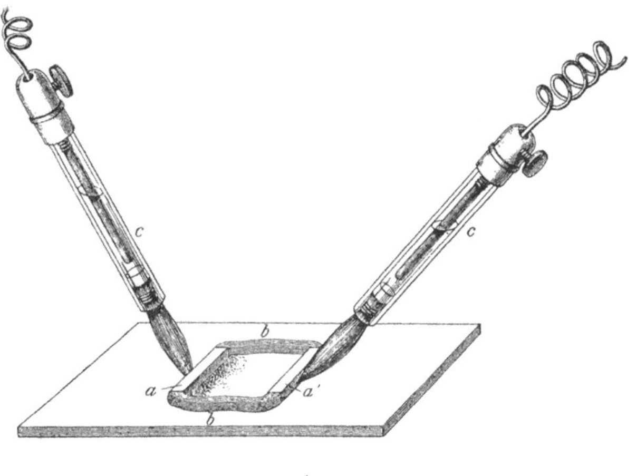

Abb. 11. Nach Pfeffer, Pflanzenphysiologie.

von Elektrolyseprodukten an den Elektroden tritt freilich erst bei Überschreiten einer bestimmten Spannung und demnach bei gegebenem Widerstand bei Überschreitung einer bestimmten Stromstärke auf, aber die Polarisation und die mit ihr verbundene Konzentrationsänderung an den Elektroden tritt bereits bei jeder Spannung auf, also auch bei den kleinsten Stromstärken, und derartige Konzentrationsänderungen an den Elektroden können wenigstens prinzipiell auch bei den kleinsten Stromstärken direkt oder indirekt zu Reizwirkungen führen, die bei wirklich unpolarisierbaren Elektroden fortfallen würden. Diese Fehlerquelle läßt sich aber durch Verwendung der sog. unpolarisierbaren Elektroden nicht völlig ausschalten; denn auch diese zeigen stets eine gewisse Polarisation, die nur gegenüber der der unpolarisierbaren Elektroden sehr gering ist. Glücklicherweise ist jedoch die Gefahr der Verunreinigung der eigentlichen Elektrotaxis durch chemotaktische Erscheinungen infolge Polarisation an den Elektroden dadurch erheblich verringert, daß die elektrotaktischen Erscheinungen in der Regel bereits unmittelbar nach Stromschluß auftreten, noch bevor es an den Elektroden, geschweige in größerer Entfernung von ihnen, zur merklichen Bildung von Elektrolyseprodukten kommen kann. Ferner geben fast alle Autoren an, daß bei Verwendung polarisierbarer und unpolarisierbarer Elektroden merkliche Unterschiede in den Ergebnissen nicht auftreten. Es ist also anzunehmen, daß im großen und ganzen die im folgenden referierten größtenteils mit unpolarisierbaren Elektroden angestellten Beobachtungen echte elektrotaktische Erscheinungen betreffen und durch Chemotaxis nicht merklich beeinflußt sind.

C. Beobachtungsergebnisse.

Die ersten Beobachtungen über Elektrotaxis dürften von Unger in seinem Büchlein „Die Pflanze im Moment der Tierwerdung“ niedergelegt sein (1843). Unger leitete den von 1—6 Zinkkupferplattenpaaren erzeugten Strom mittels Eisen- oder Platindrähten durch ein Gefäß mit Wasser, das mit Stentoren oder Schwärmsporen der grünen Alge Vaucheria beschickt war. Stentor zeigte ein mit steigender Spannung zunehmendes Bestreben, sich am negativen Pol anzusammeln und den positiven Pol zu verlassen. Bei den Vaucheriasporen wurden keine ausgeprägten polaren, Anziehungs- oder Abstoßungserscheinungen beobachtet, dagegen das Auftreten einer Lähmungserscheinung, sobald die Sporen in die Nähe der Zuleitungsdrähte kamen. Es dürfte sich hierbei also weniger um eine direkte Wirkung des elektrischen Stromes als um die Wirkung der an den Zuleitungsdrähten gebildeten Säure bzw. Lauge gehandelt haben. Später entdeckte Hermann, daß sich Froschlarven und Fischembryonen, wenn durch das Wasser, in dem sie sich befanden, ein Strom geleitet wurde, mit dem Kopf nach der Anode und dem Schwanz nach der Kathode zu einstellten. Wir wollen uns indes unserer Aufgabe gemäß in folgendem im wesentlichen beschränken auf den Bericht über Versuche, die an pflanzlichen Organismen ausgeführt worden sind. Um das Gesamtergebnis der zahlreichen

Untersuchungen kurz vorweg zu nehmen, sei gesagt, daß eine große Anzahl frei beweglicher pflanzlicher Organismen zu elektrotaktischer Organisation befähigt gefunden worden sind. Es wurde positive und negative Elektrotaxis beobachtet, zuweilen auch ein Indifferenzstadium. Welche Form der Elektrotaxis, ob positive oder negative, auftritt, ist abhängig von der Art des Organismus, der Dauer und Stärke des Reizes und der chemischen Natur des Substrates, in dem die Organismen aufgezogen und in dem die Versuche ausgeführt werden. Ferner kann die Reaktion beeinflußt werden durch das Ausmaß der verschiedensten Lebensbedingungen, z. B. Licht und Dunkelheit.

Für Bakterien geben Abbott und Life elektrotaktische Reaktion an. Unbegeißelte Formen und abgetötete Bakterien zeigen im elektrischen Strom keine Reaktion, dagegen sammeln sich Bacterium thermo, Bacillus subtilis und typhi im neutralen Medium an der Kathode, während die Anode sich von ihnen entblößt. Bei Umpolen findet eine Umkehr des Ortes der Ansammlung bzw. der Abstoßung statt. 1% HCl verstärkt die kathodische Elektrotaxis, in 1% NaOH tritt anodische auf. Die Tatsache, daß unbegeißelte Formen diese Erscheinungen nicht zeigen, beweist, daß es sich um eine einfache Kataphorese nicht handeln kann. Die Annahme unserer Autoren jedoch, daß trotz Verwendung polarisierbarer Elektroden auch Chemotropismus keine Rolle spielen kann, da die Stromstärke von ca. $3 \cdot 10^{-7}$ Amp. auf einen Querschnitt, der sicher beträchtlich unter 1 qmm^2, zu klein sei, um elektrolytische Zersetzungen hervorzurufen, ist nach dem oben Gesagten nicht völlig einwandfrei.

Bei Amoeba proteus beobachtete Verworn kathodische Galvanotaxis. Bei Stromschluß tritt an der Kathodenseite ein breites hyalines Pseudopodium aus, die Körnchen aus allen übrigen Teilen der Amöben strömen dorthin, die übrigen Pseudopodien werden eingezogen. Die ganze Amöbe bildet ein keulenförmiges Gebilde (Limaxform) mit einem axialen Körnchenstrom nach der Kathode, der an der Peripherie springbrunnenartig umbiegt. An der Anode zieht sich die Amöbe immer mehr zusammen und wird höckrig. Das ursprünglich hyaline Protoplasma wird vakuolisiert und schaumig. In dieser Form kriecht die Amöbe zur Kathode, ohne Pseudopodien nach anderer Richtung auszustrecken. Bei Öffnung des Stromes bleibt die Körnchenströmung kurze Zeit stehen und neue Pseudopodien bilden sich. Verworn faßt diese Erscheinung, die auch von Jennings bestätigt wird, als contractorische Schließungserregung an der Anode und als expansorische an der Kathode auf.

Von den Flagellaten ist besonders Euglena viridis von Bancroft eingehend untersucht. Er zieht dabei 4 Ausgangslagen in Betracht.

1. Die Euglena liegt in der Richtung der Stromfäden,

a) das Vorderende nach der Kathode zu gewendet: es tritt keine merkliche Reizung ein.

b) Das Vorderende nach der Anode zu gewendet: es tritt starke Reizung ein. Die Geißel streckt sich, die Euglena schwimmt ein wenig zurück und kontrahiert sich dann.

2. Die Euglena liegt senkrecht zur Richtung der Stromfäden.

a) Die Rückenseite nach der Kathode zu: es tritt Reizung der Geißel ein, und in mehreren Rucken stellt sich die Euglena in die Richtung zur Kathode ein. Dabei scheint nach jedem Schlage, mit dem der Winkel zwischen Längsachse der Euglena und der Richtung der Stromfäden sich verringert, der folgende Schlag schwächer zu werden.

b) Die Rückenseite zur Anode: es tritt keine merkliche Reizung ein.

Bancroft sucht diese 4 Reaktionstypen durch folgende Annahmen zu erklären:

1. Die Veränderung der Geißelbewegung erfolgt durch Reizung eines in der Nähe der Geißelbasis gelegenen Reizortes.

2. Die Reizung dieses Reizortes erfolgt durch Ionen, die aus dem Inneren der Euglena hinwandern, also durch innere, nicht durch äußere Elektrolyse.

3. Es sind die wandernden Anionen, die diese Reizung bewirken.

Bei 1. tritt nach Bancroft keine Reizung ein, da die innere Elektrolyse Anionen vom Reizorte wegführt, umgekehrt bei 2 starke Reizung, da an den Reizort durch innere Elektrolyse Anionen hingeführt werden. Entsprechend läßt sich das Verhalten in den zwei anderen Ausgangslagen erklären. Wenn man annimmt, daß der Reizort oder ein sehr nahe gelegener Ort membranöse Eigenschaften hat, die capillarelektrisch Konzentrationsänderungen der wandernden Ionen bedingen, wäre eine derartige Erklärung prinzipiell wohl möglich, doch erscheinen die Annahmen so ad hoc gemacht, daß es fraglich erscheint, ob die mögliche Erklärung auch die richtige ist. Wir kommen später auf die verschiedenen Erklärungsversuche der beobachteten elektrotaktischen Erscheinungen ausführlich zurück.

Peridinium tabulatum schwimmt, wenn es bei Stromschluß in Bewegung ist, ziemlich gradlinig zur Kathode, jedoch gibt es auch Ausnahmeexemplare, die zunächst seitlich oder entgegengesetzt sich bewegen und sich erst allmählich an der Kathode einfinden. Wie Peridinium tabulatum verhält sich auch Trachelomonas hispida, während Cryptomonas erosa zur Anode geht. Bei Chilomonas paramaecium beobachtete Verworn, wie etwa $^3/_4$ der Individuen zur Anode gingen, während $^1/_4$ unregelmäßig zwischen Anode und Kathode hin und her pendelte, schließlich aber doch an der Anode zur Ansammlung gelangte. Pearl fand dagegen, das Chilomonas zur Kathode schwimmt. Erwähnt sei, daß Jennings die elektrotaktischen Reaktionen dieser Flagellaten als „Fluchtreaktionen" auffaßt, d. h. annimmt, daß der Organismus auf Reiz hin verschiedene Richtungen probiert, bis er eine findet, in der die Reizung aufhört. Im Rahmen dieses Buches kann auf diese viel umstrittene „trial and error"-Theorie, die Jennings den taktischen Reaktionen überhaupt zugrunde legt, natürlich nicht eingegangen werden.

Polytoma uvella, eine der Gruppe der Volvocales angehörige Grünalge, die an ihrem vorderen breiten Ende 2 Geißeln trägt, durch deren Schläge sie sich unter fortwährender Achsendrehung nach vorn bewegt, schwimmt bei Stromschluß mit vorangerichtetem Vorderende der Anode zu, während die Kathodengegend von ihr verlassen wird. Eine Erregung beim Öffnen des Stromes wurde nicht beobachtet, vielmehr setzen die Polytomen ihre Wanderung noch einige Sekunden fort, wenn der Strom geöffnet wird, bevor sie die Anode erreicht haben. Sind Polytoma, Trachelomonas oder Peridinium in Ruhe, wenn der Strom geschlossen wird, so findet keine galvanotaktische Reaktion statt, selbst bei starken Strömen. Bei Polytoma sieht man dann lediglich, wie sie durch Kataphorese zur Kathode, also zum umgekehrten Pole wie bei der Elektrotaxis, getragen wird.

Volvoxkolonien zeigen nach Carlgreen bei kürzerer Einwirkungsdauer des Stromes eine ausgeprägte kathodische Elektrotaxis. Jedesmal, wenn durch Umlegung der Wippe die Stromrichtung umgekehrt wird, wird auch prompt im Gesichtsfeld die Wanderung der grünen Volvoxkugeln umgekehrt. Bei der Einwirkung eines hinreichend starken Stromes auf lebende Kolonien von Volvox aureus schrumpft die Kolonie am anodischen Pol zusammen, wölbt sich aber am kathodischen vor, und zwar tritt die Erscheinung um so deutlicher auf, je länger der Strom einwirkt. Dennoch hat man es hier nicht mit einer den Erscheinungen an contractilen Geweben analogen Kontraktion und Expansion zu tun; denn auch tote Volvoxkolonien zeigen die Erscheinung, so daß es sich um eine elektroosmotische Erscheinung, wie Carlgreen will, vielleicht auch teilweise um eine Quellungs- und Entquellungserscheinung, hervorgerufen durch Säure- und Alkalibildung an der Ein- und Austrittsstelle des Stromes handelt. Übrigens ist diese Erscheinung nach Carlgreen auch an in Gelatine eingebetteten Paramaecien und Colpidien zu beobachten, bei denen sie sogar augenblicklich mit Stromschluß auftritt, während sie sich bei Volvox erst allmählich einstellt. Erwähnt sei noch, daß die jungen, noch nicht selbst beweglichen Tochterkolonien im Innern der Volvoxkugel kataphorisch zur Anode getragen werden.

Über die Abhängigkeit der Elektrotaxis von der Stromdichte ist mir eine eingehendere Untersuchung nicht bekannt geworden, doch kann man aus verschiedenen Bemerkungen schließen, daß dieser für die elektrotropischen und -nastischen Bewegungen so maßgebende Faktor auch den Sinn und die Ausprägung der Elektrotaxis stark beeinflußt, ganz abgesehen davon, daß natürlich durch das bloße Vorhandensein einer Reizschwelle ein derartiger Einfluß schon gegeben ist. Besonders wird dabei zu berücksichtigen sein, daß für die elektrotaktische Reaktion natürlich nicht die Stromstärke und -dichte im Gesamtquerschnitt von ausschlaggebender Bedeutung ist, sondern nur der Bruchteil, der die Organismen durchströmt. Dieser aber wird, entsprechend der Stromlinienverteilung, je nach der Leitfähigkeit des Mediums und der Organismen und nach dem Verhältnis, in dem lebende Substanz und Medium den Gesamtquerschnitt zusammensetzen, d. h. nach der Dichtigkeit der Organismensuspension, sich ändern, selbst wenn Stromdichte- und -stärke im Gesamtquerschnitt konstant bleiben. Denn die Stromlinien drängen sich ja zusammen in den Zonen geringeren Widerstandes und meiden gewissermaßen die Zonen hohen Widerstandes. Durch derartige Betrachtungen dürfte sich z. B. die Beobachtung Bancrofts erklären, daß Euglenen in Thimothegrasaufguß schwache anodische Elektrotaxis zeigen, wenn sie in dichten Schwärmen beobachtet werden, aber nicht, wenn nur verstreute Individuen in der Untersuchungsflüssigkeit sind. Wie gesagt, fehlen in fast allen Arbeiten Angaben über die verwendete Stromdichte. Bei Volvox arbeitete Terry mit $6{,}7$—$6{,}8 \cdot 10^{-6}$ A/qmm.

Die Abhängigkeit der elektrotaktischen Reaktion von der Stromdauer zeigen deutlich Versuche von Carlgreen mit Volvox. Während kurz nach Stromschluß eine ausgeprägt negative Elektrotaxis vorhanden ist, wird sie bei längerer Einwirkung des Stromes immer undeutlicher und schlägt bei noch längerer Durchströmung in positive um. Letztere ist freilich nie so ausgeprägt wie die negative beim Beginn der Versuche. Wird nunmehr der Strom geöffnet und erst nach 20 Sekunden wieder geschlossen, so tritt bei diesem erneuten Stromschluß auch wieder kathodische Elektrotaxis auf. Es handelt sich also um eine reversible Umstimmung der Volvoxkolonien unter der Dauereinwirkung des elektrischen Stromes. Genaue Zeitangaben kann Carlgreen nicht machen, sie haben auch so lange wenig Wert, als nicht gleichzeitig die Stromdichte, mit der die Algen durchströmt wurden, angegeben ist. Annähernd schätzt er das Stadium der negativen Elektrotaxis auf $^1/_2$ Stunde. Dann tritt ein Indifferenzstadium von oft weniger als 1 und oft von mehr als 20 Stunden auf, hernach die positive Elektrotaxis. Eine Abschwächung der bei Beginn des Stromschlusses ausgeprägten Elektrotaxis mit der Stromdauer findet Bancroft bei Euglena. Sie zeigt sich deutlich darin, daß kurz nach Stromschluß die Euglenen außerordentlich prompt auf Stromwendung mit Wendung ihrer Schwimmrichtung reagieren, während nach längerer Durchströmung die Umkehrreaktion immer schwächer wird. Derartige Umstimmungen sind übrigens auch an tierischen Objekten beobachtet worden. So gibt Greeley an, daß Paramaecium, das in alkalischer Lösung zunächst negativ elektrotaktisch ist, nach etwa $^1/_2$stündiger Durchströmung unter Tendenz zur positiven Elektrotaxis ohne Umstellung der Cilien zwischen Anode und Kathode hin und her pendelt. In saurer Lösung wird dagegen sofort nach Erreichung der Kathode die Cilienstellung umgekehrt und, ohne daß es an der Kathode zur

Ansammlung käme, die Schwimmrichtung nach der Anode genommen. Ja 1—50% der Paramaecien gingen sogar primär zur Anode und erst sekundär zur Kathode. Mit diesem Versuche kommen wir bereits zu den Untersuchungen über den Einfluß des Mediums auf die elektrotaktische Reaktion.

Wie dieser aus dem verschiedenen Verhalten in saurer und alkalischer Reaktion für Paramaecium hervorgeht, so ist er auch an pflanzlichen Organismen beobachtet worden. Während nämlich Volvox in alkalischer Lösung ausgeprägt kathodisch elektrotaktisch ist, gehen nach Greeley nach etwa $^1/_2$—1stündigem Aufenthalt in schwach saurer Lösung alle Kolonien zur Anode, zeigen also eine völlige Umstimmung mit der sauren bzw. alkalischen Reaktion des Mediums. Diese Ergebnisse Greeleys fand jedoch Terry in einer Nachuntersuchung nicht bestätigt. Vielmehr beobachtete er, daß weder durch Säuren noch Alkalien oder Neutralsalze im Medium der Sinn der elektrotaktischen Reaktion verändert wird. Dagegen erzeugt man nach seinen Beobachtungen dadurch, daß man Volvox 2—3 Tage im Dunkeln hält, eine Umstimmung seiner normalerweise kathodischen Reaktion in anodische. Dabei findet keine Umstellung des Cilienapparates wie bei Paramaecien statt, sondern Volvox schwimmt stets mit demselben vorderen Ende dem Pol zu, nach dem seine Reaktion gerichtet ist. Erneute Beleuchtung ruft wieder Umstimmung in die normale, negative Galvanotaxis hervor. Bei dieser Photoumstimmung sind die blauen Teile des Spektrums nahezu unwirksam, während die roten fást ebenso wirksam sind wie das unzerlegte Sonnenlicht. Das Ergebnis ist das gleiche bei Verwendung unpolarsierbarer und polarsierbarer Elektroden. Terry hält es für wahrscheinlich, daß die Umstimmung mit der Photosynthese in Zusammenhang steht, etwa derart, daß sich im Dunklen in den Zellen organische Säuren anhäufen, die bei Lichtzufuhr durch die Kohlensäureassimilation reduziert werden.

Bei Euglenen hat Bancroft ebenfalls ausgesprochene Umkehr der Reaktion in verschiedenen Medien gefunden. Nämlich gute dauernd negative Elektrotaxis in

1. Thimothegrasaufguß mit $\frac{m}{500}$ Citronensäure, 10 Tage alte Kultur;
2. Bohnendekokt mit $\frac{m}{100}$ Citronensäure, 19 Tage alte Kultur;

3. Bohnendekokt mit $\frac{m}{50}$ Citronensäure, 35 Tage alte Kultur,

dagegen deutlich positive Elektrotaxis in

1. Gelatine aus Chondrus;
2. Sumpfwasser.

Mit der Zunahme der Salzkonzentration des Mediums sinkt nach Statkewitsch die elektrotaktische Erregbarkeit bei Infusorien sehr erheblich. Dies Ergebnis nimmt nicht wunder, wenn man die, wie wir im folgenden sehen werden, sehr wahrscheinliche Annahme macht, daß bei der elektrischen Erregung Konzentrationsänderungen an der Grenzfläche Medium/Zelle eine große Rolle spielen. Denn die relative Konzentrationsänderung, d. h. das Verhältnis der absoluten Größe der Konzentrationsänderung zur absoluten Größe der Konzentration des Mediums, muß mit steigender Konzentration bei gleicher Elektrizitätsmenge abnehmen, sei es, daß man mit Nernst und Riesenfeld die Zellmembranen als 2. Lösungsmittel auffaßt, sei es, daß man mit Bethe capillarelektrische Vorgänge für die Konzentrationsänderung an der Membran verantwortlich macht.

D. Erklärungsversuche der Elektrotaxis.

Wir haben bereits im vorhergehenden bei Besprechung des Beobachtungsmaterials wiederholt auf Erklärungsversuche für einzelne Erscheinungen hingewiesen. Im folgenden sollen die verschiedenen Deutungsversuche zusammenfassend dargestellt werden.

1. Elektrotaxis als Kataphorese.

Von älteren Autoren ist vielfach versucht worden, Elektrotaxis als einfache Kataphorese zu erklären, d. h. als eine durch den Stromdurchgang hervorgerufene Bewegung der suspendierten Zellen nach den Polen, wie sie auch alle leblosen suspendierten Teilchen zeigen. Dieser Anschauung wurde entgegengehalten, daß tote Zellen, z. B. Paramaecien, keine Elektrotaxis mehr zeigen und daß daraus hervorgehe, daß die Elektrotaxis kein rein physikalisches Phänomen wie die Kataphorese sei, sondern eine echte, an die Lebenstätigkeit gebundene Reizbewegung. Diese Begründung ist indessen nicht beweisend; denn wir wissen einerseits, daß die Stärke der Kataphorese steigt mit der Größe der Potentialdifferenz an der Grenze zwischen suspendiertem Teilchen und Medium, andererseits, daß diese Potentialdifferenz bei der lebenden Zelle im allgemeinen sehr viel größer sein wird als bei der toten, da ja bei der lebenden durch den Stromdurchgang an ihrer semipermeablen Membran eine starke Polarisation hervorgerufen werden muß, die an der toten infolge des Aufhörens der Semipermeabilität ausbleiben wird. Man könnte also das Ausbleiben der Elektrotaxis an toten Zellen im Sinne der Kataphoresetheorie auch dahin deuten, daß hier die Potentialdifferenz zwischen suspendierten Teilchen und Flüssigkeit so klein ist im Verhältnis zu der der lebenden Zelle, daß eine Spannung, die genügt, um an lebenden Zellen starke Elektrotaxis hervorzurufen, an toten Zellen dazu unzureichend ist. Aus dem Ausbleiben der Elektrotaxis an toten Zellen kann also nicht ohne weiteres eine Widerlegung der Kataphoresetheorie der Elektrotaxis abgeleitet werden. Es gibt aber eine Anzahl anderer Gründe, ihre Unhaltbarkeit darzutun. Man kann nämlich an unbegeißelten Zellen, z. B. Diatomeen oder Grünalgen, bei Stromdurchgang durch die Kulturflüssigkeit tatsächlich Kataphorese beobachten, und alle Autoren geben übereinstimmend an, daß diese Bewegung im Vergleich zur Elektrotaxis gleichzeitig anwesender begeißelter Organismen eine Geschwindigkeit von ganz anderer Größenordnung, nämlich eine viel langsamere, aufweist. Die begeißelten Organismen führen ja ihre Bewegung kraft innerer Energie aus und die Elektrotaxis besteht offenbar nur darin, daß der elektrische Reiz die normale Bewegung so lenkt, daß eine bestimmte Richtung stets eingehalten wird, während eine passiv kataphorische Bewegung, soweit vorhanden, durch die Eigenbewegung überkompensiert wird. Ferner spricht deutlich gegen die Kataphoresetheorie, daß es einzelne begeißelte Organismen gibt, bei denen überhaupt keine Elektrotaxis nachzuweisen ist. Wäre letztere eine rein physikalische Erscheinung wie die Kataphorese, so wäre dies schlecht zu verstehen. Betrachtet man aber die Elektrotaxis als Reizbewegung, so kann ihr Ausbleiben entweder auf mangelndem Perzeptions- oder Reaktionsvermögen beruhen, letzteres z. B. weil keine geeignete Koordination der Cilienbewegung stattfindet, um eine bestimmt gerichtete Bewegung zu ermöglichen. In vielen Fällen zeigt ferner die direkte Beobachtung, wie die bestimmt gerichtete Elektrotaxis durch bestimmte Umstellung des Wimperapparates bei Einwirkung des elektrischen Reizes hervorgerufen wird. Schließlich sei noch die Beobachtung Verworns erwähnt, daß in Ruhe befindliche Polytomen bei Stromschluß kataphorisch zum entgegengesetzten Pol wandern wie in Bewegung befindliche elektrotaktisch. Ist also nach dem Angeführten die Elektrotaxis durch reine Kataphorese nicht zu erklären, so könnte es wohl sein, daß sie eine aus passiv kataphorischer und aktiv organischer Bewegung kombinierte Erscheinung ist.

2. Elektrotaxis als Kombination von Reizbewegung und Kataphorese.

Eine derartige Anschauung ist verschiedentlich ausgesprochen worden, z. B. von Birukoff. Dieser sucht die negative bzw. positive Elektrotaxis darauf zurückzuführen, daß bei Stromdurchgang an der Grenzfläche der Zellen eine Polarisationsspannung entsteht, die kleiner bzw. größer als die polarisierende EMK ist. Dadurch werde eine kataphorische Wanderung der Zellen mit dem Wasser, in dem sie schwimmen, bzw. entgegen diesem bewirkt, d. h. da Leitungswasser im Stromgefälle zur Kathode wandert, eine Wanderung zur Kathode bzw. zur Anode. Da die Entstehung einer Polarisationsspannung von höherer EMK wie die polarisierende physikalisch unmöglich ist, so braucht auf diese Anschauung nicht näher eingegangen zu werden. Will man die positive oder negative Elektrotaxis unter Zuhilfenahme von Kataphorese erklären, so wird dies allerdings immer auf die Annahme hinauslaufen, die Birukoff gemacht hat, daß bei verschiedener Elektrotaxis auch der Sinn der Ladung der Zellen um gekehrt sei. Aber man muß diese verschiedene Ladung anders als Birukoff zustande kommen lassen. Einen derartigen Versuch haben Coehn und Barrat gemacht. Diese haben nämlich die Vorstellung entwickelt, daß in einer Lösung suspendierte Zellen dadurch gegenüber der Lösung eine elektrische Potentialdifferenz aufweisen, daß die Protoplasmamembran für An- und Kationen verschieden permeabel sei, demnach also eine anionenpermeable Zelle sich durch Austritt von Anionen positiv, eine kationenpermeable Zelle durch Austritt von Kationen negativ auflade. Wird nun an die Lösung eine elektrische Potentialdifferenz von außen angelegt, so werden die Zellen einen Zug erfahren in der Richtung auf den Pol, der die entgegengesetzte Ladung hat wie sie selbst. Aber die Elektrotaxis besteht nun nicht etwa darin, daß die Zellen diesem Zuge folgen, also in einer Kataphorese, sondern die durch den Zug primär erzeugte passive Bewegung erzeuge eine Reibung der Zelle am Wasser, und diese könne man als den Reiz dafür ansehen, daß nunmehr Flimmerschläge ausgeführt werden, die die elektrotaktische Bewegung bewirken. Als Bestätigung ihrer Anschauungen sehen Coehn und Barrat ihren Befund an, daß Paramaecien in verdünnter NaCl zur Kathode, in konzentrierter zur Anode schwimmen. (Die Grenzkonzentation lag zwischen 0,01 und 0,1n-NaCl). Daß sie in verdünnter Lösung zur Kathode schwimmen, erklärt sich nach den Autoren daraus, daß ihr Protoplasma für Cl′ durchlässig, für Na˙ undurchlässig sei, so daß die Paramaecien sich positiv aufladen. In konzentrierter Lösung dagegen bedingt dieselbe Differenz der Permeabilität für Na˙ und Cl′, daß die im Medium in hoher Konzentration enthaltenen permeierenden Cl′ eine negative Aufladung der Zellen bewirken, die zur anodischen Elektrotaxis führt. Gegen die Richtigkeit dieser Hypothese ist bereits mehrfach, z. B. von Höber und Bethe, geltend gemacht worden, daß in konzentrierter NaCl primär, d. h. ohne Vorhandensein eines Stromes, eine Umstellung des Wimpernapparates stattfindet, die eine Bewegungsrichtung veranlaßt entgegengesetzt der, die in verdünnnter Lösung auftritt. Die Umkehr der Bewegungsrichtung in konzentrierter NaCl kann also als Stütze für die Coehn-Barratsche Auffassung nicht geltend gemacht werden, da ja unter Berücksichtigung der Wimpernumstellung gerade nach dieser Anschauung keine Umkehr der Bewegungsrichtung in der konzentrierten Lösung bei Stromdurchgang auftreten dürfte. Dagegen hat Bancroft Versuche gemacht, deren Ergebnis ausgesprochen gegen die Richtigkeit der Coehnschen Hypothese spricht. Wenn nämlich Paramaecien in Heuinfusion mit $\frac{m}{90}$ NaCl kultiviert wurden und dann in destilliertes Wasser oder verdünnte NaCl-Lösung, z. B. $\frac{m}{200}$ gebracht wurden, so schwammen sie zur Anode anstatt wie normalerweise und nach Coehn und Barrat zu erwarten zur Kathode.

Eine Anschauung von Carlgreen, nach der die elektroosmotische Wasserbewegung in der Zelle Reiz für die Ausführung der Elektrotaxis sei, ist nicht näher ausgeführt und begründet und sei deshalb nur eben erwähnt.

3. Elektrotaxis als Wirkung elektrolytischer Prozesse.

Schon vor Coehn und Barrat hatte I. Loeb eine Theorie der Elektrotaxis aufgestellt, die auf den elektrolytischen Wirkungen des Stromes basiert. Loeb unterscheidet beim Stromdurchgang durch eine Organismensuspension die äußere Elektrolyse, die in der Suspensionsflussigkeit auftritt, und die innere Elektrolyse, die im Protoplasma auftritt. Bei der äußeren Elektrolyse prallen nach Loeb die Kationen während ihrer Wanderung zur Kathode auf die nach der Anode zu liegende Seite der Zellen und gelangen dort zur Abscheidung, z. B. Na. Sie verbinden sich mit dem Hydroxyl des Wassers zu Alkali, z. B. NaOH, und dieses gebildete Alkali ruft die Elektrotaxis hervor. An der Kathodenseite der Zelle kann entsprechend Säure gebildet werden, dies braucht aber nicht immer der Fall zu sein, da die Alkalescenz des Protoplasmas dies verhindern könnte. Die innere Elektrolyse wirkt entgegengesetzt. Bei ihr müssen die Anionen des Protoplasmas an die nach der Anode zu liegende Seite geführt werden, aber auch hier nimmt Loeb an, daß es nicht zu einer Kompensation von neutralitätsstörender Wirkung der äußeren und inneren Elektrolyse zu kommen braucht. Als wesentlichste Stütze in der Erfahrung dient Loeb für seine Theorie die Beobachtung, daß Alkali wie elektrischer Strom sowohl auf Protozoen als z. B. auf Drüsensekretion (Drüsen von Amblystoma) dieselben Reizreaktionen hervorrufen. Die Schwäche dieser Anschauung liegt vor allem schon in der ungenügenden physikalischen Durcharbeitung. Daß nämlich der von Loeb angenommene spezielle Mechanismus der Säure- und Alkalibildung durch Abscheidung von Kat- und Anionen am Protoplasma bei Stromdurchgang physikalisch nicht haltbar ist, darauf hat bereits Ostwald hingewiesen. Zu dieser Abscheidung wären viel höhere elektromotorische Kräfte notwendig, als sie bei den elektrotaktischen Versuchen an den Plasmagrenzen auftreten.

Der wesentliche Kern der Loebschen Theorie aber, der Versuch, die elektrophysiologischen Wirkungen auf die elektrolytischen Wirkungen des Stromes an der Grenzfläche der Zelle gegen das Medium zurückzuführen, hat sich als äußerst fruchtbar erwiesen und bildet auch die Grundlage der verwandten Theorie Bethes.

4. Elektrotaxis als Wirkung capillarchemischer Prozesse.

Bethe hat die von Loeb ungeklärten physikalischen Vorgänge bei Stromdurchgang an der Plasmagrenze durch Modellversuche weitgehend aufgeklärt. Er hat die an den Grenzflächen von Membranen bei Stromdurchgang auftretenden Konzentrationsänderungen und Neutralitätsstörungen experimentell nachgewiesen. Er hat sie theoretisch berechnet und durch die Übereinstimmung von Theorie und Experiment erwiesen, daß sie capillarelektrische Erscheinungen sind, die sich aus der Differenz der Wanderungsgeschwindigkeit von Ionen in Medium und Membran mit Notwendigkeit ergeben. Das Physikalische dieser Untersuchung ist bereits im I. Kapitel dargestellt worden. Es ist ferner im Kapitel über die Wirkung der Elektrizität auf Plasma und Zelle sein Versuch an Tradescantia erwähnt worden, bei der diese Neutralitätsstörung am lebenden Objekt beobachtet wurde. Es ist deshalb nicht daran zu zweifeln, daß Konzentrationsänderungen und Neutralitätsstörungen auch bei stromdurchflossenen elektrotaktisch reagierenden Organismen auftreten, und zwar sowohl an der Grenzfläche des Organismus gegen das Medium wie auch innerhalb des Organismus an der Grenzfläche von Schichten mit verschiedener Wanderungsgeschwindigkeit der Elektrolyte. In diesen capillarelektrischen Konzentrationsänderungen und vor allem Neutralitätsstörungen sieht Bethe die Ursache der Erregung durch den elektrischen Reiz. Die Richtigkeit dieser Anschauung hat er unter anderem auf Grund folgender Überlegung durch die Erfahrung zu bestätigen versucht. Im Modellversuch hatte sich gezeigt, daß der Ort der Zunahme der C_{Salz} oder C_H verschieden ist je nach der C_H der Ausgangslösung, daß er nämlich bei neutraler Reaktion des Mediums auf der der Kathode, bei saurer auf der der Anode zugewandten Seite der Membran liegt. Wenn also die Zunahme der C_H an der Grenzfläche Zelle/Medium die Erregung hervorruft, so müßte bei neutraler Reaktion die Erregung an der Kathodenseite, bei saurer an der Anodenseite der Zelle auftreten. Dies würde eine entgegengesetzte Bewegungsrichtung elektrotaktisch reagierender Zellen in neutralem und saurem Medium hervorrufen. Eine derartige Umstimmung hat ja für Paramaecium und Volvox in der Tat Greeley beobachtet, nämlich in saurer Lösung anodische Elektrotaxis statt der normalen kathodischen. Aber eine Nachuntersuchung Terrys hat, wie erwähnt, Greeleys Ergebnisse nicht bestätigen können. Vielmehr ging Volvox auch in saurer Lösung zur Kathode. Ebenso ergaben Beobachtungen Bancrofts an Paramaecien, daß diese sowohl in Kohlen-, Citronen-, Oxalsäure wie in Calcium-, Natrium- oder Kaliumhydroxyd zur Kathode schwimmen, und zu dem gleichen Ergebnis führten Untersuchungen von Statkewitsch. Die von Bethe erwartete Umstimmung der Reaktion mit der Änderung der C_H ist also durch die bis jetzt bekannten Erfahrungstatsachen nicht gestützt, und die Frage nach den die Elektrotaxis auslösenden physikalisch-chemischen Prozessen bedarf noch weiterer Untersuchungen.

V. Elektrotropismus.

A. Definition des Elektrotropismus.

Unter Elektrotropismus versteht man diejenige Reizreaktion auf elektrischen Reiz hin, bei der eine festgewachsene Pflanze oder ein Pflanzenteil sich in eine bestimmte Richtung zur Richtung des wirksamen elektrischen Reizes einzustellen sucht. Elektrotropismus ist besonders an Wurzeln nachgewiesen worden, doch dürfte bei extensivem Studium die Erscheinung sich auch vielfach besonders an solchen oberirdischen Sproßteilen aufzeigen lassen, die chemo-, photo- oder geotropische Reaktionsfähigkeit zeigen So findet Hegler die Sporangienträger von Phycomyces elektrotropisch reizbar. In Analogie mit der Terminologie bei den übrigen Reizreaktionen hat man unterschieden zwischen positivem, negativem und Transversalelektrotropismus, also positiver Elektrotropismus = Krümmung zum positiven Pol, negativer Elektrotropismus = Krümmung zum negativen Pol, Transversalelektrotropismus = Krümmungsindifferenz. Daß mit dieser Bezeichnungsweise nur eine äußere Charakterisierung der beobachteten Erscheinung gewonnen ist, braucht kaum hervorgehoben zu werden. Es kann ja positiver Elektrotropismus durch verschiedene Umstände bei ein und demselben Objekte hervorgerufen werden, in dem einen

Falle z. B. durch Wachstumsverlangsamung auf der dem positiven Pol zugewandten Seite, in dem anderen Falle durch Wachstumsbeschleunigung oder Turgescenzsteigerung der gegenüberliegenden Seite.

B. Versuchsanordnung zur Demonstration des Elektrotropismus.

Zur einwandfreien Demonstration der Erscheinung eignet sich am besten eine von Schellenberg benutzte Versuchsanordnung (Abb. 12). Die Versuchspflanzen — Erbsen mit Wurzeln von 3—4 cm Länge, die in feuchten Sägespänen angezogen waren — wurden in lotrechter Richtung derart über einen Trog mit Leitungswasser oder bestimmter Salzlösung aufgehängt, daß die Wurzeln einige Zentimeter in die Lösung tauchten, die Kotyledonen aber oberhalb der Flüssigkeit sich befanden. Rechts und links

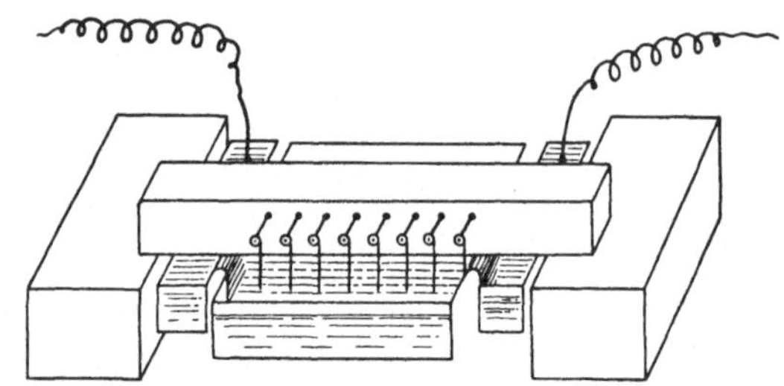

Abb. 12. Nach Schellenberg, Flora 1906.

von diesem Trog standen kleinere Tröge, die in gleicher Niveauhöhe mit derselben Salzlösung in etwas höherer Konzentration gefüllt waren. In diese tauchten die Zuleitungsdrähte. Mittels Brücken von Fließpapier, das mit der benutzten Lösung getränkt war, wurde die leitende Verbindung zwischen den 3 Trögen hergestellt. Die beim Stromdurchgang an den Elektroden entstehenden elektrolytischen Produkte können bei dieser Versuchsanordnung nur durch Diffusion oder Kataphorese in den Trog mit den Wurzeln gelangen. Wie durch farbige Salze festgestellt wurde, trat dies innerhalb 12 Stunden nicht merkbar ein, einer für die elektrotropischen Versuche mehr als ausreichenden Zeit. Es wird durch diese Versuchsanordnung, da ja beim Stromdurchgang durch einen Elektrolyten die Spaltprodukte und Konzentrationsänderungen nur in der Nähe der Elektroden auftreten, die Konzentration der Lösung im Wurzeltroge so gut wie konstant gehalten. Es wird ferner die chemische Wirkung etwaiger durch Konvektion herbeigeführter Elektrolyseprodukte auf die Wurzeln verhindert und dadurch die Verwendung unpolarisierbarer Elektroden überflüssig gemacht. In Versuchen älterer Autoren ist die Notwendigkeit der Ausschaltung von Wirkungen der Elektrolyseprodukte meist nicht genügend beachtet.

Zur Ausschaltung von phototropischen Wirkungen wird im Dunkelzimmer oder in verdunkelten Kästen gearbeitet. Der Geotropismus macht sich bei der geschilderten Versuchsanordnung meist nicht störend geltend, zumal ja im allgemeinen ein kleiner Ablenkungswinkel aus der Vertikalen bereits genügt, um die elektrotropische Krümmung beobachten zu können, und in diesem Falle die annähernd proportional dem Sinus des Ablenkungswinkels wachsende Reizwirkung der Schwerkraft verhältnismäßig noch gering ist. Übrigens haben Brunchhorst und Ewart auch auf dem Klinostaten (einem Uhrwerk mit horizontaler Achse), also unter Ausschaltung einseitiger Schwerewirkung, elektrotropische Versuche ausgeführt, ohne merkliche Beeinflussung der Reaktion finden zu können.

C. Allgemeine Charakterisierung des Elektrotropismus.

Bevor die elektrotropischen Krümmungen im einzelnen besprochen werden, sollen einige Bemerkungen über die Abhängigkeit der Krümmungen von denjenigen Faktoren gemacht werden, die für alle Typen bestimmend sind. Diejenige Größe, die maßgebend für die Wirkung des elektrischen Stromes sein muß, ist die Stromdichte, d. h. die Stromstärke (Amp.) pro Flächeneinheit (cm^2) am bzw. im gereizten Organ; denn, da es sich ja bei einer Reizung durch den elektrischen Strom um eine Wirkung auf das gereizte Organ handelt, so kann für die Reizung nur der Teil des Stromes maßgebend sein, der es bzw. seine Grenzschicht durchfließt, genau ebenso wie bei phototropischer Reizung nur die Lichtmenge wirken kann, die von der Pflanze absorbiert wird. Wenn ich also in 2 Gefäßen mit gleicher Lösung, deren Querschnitt und Länge sich wie 1: 2 verhält, Wurzeln durchströme mit Strömen, deren Ampèrezahl sich wie 1: 2 verhält, wobei auch die angelegte Spannung sich sich wie 1: 2 verhalten muß, so fließt in beiden Gefäßen in gleichen Zeiten die gleiche Elektrizitätsmenge durch die gleichen Flächen der Wurzeln, und deshalb muß auch die Reizwirkung die gleiche sein. Die Richtigkeit dieser Überlegung ist übrigens auch experimentell von Gassner bestätigt worden. Gassner fand aber nicht nur, daß bei gleicher Zusammensetzung des Mediums, in dem sich die Wurzeln befanden, die Reizwirkung bei gleicher Stromdichte gleich war, sondern auch, daß bei verschiedenem Medium und gleicher Stromdichte im Gesamtquerschnitt die Reizwirkung um so kleiner war, je besser die Leitfähigkeit des Mediums. Da bei Durchströmung eines Querschnittes von verschiedener Leitfähigkeit (Lösung + Wurzeln) die Kraftlinien sich anhäufen in den Zonen größerer Leitfähigkeit, sich an Zahl verringern in den Zonen geringerer Leitfähigkeit, so ist bei größerer Leitfähigkeit des Mediums, aber gleicher durchschnittlicher Stromdichte im Gesamtquerschnitt des Stromkreises die die Wurzeln durchsetztende Zahl der Kraftlinien relativ geringer, d. h. die Stromdichte an und in den Wurzeln relativ geringer wie bei kleinerer Leitfähigkeit des Mediums. So erklärt es sich also, daß Wurzeln in Quecksilber Ströme von 10 Amp./cm^2 vertragen, ohne daß bei nachträglicher Kultur in Nährlösung eine Reizwirkung oder Schädigung festzustellen wäre, während eine Stromdickte von 10 M.-A./cm^2 in Leitungswasser bereits tödlich wirkt.

Aus den zahlreichen Untersuchungen über elektrotropische Wurzelkrümmungen hat sich etwa folgendes ergeben. Wir müssen 2 Arten von Krümmungen unterscheiden:

1. Positive Krümmungen, die nur durch hohe Stromdichten ausgelöst werden, an deren Perzeption die Wurzelspitze nicht beteiligt ist, und mit deren Auftreten in der Regel eine Schädigung der Wurzel verbunden ist. Sie sind von Elfving (1882) entdeckt worden und werden daher in der Literatur vielfach als Elfvingsche Krümmungen bezeichnet.

2. Negative und positive Krümmungen, die bei relativ schwachen Reizungen (geringen Stromdichten längere Zeit hindurch oder hohen Stromdichten kurze Zeit hindurch) auftreten, mit keiner merklichen Schädigung verbunden sind, und die durch Reizperzeption nur der Wurzelspitze, nicht der darüber befindlichen sich krümmenden Wachstumszone der Wurzel ausgelöst werden. Indem sie sich durch letztere Eigenschaft den geotropischen Krümmungen verwandt erweisen, kann man sie den

Elfvingschen Krümmungen als elektrotropisch im engeren Sinne oder echte elektrotropische Krümmungen gegenüberstellen.

Bei mittleren Stromstärken treten oft S-förmige Krümmungen auf, die in ihrem oberen Teil Elfvingsche, in ihrem unteren echte elektrotropische darstellen.

D. Spezielle Charakterisierung der Typen des Elektrotropismus.

1. Die Elfvingsche Krümmung.

Der Verlauf der Elfvingschen Krümmung soll an einer Abbildung Gassners für Lupinus albus erläutert werden. Die abgebildeten Keimlinge (Abb. 13) waren einem Strom von 1 M.-A./cm² auf 25 Minuten in Leitungswasser ausgesetzt. Man sieht, daß die gesamte positive Krümmung dadurch zustande kommt, daß in

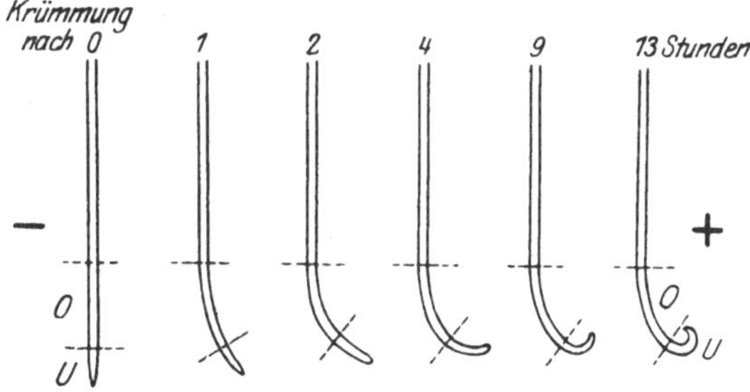

Abb. 13. Nach Gassner, Bot. Ztg. 1906.

zwei räumlich verschiedenen Zonen der Wurzel zeitlich verschieden Krümmungen auftreten. In der oberen Zone (*O*), etwa 5—16 mm von der Wurzelspitze aus, beginnt die Krümmung sofort nach Schließen des Stromes und erreicht ihr Maximum nach 2—3 Stunden bei einer Ablenkung von höchstens 50—60° von der Vertikalen, gemessen durch den Winkel zwischen Tangente an den Krümmungsradius und der Vertikalen. Sie ist keine Wachtumskrümmung, denn die Zone, in der sie stattfindet, zeigt in der Regel kein Längenwachstum mehr. Vielmehr kommt sie durch Turgescenzverminderung auf der positiven Wurzelseite zustande. Durch Plasmolyse kann die Krümmung noch in sehr weit fortgeschrittenem Zustande rückgängig gemacht werden, und mikroskopische Untersuchung zeigt, daß die Intercellularen flüssigkeitserfüllt sind, aber stets nur auf der positiven verkürzten Seite der Wurzel, was sehr dafür spricht, daß wir es mit Flüssigkeit zu tun haben, die bei der Turgorsenkung der Zellen an der positiven Wurzelseite ausgepreßt wurde. Allerdings scheint mir die Möglichkeit, daß wir es hier wenigstens teilweise mit elektroosmotisch eingepreßtem Wasser zu tun haben, durch einige von Gassner dagegen erhobene Einwände noch nicht völlig ausgeschlossen. In der unteren Zone (U), etwa 2—6 mm von der Wurzelspitze entfernt, beginnt eine merkliche Krümmung erst viel später als in der oberen, etwa nach 1 Stunde, und erreicht ihr Maximum erst nach vielen bis zu 30 Stunden, wobei bisweilen Ablenkung um 360°, also spiralige Krümmung auftritt. Diese Krümmung zeigt demgemäß einen viel kleineren Krümmungsradius als die obere. Längenmessung vor und nach der Krümmung zeigt, daß wir es hier mit einer Wachstumskrümmung zu tun haben, die dadurch zustande kommt, daß das Wachstum auf der positiven Seite der Wurzel sehr gering wird oder ganz aufhört, während die negative Seite, wenn auch oft nicht so stark wie ungereizt, fortwächst.

Was die Natur der Elfvingschen Krümmung betrifft, so ist diese von Elfving selbst als eine der geotropischen Krümmung analoge elektrotropische Reizkrümmung aufgefaßt worden, von Brunchhorst als Schädigungskrümmung veranlaßt durch Sistierung des Wachstums auf der positiven Wurzelseite, und auch Gassner, der sie zuerst genauer analysiert und die beiden oben dargelegten Teilkrümmungsprozesse aufgedeckt hat, hält beide Krümmungen, die die Elfvingsche Krümmung resultieren lassen, für Schädigungskrümmungen. Sicher ist, daß man nach den oben dargelegten Ergebnissen Gassners nicht wie Elfving und auch Rischawi ohne weiteres die positive Krümmung einer geotropischen analogisieren darf; denn erstens beruht deren Mechanismus ja im allgemeinen darauf, daß auf der einen Seite des sich krümmenden Organs eine Wachstumsverlangsamung, auf der anderen eine Beschleunigung stattfindet, zweitens wird im Gegensatz zur geotropischen die Elfvingsche Krümmung durch Dekapitieren der Wurzelspitze nicht aufgehoben, wie bereits Elfving und Brunchhorst fanden und von Gassner bestätigt wurde. Sicher ist auch, daß die Brunchhorstsche Erklärung zu eng ist, da Brunchhorst noch nicht wie Gassner die Turgescenzkrümmung in der oberen Zone von der Wachstumskrümmung in der unteren Zone unterschieden hat. Aber in dem Kernpunkt sind Brunchhorst und Gassner sich einig, daß wir es bei der Elfvingschen Krümmung nicht mit einer normalen Reizkrümmung, sondern mit einer traumatischen Krümmung zu tun haben. Als die wesentlichsten Gründe für diese Auffassung werden folgende angeführt: a) Wurzeln, die längere Zeit einem zur Elfvingschen Krümmung führenden Strome ausgesetzt waren, zeigen eine starke Hemmung des Wachstums und sterben an der Spitze ab. Ja, bei sehr hohen Stromdichten stirbt die Wurzel, und zwar zuerst an der positiven Seite, völlig ab, und es kommt zu nur geringer oder gar keiner Krümmung, da vorheriges Absterben oder Schädigung der Wurzel die Ausführung der Krümmung verhindert. Das zeigt folgende Tabelle nach Gassner:

Stromdichte in M.-A./cm²	Richtung der Wurzeln nach $^1/_2$ Std.	Tod der Pflanze nach	Richtung der Wurzeln nach 15 Std.
0,5	+12°	frühestens 6 Std.	+84°
1	+16°	$1^1/_4$—$1^1/_2$ Std.	+37°
2	+24°	$^1/_2$ Std.	+25°

b) Gassner führt an, daß, wenn man Wurzeln, die man kurze Zeit dem elektrischen Strom ausgesetzt hat, dann auf einige Zeit in eine schwache methylenblaue Lösung bringt, die mikroskopische Untersuchung ergibt, daß das Methylenblau auf der +Seite bedeutend tiefer eingedrungen und gespeichert ist als auf der —Seite. Da gewisse Farbstoffe von getöteten und erkrankten Zellen leichter gespeichert werden als von lebenden, gesunden, so folgt nach Gassner auch hieraus die traumatische Natur der Krümmung.

Für Fälle sehr hoher Stromdichten, bei denen es zu deutlich erkennbaren Schädigungen und Absterbeerscheinungen kommt, wird man den traumatischen Charakter der Krümmung ohne weiteres zugeben. Es muß aber hervorgehoben werden, daß sowohl Brunchhorst wie Rischawi mitteilen, daß bei geringerer Reizung die positiv gekrümmten Wurzeln unter normalen Verhältnissen ihr Wachstum wieder aufnehmen können, und auch Gassner schreibt: „Eine bei den Versuchen mit geringen und mittleren Stromdichten und bei stärkeren von entsprechend geringerer Einwirkungszeit auffallende Erscheinung muß an dieser Stelle erwähnt werden. Die im Anfang hier oft auftretenden positiven Krümmungen werden nach einiger Zeit schwächer oder verschwinden wieder vollständig, sie haben ihren Grund in einer vorübergehenden Turgorschwankung der *O*-Zone. Dagegen ist ein nachträgliches Schwächerwerden in der *U*-Zone nie beobachtet worden, weil diese eben auf Wachstum beruhen." Eine derartige, nach kurzem wieder rückgängig gemachte Turgescenzabnahme als Wirkung des elektrischen Stromes findet ihre Parallele in all den Fällen, wo bei contractilen Organen der Pflanzen, z. B. Mimosengelenken oder Berberisstaubfäden, auf elektrischen Reiz hin Reaktion ausgelöst wird. Ja, nach Bose tritt eine auf Turgescenzabnahme beruhende reversible Verkürzung allgemein als Folge elektrischer Reize an turgescenten Pflanzengeweben auf. Es erscheint mir daher durchaus möglich, daß die Turgescenzabnahme in der *O*-Zone wenigstens ursprünglich als eine diesen Reizerscheinungen parallele, also als polare elektronastische Erscheinung aufzufassen ist, die freilich bei längerer Strom- und demnach Reizdauer in eine traumatische übergeht. Überhaupt möchte ich gegenüber den früheren Autoren viel mehr hervorheben, daß eine scharfe Grenze zwischen normaler und traumatischer Wirkung eines Reizes nicht zu ziehen ist. Ein jeder Reiz bewirkt innerhalb gewisser Grenzen seiner Stärke eine normale Reizreaktion, oberhalb eine traumatische, aber diese Grenze ist nicht ein schmaler Strich, der normale und traumatische Reaktion scharf voneinander trennt, sondern ein breites Band, das beide miteinander verknüpft.

Was Gassners Beobachtung mit Methylenblau betrifft, so ist dazu zu bemerken, daß allerdings als Folge von Schädigung von Zellen, sei es infolge erhöhter Permeabilität, sei es aus anderen Gründen, oft eine stärkere Aufnahmefähigkeit gegenüber Farbstoffen beobachtet werden kann, daß aber umgekehrt aus der stärkeren Färbung einer Zone nicht ohne weiteres auf deren Schädigung geschlossen werden darf. Die erhöhte Methylenblauaufnahme könnte in unserem Falle auch ganz andere Ursachen haben, z. B. eine Änderung des Dispersitätsgrades des Farbstoffes an negativer oder positiver Wurzelflanke infolge dort auftretender Säure- bzw. Alkalibildung, wie sie ja von Bethe allgemein an der Grenzfläche von Diaphragmen gegen wäßrige Lösungen bei elektrischer Durchströmung nachgewiesen ist. Sie könnte aber auch darauf beruhen, daß unter der Wirkung des elektrischen Stromes Änderungen des Protoplasmas, z. B. Auflockerung oder Verdichtung, in verschiedenem Maße aufgetreten sind und dadurch die Aufnahmefähigkeit desselben an beiden Flanken verschieden geworden ist, ohne daß wir es hier geradezu mit einer Schädigung des Protoplasmas zu tun hätten. Derartige Änderungen der Farbstoffaufnahme nach elektrischer Durchströmung sind von Bethe sowohl an Gelatinestreifen wie an durchströmten Nerven beobachtet worden, und zwar auch bei Verwendung von Stromdichten, die keineswegs schädigend wirken. Auf die komplizierte Theorie, die Bethe zur Deutung der am Nerven beobachteten Erscheinungen aufstellt, braucht hier nicht eingegangen zu werden.

Erwähnt müssen noch einige Versuche Rischawis werden. Wurzeln von Vicia faba von 3 cm Länge wurden in Flußwasser von ca. 30° C zwischen Platinelektroden durchströmt, deren Abstand 5 cm betrug. Die angelegte Spannung war 4 Daniell. Nach 15—20 Minuten traten kleine positive Krümmungen auf. Nach Umkehr des Stromes streckte sich die Wurzel gerade und krümmte sich hierauf nach der entgegengesetzten Seite hin. Bei wiederholter Veränderung der Stromrichtung änderte auch die Wurzel wieder ihre Krümmungsrichtung stets nach der Anode zu. Diese Versuche wurden mehrere Stunden fortgesetzt, nach welcher Zeit die Wurzeln noch ganz gesund waren. In reines Wasser gebracht, wuchsen sie normal weiter. Rischawi selbst glaubt, daß diese Krümmungen hervorgerufen sind durch elektroosmotische Wasserbewegungen innerhalb der Wurzel. Als Beweis dafür führt er nur Versuche an, in denen durchströmte Eiweißzylinder infolge elektroosmotischer Wasserüberführung zur Kathode positive Krümmungen ausführten. Daß es sich aber im Falle der beobachteten Wurzelkrümmung und Eiweißzylinderkrümmung um analoge Erscheinungen handelt, bleibt völlig unbewiesen. Jedenfalls spricht jedoch die Erscheinung des mehrfachen Wechselns der Krümmungsrichtung mit der Stromrichtung und das nachherige normale Wurzelwachstum wie die oben angeführten Gründe dafür, daß unter den mit dem Sammelnamen „Elfvingsche Krümmung“ bezeichneten Erscheinungen auch solche vorhanden sind, die nicht ausgesprochen traumatischer Natur sind.

Zusammenfassend kann gesagt werden, daß die bei hohen Reizstärken auftretende Elfvingsche Krümmung im wesentlichen zweifellos eine traumatische Erscheinung ist, daß jedoch die Möglichkeit, daß bei rechtzeitiger Sistierung des Reizes Elfvingsche Krümmungen zustande kommen können, die nicht traumatischer Natur, sondern normale Reizwirkungen des Stromes sind, nicht ohne weiteres abgewiesen werden kann.

2. Die echte elektrotropische Krümmung.

Während die Elfvingschen Krümmungen ihrem ganzen Mechanismus nach von den eigentlichen tropistischen Reizbewegungen verschieden sind, treten bei schwächeren elektrischen Reizen an den Wurzeln Krümmungen auf, die ich als „echte elektrotropische" bezeichnen will. Dabei soll der Zusatz „echt" anzeigen, daß es sich bei diesen Krümmungen um Bewegungen handelt, die in ihrem ganzen Verlaufe den geotropischen, heliotropischen, thermotropischen usw. analog sind. In gewöhnlichem Wasser sind sie bei den bis jetzt untersuchten Stromstärken zum negativen Pol gerichtet. Es sind Wachstumskrümmungen, die in der Region des stärksten Längenwachstums vor sich gehen, durch Plasmolyse nicht rückgängig gemacht werden können und bei Dekapitieren der Wurzelspitze wie die geotropischen Wurzelkrümmungen ausbleiben. Wie für letztere gilt auch für sie wenigstens innerhalb gewisser Grenzen das Reizmengengesetz, d. h. die Konstanz des Produktes aus Stromstärke und Reizdauer an der Reizschwelle. Sie treten also bei hohen, wie bei niedrigen Stromdichten auf, nur daß bei ersteren die Reizdauer sehr kurz gewählt werden muß, da bei längerer Einwirkung hoher Stromdichte Elfvingsche Krümmungen auftreten. Umstehende Tabelle nach Gassner orientiert über die Abhängigkeit der echt elektrotropischen und der Elfvingschen Krümmungen von Stromdichte und Einwirkungszeit.

Für das Auftreten der echten elektrotropischen Krümmung genügt die Durchströmung der Wurzelspitze, was Gassner elegant durch Versuche nachwies, in denen nur die Wurzelspitze in stromdurchflossener Gelatine eingebettet war. Die Krümmung bleibt aber aus, wenn nur die obere Zone der Wurzel mit Ausnahme der Wurzelspitze in stromdurchflossene Gelatine eingebettet ist, und zwar bei Stromdichten und Durchströmungszeiten, bei denen bei Durchströmung der ganzen Wurzel echte elektrotropische Krümmung stattgefunden hätte. Daß durch diesen Versuch die alleinige Befähigung der Wurzelspitze zur Perzeption

Strom-dichten M.-A./cm²	Für die echte elektrotr. Krümmung.			Für die Elfvingsche Krümmung.		
	Unt. Grenze	Optimum	Ob. Grenze	Untere Grenze	Optimum	Obere Grenze
	der Einwirkungszeit			der Einwirkungszeit		
0,002	$3^3/_4$ Std.	15 Std. u. m.				
0,005	50 Min.	11 „ „ „				
0,01	60 „	10 „ „ „				
0,02	45 „	11 „ „ „				
0,05	20 „	10 „ „ „				
0,1	8 „	5 „ „ „				
0,15	8 „	4 „ „ „				
0,2	4 „	4 „ „ „		4 Std.	12 Std. u. m.	
0,4	3 „	2—3 „ „ „		$3^3/_4$ „	10 „ „ „	
0,7	1 „	$^3/_4$—2 Std.	$4^1/_4$ Std.	$1^3/_4$ „	5—7 Std.	
1	30 Sek.	20—45 Min.	80 Min.	50 Min.	$2^1/_2$—$3^1/_2$ Std.	
2	3 „	20—40 Sek.	$1^1/_4$ „	4 Sek.	1—$1^1/_2$ „	
4,5	1—2 „	5—20 „	40 Sek.	3 „	8—15 „	

des Reizes für die echte elektrotropische Krümmung nachgewiesen sei, wie Gassner und Rothert meinen, scheint mir noch nicht sicher. Denn es erscheint durchaus möglich, daß auch bei der Durchströmung lediglich der Wachstumszone im Gassnerschen Versuch ein Reiz perzipiert wird, der zur echten negativen elektrotropischen Wurzelkrümmung führen würde, daß die Krümmung aber trotz der Perzeption nicht zur Ausführung gelangt, weil gleichzeitig ein Reiz perzipiert wird, der zur Elfvingschen Krümmung, also der positiven Krümmung führen würde. Wenn sich nämlich in irgendwelchen Gliedern beide Reizprozesse mehr oder weniger kompensieren würden, so wäre es leicht möglich, daß es zur Krümmung weder nach der negativen noch nach der positiven Seite käme. Daß es sich hier nicht nur um eine theoretische Spitzfindigkeit handelt, sondern vielmehr die Beobachtungstatsachen es nicht unwahrscheinlich machen, daß auch in der Wachstumszone der echte elektrotropische Reiz perzipiert werden kann, geht aus folgenden Beobachtungen hervor: Gassner beobachtete, daß, wenn er nur die Wurzelspitze durchströmte, sowohl die Geschwindigkeit, mit der die geotropischen und negativ elektrotropischen Krümmungen zunehmen, wie ihre Eintrittszeit bei Anwendung geeigneter Stromdichten genau die gleiche ist. Anders dagegen bei Durchströmung der ganzen unteren Wurzelpartie, also der Wurzelspitze und Wachstumszone. „Während bei geotropischer Krümmung nach Czapek und eigenen

Beobachtungen bei Wurzeln von Lupinus albus bereits nach $1^1/_2$—2 Stunden eine deutliche Abweichung von der ursprünglichen Wachstumsrichtung zu konstatieren ist, läßt sich ein derartiges Abweichen bei Wurzeln, die man dem elektrischen Strom aussetzt, fast immer erst nach 3 Stunden und mehr feststellen. Der Grund läßt sich zunächst darin vermuten, daß der elektrische Reiz längere Zeit einwirken muß als die Schwerkraft, bevor er perzipiert wird. Das ist namentlich bei schwächeren Strömen sehr wohl möglich. Ein anderer Grund ist aber meines Erachtens darin zu suchen, daß, wie im vorigen gezeigt ist, während des Stromdurchganges die dem positiven Pol zugewendete Seite der Wurzel geschädigt wird. Diese Schädigung findet, wie sich nachweisen läßt, auch schon bei geringen Stromdichten statt und bewirkt einerseits eine Verzögerung des Eintritts der Krümmung und andererseits eine Verlangsamung des Wachtums der positiven Wurzelseite, d. h. der Seite, auf deren Längenwachstum in der Hauptsache die negativen Krümmungen zurückzuführen sind.“ Wenn also bereits bei Durchströmung der gesamten Wurzel (Spitze + Wachstumszone) durch die Gegenwirkung auf der positiven Seite die negative Krümmung in ihrem Eintreten erheblich verlangsamt wird, so wäre es, wenn nur die Wachstumszone durchströmt und damit das Hauptperzeptionsorgan für die negative Krümmung, die Wurzelspitze, von der Reizperzeption ausgeschlossen wird, sehr leicht möglich, daß nunmehr die Gegenwirkung an der positiven Seite ausreichte, den Eintritt der negativen Krümmung nicht nur zu verlangsamen, sondern unmöglich zu machen, selbst wenn auch die Wachstumszone Perzeptionsvermögen für den echten elektropischen Reiz besitzt. Daß derartige Kompensationen der entgegengesetzten Krümmungstendenzen auftreten, geht auch aus Versuchen von Brunchhorst an Phaseoluswurzeln hervor, in denen sich zeigte, daß derselbe Strom, welcher, auf die ganze intakte Wurzel einwirkend, eine Elfvingsche Krümmung hervorrufen würde, die entgegengesetzte Krümmung nach dem negativen Pole zustande bringt, wenn er auf die Spitze allein einwirkt. Mit diesem Versuche ist übrigens, wie Gassner hervorhebt, eine Erklärung der Ergebnisse von Müller-Hettlingen gegeben, der durchgängig mit starken Strömen arbeitete, aber bei der Elfvingschen Versuchsanordnung (ganze Wurzel dem Strom ausgesetzt) nur positive, bei der eigenen (nur die Wurzelspitze dem Strom ausgesetzt) nur negative Krümmungen erzielte. Hier wird also ohne Zweifel bei Durchströmung der ganzen Wurzel die negative Krümmungstendenz durch die positive überkompensiert, und man sieht wieder, wie man aus dem Ausbleiben einer negativen Krümmung keineswegs ohne weiteres auf die Nichtperzeption des Reizes für sie schließen darf. Schließlich sei noch erwähnt, daß Gassner in einzelnen Fällen auch nach Dekapitieren negative Krümmungen beobachtet hat. Ich komme also im Gegensatz zu Gassner und Rothert zu dem Schlusse, daß das vorliegende Versuchsmaterial noch nicht ausreicht, um zu beweisen, daß die Perzeptionsfähigkeit für den Reiz zur echten elektrotropischen Reaktion lediglich in der Wurzelspitze lokalisiert ist. Der Begründung dieser Schlußfolgerung habe ich deshalb einen verhältnismäßig so breiten Raum eingeräumt, weil gerade die alleinige Perzeptionsfähigkeit der Wurzelspitze für den echten elektrotropischen Reiz einen wesentlichen Unterschied des Elektrotropismus gegen den auch in der Wachstumszone perzipierten Chemotropismus bilden würde.

Während in Leitungs- oder Brunnenwasser die echte elektrotropische Krümmung bei den bisher experimentell untersuchten Stromdichten stets negativ ist, hat Schellenberg gefunden, daß in Salzlösungen verschiedener Konzentration die Richtung der Krümmungsbewegungen abhängig ist von der Konzentration. Verwendet wurden nur solche Salze und Konzentrationen, in denen noch ein gutes Wachstum der Wurzeln zu beobachten war, also eine merkliche Schädigung durch die Salze nicht auftrat. Es zeigte sich, daß in jedem Salze bei niedrigen Konzentrationen vornehmlich negative Krümmungen auftreten, bei mittleren negative und positive in etwa gleicher Zahl, bei hohen vornehmlich positive, also über ein Indifferenzstadium hinweg eine deutliche Umstimmung der Wurzeln mit steigender Salzkonzentration. Die Versuche wurden ausgeführt, indem stets 6 Volt an die oben beschriebene Apparatur angelegt wurden, die Stromstärke also, da es sich um relativ verdünnte Lösungen handelt, bei höheren Konzentrationen entsprechend der größeren Ionenzahl zunahm. Sie schwankte zwischen 10^{-4}—10^{-7} A. und lag in der Regel zwischen 10^{-5}—10^{-6} A. Die Stromdichte ist nicht angegeben, jedoch von Rothert nach verschiedenen Anhaltspunkten (Zeichnung des Versuchsgefäßes bei Schellenberg) auf $2{,}5 \cdot 10^{-6}$ bis $0{,}025 \cdot 10^{-6}$ A/cm² des Gesamtquerschnitts wohl annähernd richtig geschätzt. Es sei eine Versuchsreihe für Mg.-Nitrat angeführt:

Konz. in %	Gr.-Mol.	Ablenkung der Wurzeln nach		Indifferent
		Kathode	Anode	
0,032	0,00022	9	—	1
0,315	0,00213	8	2	1
0,737	0,00498	4	5	1
1,105	0,00745	2	6	2
2,210	0,01493	—	6	2

Ferner sei eine Tabelle angeführt, die für die verschiedenen Salze die Umstimmungskonzentration enthält, und zwar in Grammmolen Ionen pro 1000 l.

	$NH_4^{\cdot}$	$Sr^{\cdot\cdot}$	$Na^{\cdot}$	$K^{\cdot}$	$Mg^{\cdot\cdot}$	$Ca^{\cdot\cdot}$
J′	—	—	—	16— 22	—	—
SO_4''	7,5—12	—	15— 30	21— 60	100—150	—
Cl′	6—10	30	18— 32	60—100	50—270	—
NO_3'	7	40—60	50—100	60—100	60—150	60—210
HPO_4''	12—18	—	—	120—150	—	—

Diese Tabelle ist nach Schellenbergs Versuchen von Rothert aufgestellt worden, während Schellenberg infolge eines Fehlers bei der Berechnung (Division der Zahl der Molgewichte des Salzes bei der Umstimmungskonzentration durch die Zahl der Ionen, in die es zerfällt, statt Multiplikation zur Berechnung der Grammole Ionen) eine etwas andere Tabelle und Reihenfolge der Ionen erhielt. Ich habe an Rotherts Tabelle nur eine kleine Korrektur bei $Mg \cdot Cl_2$ angebracht, bei der Schellenberg die Molkonzentration aus der verwendeten Grammkonzentration falsch berechnet hat. Man ersieht aus der Tabelle, daß Umstimmung bei den verschiedenen Salzen bei ganz verschiedenen Ionenkonzentrationen liegt, und Schellenberg hat aus seinen Versuchen mit Recht geschlossen, daß nicht die Ionenzahl, sondern die chemische Natur der Ionen, in denen die elektrotropisch gereizten Wurzeln sich befinden, von maßgebender Bedeutung für die elektrotropische Reaktion ist. Ferner glaubte er aus seinen Tabellen herauslesen zu können, daß die Umstimmungskonzentration in bestimmten

Ionenreihen sich ändert, nämlich für ein und dasselbe Kation annähernd in der Anionenreihe

$$J < SO_4 < PO_4 < Cl < NO_3$$

für jedes Anion annähernd in der Kationenreihe

$$NH_4 < Sr < Mg < Na < K .$$

Die Berechnung nach Rothert gibt ein etwas anderes Bild. Die Reihe der Kationen ist

$$NH_4 < Sr < Na < K < Mg < Ca ,$$

die der Anionen für die verschiedenen Kationen nicht einheitlich, soweit es sich aus dem lückenhaften Versuchsmaterial übersehen läßt für Na und K

$$J < SO_4 < Cl < NO_3 < HPO_4 ,$$

für NH_4 und Mg etwas anders.

Wir wollen jedoch einmal nicht mit Schellenberg und Rothert die Zahl der Grammole Ionen betrachten, die bei verschiedenen Salzen gerade an der Umstimmungskonzentration vorhanden sind, sondern die Zahl der Grammäquivalente bei der Umstimmung. Dann ergibt sich folgende Tabelle:

	NH_4	Sr	Na	Mg	K	Ca
J	—	—	—	—	0,0008	—
HPO_4	0,00025	—	—	—	0,00225	—
SO_4	0,00028	—	0,00075	0,003	0,00067	—
Cl	0,00050	0,00048	0,00125	0,0027	0,004	—
NO_3	0,00035	0,00085	0,00450	0,0025	0,004	0,0035

Für die Kationen ergibt sich also die Konzentrationsreihe

$$NH_4 < Sr < Na < Mg < K < Ca ,$$

für die Anionen ergeben sich je nach der Natur des Kations verschiedene Reihen, im allgemeinen etwa

$$HPO_4 < SO_4 < NO_3 < Cl ,$$

aber für Mg ist die Sulfatkonzentration größer als die für Chlorid und Nitrat. Ich habe diese Berechnung deshalb angestellt, weil auch die von Bethe und Toropoff für die Neutralitätsstörung an Diaphragmen aufgestellten Reihen, mit denen wir sie später vergleichen wollen, auf Grammäquivalentkonzentrationen bezogen sind. Für die richtige Beurteilung des Wertes dieser Reihen ist jedoch in Betracht zu ziehen, daß in den einzelnen Salzen die

Stromdichte bei der Umstimmungskonzentration sowohl im Gesamtquerschnitt wie an und in der Wurzel verschieden, wahrscheinlich sogar sehr stark verschieden war. Ein Vergleich des Leitvermögens der verschiedenen Salze bei ihrer Umstimmungskonzentration zeigt nämlich, daß bei dieser die Leitfähigkeit und damit, da bei konstanter Spannung von 6 Volt gearbeitet wurde, die Stromstärke und Dichte stark verschieden war. So ist z. B. die Umstimmungskonzentration für NH_4Cl 0,02% für K_2HPO_4 0,7%, dagegen hat eine 0,02 proz. NH_4Cl-Lösung gleiches Leitvermögen wie 0,07 proz. K_2HPO_4 (nach Messungen von Gassner), also wie die 10fach verdünnte Lösung. Wirklich vergleichbar sind natürlich nur Werte der Umstimmungskonzentrationen bei gleicher, nicht aber unbekannt verschiedener Stromdichte im Wurzelquerschnitt, und wie dann die Ionenreihen aussehen würden, läßt sich nach dem Versuchsmaterial Schellenbergs nicht sagen. Jedenfalls sind die von Schellenberg bei geringen Stromdichten beobachteten Krümmungen ihrer Natur nach verschieden von den Elfvingschen. Diese, auch von Schellenberg untersucht, treten erst bei höheren Stromdichten unter Schädigungserscheinungen auf und werden von der Region perzipiert, in der sie stattfinden. Dagegen kann die positive Schellenbergsche Krümmung bei geringen Stromdichten, aber relativ hohen Salzkonzentrationen, ebenso wie die negativ elektrotropische nach Dekapitierung der Wurzelspitze nicht mehr ausgeführt werden.

Ich habe in der vorangegangenen Darstellung der Schellenbergschen Versuche dessen Ergebnisse in richtiger Terminologie wiedergegeben, wie dies bereits von Rothert geschehen ist, mit dessen Auffassung der Schellenbergschen Terminologie ich völlig übereinstimme. Schellenberg selbst benutzt als Maß der Stromstärke die Voltzahl, die er anlegt; wenn er also von gleicher Stromstärke in seinen Versuchen spricht, so heißt das gleiche angelegte Spannung. Ferner bezeichnet er die Kathode als Anode und umgekehrt, S. 479: „Die Vorversuche hatten ergeben, daß . . . die Wurzeln regelmäßig gegen die Anode, den Ort, wo sich das positive Metallteilchen abscheidet, hinwendet . . . Es würde dann die Wurzel in der Stromrichtung abgelenkt.“ Daraus geht deutlich hervor, daß Schellenberg mit Wurzelkrümmung zur Anode eine Krümmung zum negativen Pol bezeichnet. Gassner hat sich also, wie bereits Rothert hervorgehoben, geirrt, wenn er die Krümmungen, die Schellenberg als „zur Anode“ bezeichnet, als positive auffaßt und infolgedessen glaubt, die von Schellenberg beobachtete Umstimmungskonzentrationen deuten zu können als solche, bei der die echte negativ elektrotropische in die Elfvingsche übergeht. Da bei höheren Salzkonzentrationen der Bruchteil des Stromes, der bei gleicher Stromdichte im Gesamtquerschnitt durch die Wurzel geht, infolge des besseren Leitvermögens der Lösung kleiner wird, so wird bei höheren Salzkonzentrationen nach Gassner die negativ galvanotropische Krümmung auftreten, bei niedrigen, bei denen der durch die Wurzel gehende Bruchteil des Stromes ceteris paribus sich vergrößert, infolge stärkerer Reizwirkung die Elfvingsche Krümmung auftreten. Die letztere Schlußfolgerung ist ganz richtig und auch von Gassner experimentell erwiesen worden, indem er zeigte, daß Lupinus albus bei einer Stromdichte von 0,2 M.-A./cm^2 im Gesamtquerschnitt in 0,01% NH_4Cl nur positive, und zwar offenbar Elfvingsche Krümmungen gibt, in 0,1% NH_4Cl nur echte negativ galvanotropische Krümmungen ausführt. Aber dieses an sich zweifellos theoretisch und experimentell richtige Ergebnis kann schon deshalb nicht zur Erklärung von Schellenbergs Ergebnissen herangezogen werden, weil Schellenberg — gerade umgekehrt, wie Gassner annimmt, — bei hohen Salzkonzentrationen positive und bei niedrigen negative Krümmungen findet. Der eben angeführte Umstimmungsversuch Gassners ist, wie Rothert hervorhebt, auch deshalb nicht mit den Schellenbergschen Versuchen vergleichbar, weil die Größenordnung der in Schellenbergs Versuchen verwendeten Stromdichten viel niedriger lag, nämlich statt etwa 10^{-4}A/cm^2 bei etwa 10^{-6}—10^{-8}A/cm^2. Ferner zeigt Schellenbergs Versuch, daß die positive Krümmung in hohen Salzkonzentrationen nach Dekapitieren nicht mehr auftritt, daß wir es mit einer von der Elfvingschen Krümmung durchaus verschiedenen Erscheinung zu zun haben. Aber auch Rothert glaubt nicht, daß die Schellenbergsche Umstimmung eine direkte Folge der Erhöhung der Salzkonzentration sei, sondern hält sie für eine indirekte bewirkt durch das bessere Leitvermögen der concentrierten Lösung. Es sei die positive Schellenbergsche Krümmung aufzufassen als eine bei ganz niedrigen Stromdichten in der Wurzel auftretende echte galvanotropische Erscheinung, so daß auch in

Leitungswasser bei genügend geringer Stromdichte echte positive elektrotropische Krümmungen auftreten würden. Er stellt sich die Erscheinungen an der elektrotropisch gereizten Wurzel folgendermaßen vor: „Sehr kleine Stromdichten, die noch kleiner sein müßten, als die geringsten von Schellenberg angewandten, werden unterhalb der Reizschwelle liegen; oberhalb der Reizschwelle werden positive Krümmungen auftreten ... dann müssen Stromdichten folgen, die nicht reizend wirken [besser würde es heißen ‚nicht krümmend' St.]; weiter wird eine neue Reizschwelle erreicht, oberhalb welcher negative Krümmungen auftreten. Diese werden, wofern schädigende Wirkungen des Stromes vermieden werden (was erreicht werden kann, wenn man nur die Wurzelspitze dem Strom aussetzt) mit steigender Stromdichte voraussichtlich kontinuierlich zunehmen. Sind aber die schädigenden Wirkungen des Stromes nicht ausgeschlossen, so wird trotz fortgesetzter Steigerung des Reizes die Zunahme der negativ elektrotropischen Krümmung bald dadurch aufgehalten, daß der zu ihrer Ausführung notwendige Mechanismus, nämlich das Wachstum der positiven Wurzelseite, mehr und mehr außer Aktion gesetzt wird; die negativ elektrotropische Krümmung wird durch die nicht mehr zum Elektrotropismus gehörende Elfvingsche Krümmung allmählich überflügelt und schließlich ganz durch sie ersetzt. Auch diese verstärkt sich jedoch nur bis zu einer gewissen Grenze, sie beginnt ihrerseits abzunehmen, wenn mit steigender Schädigung der Wurzel durch die gesteigerte Stromdichte auch das Wachstum der negativen Wurzelseite zu stark beeinträchtigt wird, und mit der vollständigen Sistierung des Wachstums, die bald vom Tode gefolgt zu werden scheint, wird schließlich jede Krümmungserscheinung unmöglich." Zu der Rothertschen Auffassung der Schellenbergschen Umstimmung ist jedoch zu bemerken, daß es durchaus nicht, wie Rothert annimmt, gesagt ist, daß in Schellenbergs Versuchen bei steigender Konzentration die Stromdichte in den Wurzeln abnahm; denn wenn auch infolge der besseren Leitfähigkeit der konzentrierten Lösungen der in ihnen durch die Wurzel gehende Bruchteil der Gesamtstromstärke abnimmt, so wächst dafür durch die höhere Leitfähigkeit bei der konstanten angelegten Spannung die absolute Stromstärke, und wie die Resultante dieser beiden die Stromdichte in der Wurzel in entgegengesetzter Richtung beeinflussenden

Faktoren ist, ob größere oder kleinere Stromdichte in der Wurzel bei steigender Salzkonzentration auftritt, das ist ohne weiteres aus Schellenbergs Angaben nicht zu entnehmen. Aber angenommen, Rotherts Ansicht von der geringeren Stromdichte in höheren Konzentrationen bestünde zu Recht, so bleibt doch zu beachten — und Rothert ist sich vollkommen darüber klar —, daß die 1. Phase seines Schemas, die positive galvanotropische Krümmung bei geringer Stromdichte, zunächst nur hypothetische Konstruktion ist, solange nicht experimentell nachgewiesen wird, daß die erhöhte Konzentration des Mediums in ihrer Wirkung auf den Elektrotropismus tatsächlich durch entsprechende Verminderung der Stromdichte vollkommen ersetzt werden kann. Nun unterliegt es keinem Zweifel, daß man durch geeignete Wahl der Stromstärken bei höherer und niedrigerer Salzkonzentration es erreichen kann, daß die Stromdichte in der Wurzel in beiden Fällen die gleiche wird. Ob aber dann der gleiche physiologische Effekt eintritt, wie Rothert erwartet, oder ob man nicht auch in diesem Falle Umstimmungen mit der Änderung der Konzentration erhält, ist zweifelhaft; denn es ist sehr wohl möglich, ja sogar wahrscheinlich, daß bei Aufenthalt in verschiedenen Salzkonzentrationen die Wurzeln in verschiedener Stimmung sind, wie dies ja auch bei den chemotropischen und elektrotaktischen Erscheinungen sich zeigt. Und es wird in hoher Konzentration dieselbe Konzentrationsänderung an den Membranen durch den elektrischen Strom wohl weniger und anders wirken als in niedriger trotz gleicher Stromdichte. Dafür sprechen auch die Ergebnisse der Betheschen Untersuchungen über Konzentrationsänderungen an durchströmten Diaphragmen in Salzlösungen verschiedener Konzentration (cf. Kap. I).

In allen bisher betrachteten Fällen war der Elektrotropismus Wirkung von strömender Elektrizität, es existieren jedoch auch einige Angaben, nach denen auch statische Elektrizität elektrotropisch krümmend wirken soll. Versuche Piccards nach dieser Richtung hin sind freilich so wenig einwandfrei und eindeutig, daß ich auf sie nicht näher einzugehen brauche. Dagegen hat bereits mehrere Jahre vor Piccard Letellier eine sehr beachtenswerte diesbezügliche Arbeit veröffentlicht.

Er steckte die horizontale Achse eines Klinostaten, auf der an einer Korkscheibe in der Richtung von deren Radien Keimlinge von Vicia faba befestigt waren, in eine Glasglocke. Diese war durch eine etwa 3 cm von den Wurzeln entfernte eingekittete Zinkscheibe verschlossen. Die Zinkscheibe war auf ihrer Innenseite mit einem Überzug von Paraffin versehen und wurde durch Verbinden mit dem + - oder — - Pol einer konstanten Hochspannungsbatterie auf 576 Volt aufgeladen. Der mit dem anderen Pol der Batterie verbundene Klinostat war durch Aufstellen auf paraffiniertes Glas isoliert. Die Glasglocke war zur Abhaltung von Einflüssen der atmosphärischen Elektrizität mit blankem Kupferdraht umwickelt, die ganze Apparatur verdunkelt. Am Boden der Glasglocke befand sich eine Wasserschicht, in die während der Rotation die Keimlinge eintauchten. Daß die beobachteten Krümmungen aber keine hydrotropischen waren, schließt Letellier einmal daraus, daß die Wachstumsrichtung beim Verschließen der Glasglocke mit einem Pappkarton statt der geladenen Zinkplatte ganz unregelmäßig ist, zum zweiten daraus, daß die Krümmungen verschieden ausfallen, je nachdem, ob die Zinkplatte + oder — geladen ist. Es ergab sich nämlich, daß die Wurzeln der + - Platte gegenüber sich ausgesprochen, negativ galvanotropisch verhalten, indem sie sich sämtlich in der Richtung von der Platte wegkrümmen, dagegen sehr schwach positiv galvanotropisch gegenüber der — - Platte, da in diesem Falle nur selten ein ausgesprochenes allgemeines Wegkrümmen von der Platte sich zeigt, häufiger Indifferenz oder pendelndes Hin- und Herkrümmen[1]).

Es wäre sehr eigentümlich, wenn die Wurzeln mit der Umkehr der Richtung des Potentialgefälles des elektrischen Feldes ceteris paribus eine Umkehr ihres Tropismus zeigen würden, da doch bei allen Wirkungen der strömenden Elektrizität beim Umpolen oder Sinn der gleiche bleibt. Auffällig ist ferner, daß die Krümmung erst nach 1—2 Tagen merklich wird. Genauere Angaben über die Nachprüfung der Isolation fehlen, so daß man sich kein sicheres Urteil darüber bilden kann, ob nicht doch durch irgendwelche Isolationsfehler ein allmählicher Elektrizitätsausgleich, also gal-

[1]) Letellier spricht auch hier von einem negativen Elektrotropismus, der bei ihm gleichbedeutend mit Wegkrümmen der Pflanze von der geladenen Platte ist, während nach unserer Terminologie negativ elektrotropisch gleichbedeutend mit Krümmung in der Richtung des Potentialgefälles ist.

vanischer Strom zustande kam und die Ergebnisse beeinflußte. Die ganze Frage bedarf also dringend einer exakten Nachprüfung, um so mehr als Steyer allerdings bei Verwendung sehr niedriger Spannungen an Sporangienträgern von Phycomyces tropistische Wirkungen statischer Elektrizität nicht nachweisen konnte.

E. Physiologische und physikalisch-chemische Natur des Elektrotropismus.

Während Elfving die von ihm entdeckten Krümmungen als den geotropischen analoge ansah und keinen weitergehenden Versuch zu ihrer Analyse machte, erblickte Brunchhorst sowohl in den Elfvingschen wie in den echten elektrotropischen Krümmungen Chemotropismen bzw. Traumotropismen, die durch die Wirkung des beim Stromdurchgang entstehenden Wasserstoffsuperoxyds zustande kommen sollen. Ewart und Bayliss sehen im Elektrotropismus einen Chemotropismus, hervorgerufen durch Elektrolyseprodukte, auf Grund von Versuchen, bei denen mit polarisierbaren Platinelektroden Krümmungen auftraten, die bei gleichem Widerstand im Kreise bei Verwendung unpolarisierbarer Elektroden ausblieben. Es soll gar nicht bestritten werden, daß in den Versuchen Ewarts und Brunchhorsts, in denen Elektroden und Wurzeln sich in demselben Gefäß befanden, tatsächlich Wirkungen von Elektrolyseprodukten an der Entstehung von Krümmungen mitbeteiligt waren, nur muß gefordert werden, daß bei elektrotropischen Versuchen eine Anordnung gewählt wird, bei der Ursache der entstehenden Krümmungen lediglich die Wirkungen des Stromdurchganges durch die Wurzeln sind, bei der also Wirkungen von an den Elektroden entstehenden Elektrolyseprodukten ausgeschaltet werden, sei es durch Verwendung unpolarisierbarer Elektroden, sei es durch Wahl einer Versuchsanordnung, die die Konvektion oder Diffusion derartiger Stoffe an die Wurzeln unmöglich macht. Dies ist in Schellenbergs und zahlreichen Versuchen Gassners der Fall gewesen, bei denen die Wurzeln entweder in Gelatine eingebettet waren oder die als Elektroden dienenden Kohlenplatten in besonderen Gefäßen standen, die durch Gelatine oder feuchtes Filtrierpapier mit dem Gefäß verbunden waren, das die Wurzel enthielt. Da auch bei dieser Versuchsanordnung ausgeprägte elektrotropische Krümmungen beobachtet wurden, und auch Ewart mit unpolarisierbaren Elektroden bei stärkeren Strömen Krümmungen erhielt, die er ohne zureichenden Grund auf Diffusion von Elektrolyseprodukten zurückführt, fehlt der Anschauung, daß der Elektrotropismus lediglich ein Chemotropismus durch Elektrolyseprodukte sei, jeder Boden.

Wie die Brunchhorstsche Erklärung, so ist auch der Versuch Rischawis abzulehnen, die elektrotropischen Reizungen als durch die Wirkung elektroosmotischer Wasserverschiebungen in der Wurzel hervorgerufen zu betrachten. Rischawi geht aus von einer Beobachtung du Bois Reymonds, nach der ein stromdurchflossener Eiweißzylinder an der negativen Seite eine Anschwellung, an der positiven eine Einschnürung zeigt, die darauf zurückzuführen ist, daß die positiv gegen die Eiweißgerüstsubstanz geladene Imbibitionsflüssigkeit elektroosmotisch nach dem negativen Pol wandert. Auch das Wasser in der Wurzel soll nach dem negativen Pol bei Stromdurchgang, d. h. nach der dem negativen Pol zugewendeten Wurzelseite wandern, dort eine Turgorerhöhung und dadurch positive Krümmung veranlassen. Die negative Krümmung soll dadurch zustande kommen, daß anfänglich Wasser von außen in die Wurzeln elektroosmotisch auf der Anodenseite eingepreßt und dadurch eine vorübergehende Krümmung zur Kathode veranlaßt wird. Die Erklärung Rischawis steht in direktem Widerspruch zu den Befunden Gassners und anderer Autoren, daß die Elfvingsche Krümmung in ihrem unteren Teil durch Wachstumshemmung, in ihrem oberen durch Turgescenzverminderung der Zelle auf der Anodenseite zustande kommt, wobei gerade die Intercellularen dieser Seite flüssigkeitserfüllt werden. Auch das Verhalten von Elfvingscher und echter elektrotropischer Krümmung bei Wurzelspitzendekapitation bleibt unerklärt. Rischawis Theorie ist also zum mindesten in der von ihm vorgetragenen Form durchaus abzulehnen; sicher ist allerdings, daß in einem gequollenen Diaphragma, wie es die Wurzel darstellt, beim Stromdurchgang nicht nur Ionenverschiebungen auftreten, sondern daß mit diesen Ionenverschiebungen auch einseitige elektroosmotische Wasserbewegungen verbunden sind. Je besser das Leitvermögen der Diaphragmenflüssigkeit, um so mehr treten diese einseitigen Wasserverschiebungen hinter den Ionenverschiebungen zurück, jedoch ist ein sich gegenseitiges Sichausschließen von elektroosmotischer und Ionenbewegung, wie es Gassner in seiner Kritik Rischawis annimmt, nicht vorhanden.

Gassner betrachtet die elektrotropischen Krümmungen als traumatropische. Unter Traumatropismus der Wurzel versteht man eine tropistische Krümmungsbewegung, die durch einseitige Beschädigung des Wurzelvegetationspunktes ausgelöst wird. Seine Perzeption ist auf die Wurzelspitze beschränkt, die Bewegung setzt in der Wachstumsregion einige Stunden nach der Verletzung ein, ist von der verletzten Stelle weggerichtet und verläuft als Wachstumskrümmung entsprechend einer geotropischen Reaktion. Gassner nimmt also an, daß die von mir als „echte elektrotropische" bezeichnete und bei niederen Stromdichten beobachtete Krümmung eine traumatropische ist, hervorgerufen durch Beschädigung der Wurzelspitze durch den Strom auf ihrer dem positiven Pol zugewandten Seite. Diese Beschädigung beruht nach Gassner auf einer Verarmung des Protoplasmas an Kationen an der positiven Wurzelseite. Zur Begründung dieser Anschauung geht Gassner aus von den Darlegungen Ostwalds, nach denen es an einer in den Stromkreis eingeschalteten semipermeablen Membran nach Art einer Elektrode beim Durchgang des Stromes zur Anhäufung von nicht permeierenden Ionen kommt und zur Entstehung von Potentialdifferenzen. Indem er annimmt, daß die als Membran zu betrachtende Wurzel für Kat- und Anionen in gleicher Weise undurchlässig ist, schließt er, daß die elektropositiven Ionen des umgebenden Mediums auf ihrer Wanderung zum negativen Pol auf der positiven Wurzelseite zur Abscheidung gelangen und hier mit dem Hydroxyl des Wassers Alkali bilden werden; die elektronegativen können in entsprechender Weise auf der entgegengesetzten Seite Säure bilden. Außer dieser äußeren Elektrolyse, der Gassner keine wesentliche Bedeutung zuschreibt, nimmt er noch innere Elektrolyse in der Wurzel an, die unter der Voraussetzung, daß das Protoplasma der Wurzelspitze als einheitliches Protoplasmastück zu betrachten sei, so verläuft, daß die Kationen auf ihrer Wanderung nach dem negativen Pol an der Innenseite der Plasmahaut der negativen Wurzelseite, die elektronegativen entsprechend auf der entgegengesetzten Seite zur Ausscheidung gelangen. Durch diese innere Elektrolyse tritt also an der positiven Wurzelseite Verarmung an Kationen ein. Dies bewirkt eine Schädigung dieser Wurzelseite und damit den negativen Traumatropismus, als den ja Gassner die elektrotropische Reaktion auffaßt. Geht man zu höheren Stromstärken über, so wird die Ausführung der traumatropischen Krümmung erschwert, weil die Schädigung der positiven Wurzelseite bereits so stark ist, daß der zur Krümmung notwendige Wachstumsmechanismus dieser Seite nicht mehr funktioniert, und die Folge ist das bei diesen Stromstärken beobachtete Auftreten der Elfvinschen Krümmung. Diese Elfvingsche Krümmung ist zwar traumatischer Natur, kann aber, da die Bezeichnung Traumatropismus für ganz bestimmte oben charakterisierte Reizbewegungen vorbehalten ist, nicht als Traumatropismus bezeichnet werden. Hinsichtlich ihrer Deutung besteht zwischen Gassner und mir mit Ausnahme der oben gemachten Einschränkungen keine Differenz. Anders hinsichtlich der negativen Krümmungen. Wir wollen einmal ganz davon absehen, daß die physikalisch-chemisch nicht einwandfreie Ableitung Gassners durch die von Bethe und Toropoff zu ersetzen wäre, so bliebe gegen seine Auffassung noch folgendes zu sagen: Die äußerliche Übereinstimmung des Elektrotropismus mit dem Traumatropismus ist ebenso für den Geotropismus vorhanden und kann keinerlei Beweiskraft für eine Identifizierung von elektro- und traumatropischer Krümmung haben. Beobachtbare Schädigungen der positiven Wurzelseite treten erst ein bei Reizstärken, bei denen es sich bereits um Elfvingsche Krümmung, nicht mehr um tropistische Erscheinungen handelt. Nur einen einzigen Punkt führt Gassner an, aus dem man auch die Schädigung der Wurzelspitze ersehen soll. Es wurden einige Versuche gemacht, „in denen die Wurzelspitze einem starken Strom ausgesetzt und dann die ganze Wurzel in Methylenblau gebracht wurde. Es zeigte sich, daß auch an der positiven Seite an der Wurzelspitze das Methylenblau tiefer eingedrungen und stärker gespeichert war als auf der entgegengesetzten“. Daß hier aber gar nicht gezeigt ist, wie sich die Wurzelspitze bei schwächeren Strömen verhält, hat bereits Rothert hervorgehoben, und ich habe oben gezeigt, daß selbst für den Fall, daß auch dann diese Differenz in der Färbung auftreten würde, dies keineswegs einen Beweis für die Schädigung der Wurzelspitze zu bilden brauchte. Ich komme daher zum Schluß, daß für die Auffassung der elektrotropischen Reaktion als traumatropische keinerlei triftiger Grund vorhanden ist.

Dagegen sprechen für die spezifisch elektrotropische Natur der beschriebenen Wurzelkrümmungen zahlreiche Tatsachen. Es gibt doch bei etwa denselben Stromdichten elektrotaktische und -nastische Erscheinungen, die typische Reizreaktionen darstellen mit polarem Charakter, Umstimmungen usw., wie sie keineswegs traumatischen Reaktionen im allgemeinen eigen sind, und die in kurzen Zeiträumen mehrfach wiederholt werden können, ohne daß Schädigungserscheinungen sich zeigen. Da kann es doch keinem Zweifel unterliegen, daß es richtiger ist, die elektrotropischen Erscheinungen auch als Tropismen sui generis aufzufassen.

Schellenberg sieht die Ursache der elektrotropischen Reizung in Ausflockungen bzw. Auflockerungen der Plasmakolloide durch die ein- bzw. austretenden Ionen. Da sowohl bei der inneren wie bei der äußeren Elektrolyse die Ionenwanderungen auf beiden Flanken der Wurzel gerade entgegengesetzten Sinn haben, so wird im allgemeinen an beiden Seiten der Wurzel die Änderung des kolloidalen Zustandes ungleich sein und zur Reizung führen. Die Umstimmungskonzentration wäre dann als diejenige Konzentration zu deuten, bei der gerade die auf beiden Flanken vor sich gehenden Zustandsänderungen gleich sind oder wenigstens nur innerhalb der Reizschwelle verschieden. Des weiteren sucht Schellenberg zu zeigen, daß Chemo- und Galvanotropismus identisch seien; da ja in einer Lösung ohne Strom und Konzentrationsgefälle keine Reizung auftritt, so werden offenbar beide durch Ionenwanderung hervorgerufen. „In dem einen Falle wird aber die Ionenwanderung durch ein Konzentrationsgefälle, in dem anderen durch elektrischen Strom herbeigeführt.“ Gerade weil aber letzteres der Fall ist, kann man dem Satze Schellenbergs nicht zustimmen, „daß Chemotropismus der Salze und Galvanotropismus bei den Wurzeln identische Erscheinungen sind“. Definiert man freilich „Chemotropismus“ als einen durch Ionenwanderungen irgendwelcher Art herbeigeführten Tropismus, so wird man nicht allein den Elektrotropismus, sondern alle möglichen anderen, vielleicht alle Tropismen als „identische Erscheinungen“ bezeichnen müssen. Solange aber trotz der Auslösung durch Ionenbewegungen verschiedene Tropismen noch spezifische Verschiedenheiten zeigen, ist eine Identifizierung unangebracht. Die spezifische Eigenheit ist aber dem Elektrotropismus gegenüber dem Chemotropismus im engeren Sinne nicht abzusprechen. Selbst wenn man davon absieht, daß der Chemotropismus auch nach Dekapitieren der Wurzelspitze erhalten bleibt, was beim Elektrotropismus gar nicht oder nur in sehr geringem Ausmaße der Fall ist, selbst wenn man von der Schwierigkeit absieht, daß man in den chemotropischen Wirkungen von Nichtelektrolyten indirekte Wirkungen von durch sie hervorgerufenen Ionenwanderungen sehen müßte, so bleibt doch vor allem die Tatsache, daß die Ionenwanderung im elektrischen Potentialgefälle für Kat- und Anionen entgegengesetzte Richtung, im Konzentrationsgefälle gleiche Richtung hat, ein für die ersten Prozesse der elektro- und chemotropischen Krümmung grundlegend verschiedener Umstand. Gerade die entgegengesetzt gerichtete Wanderung von Ionen bedingt elektrolytische und in membranösen Gebilden spezifisch capillarelektrische Erscheinungen, und gibt damit der Reizwirkung des elektrischen Stromes auf lebende Gewebe ein spezifisches Gepräge.

Mit der Erwähnung der capillarelektrischen Erscheinungen komme ich zu den Untersuchungen von Bethe und Toropoff über elektrolytische Vorgänge an Diaphragmen. Das Ergebnis dieser Untersuchungen ist im Kap. I eingehend dargelegt, und es ist jetzt unsere Aufgabe zu sehen, welche Beziehungen sich aus den dabei gewonnenen physikalisch-chemischen Erkenntnissen zur Erkenntnis der elektrotropischen Erscheinungen ergeben. Da nach den Ergebnissen Bethes Konzentrationsänderungen und Neutralitätsstörungen bei Durchströmung von Diaphragmen in Elektrolyten stets auftreten und auftreten müssen, sobald innerhalb des Diaphragmas die Beweglichkeit für Anionen oder Kationen, sei es durch Absorption, chemische Bindung oder aus sonst welchen Gründen gemindert ist, so müssen wir annehmen, daß auch beim Durchströmen lebender Gewebe in Elektrolyten derartige Konzentrations- und Neutralitätsstörungen an den Grenzflächen auftreten. Bethe selbst hat den Schluß gezogen, daß vornehmlich Änderungen der $[H^+]$, die bei der elektrischen Durchströmung an der Membrangrenze auftreten, für das Auftreten der Erregung durch den elektrischen Reiz verantwortlich zu machen sind. Wir müssen also auf Grund der Betheschen Modellversuche und physikalisch-chemischen Betrachtungen annehmen, daß auch an der durchströmten Wurzel Konzentrationsänderungen von Ionen speziell von H^+ auftreten, also an den gegenüberliegenden Seiten der Wurzel Säure- bzw. Alkalibildung. Ob auch innerhalb der Wurzelzellen an deren Membranen nach Art der von Bethe beschriebenen Erscheinungen an den Zellen von Tradescantia polar Säure und Alkali auftritt, ist nicht ohne weiteres zu sagen, zum mindesten nicht für die speziell reizempfängliche Wurzelspitze. Da deren Zellen kaum vakuolisiert sind und durch zahlreiche Protoplasmaverbindungen kommunizieren, so verhält sie sich vielleicht wie ein einheitliches Diaphragma, z. B. ein Gelatinestück, bei dem die Säure- bzw. Alkalibildung nur an den Membrangrenzen, nicht auch wiederholt im Inneren auftritt. Eine derartige Säure- bzw. Alkalibildung an der durchströmten Wurzel ist ja auch, wenn auch auf nicht einwandfreier physikalisch-chemischer Grundlage, von Gassner und Schellenberg angenommen worden. Mit der innerhalb gewisser Grenzen vorhandenen Gültigkeit des Reizmengengesetzes stimmt überein, daß nach Bethe die Kurve der Störungszeit, d. h. die Zeit, die zur Hervorbringung einer Neutralitätsstörung von bestimmter Größe notwendig ist, bezogen auf die Spannung ähnlich wie eine gleichseitige Hyperbel verläuft. Die Abhängigkeit der elektrotropischen Reaktion von der chemischen Natur der Ionen in dem Medium, wie sie Schellenberg gefunden hat, findet ihre Parallele in einer an toten Diaphragmen gefundenen Abhängigkeit der Störungszeit von der chemischen Natur des Elektrolyten, in dem die Membran durchströmt wird. Die von Bethe und Toropoff gefundenen Reihen für die Förderung der Neutralitätsstörung lauten

für Anionen: $\text{Citrat} > PO_4 > SO_4 > J > Br > Cl > NO_3$,

für Kationen: $NH_4 > Li > K > Cs > Na > Mg > Ba > Ca > La > CoNH_3$,

die für Schellenbergs Versuche analoge Reihe für die Schwellenkonzentration der elektrotropischen Krümmung

für die Anionen: $Cl > NO_3 > SO_4 > HPO_4 > J$

für die Kationen: $Ca > K > Mg > Na > Sr > NH_4$.

Beide Reihen zeigen zwar keine völlige Übereinstimmung, immerhin ist folgendes recht bemerkenswert. In der Anionenreihe bei Bethe wirken PO_4''' und SO_4'' stärker als Cl' und NO'_3, fördern also die mehrwertigen Ionen die Neutralitätsstörung stärker als die einwertigen. Infolgedessen wäre zu erwarten, daß diese Ionen ceteris paribus zur Umstimmung in geringerer Äquivalentkonzentration genügen müßten, und das ist für NH_4, Na und K bei Schellenberg der Fall, während Magnesium etwas aus der Reihe fällt. Ebenso stehen, ganz wie es zu erwarten wäre, bei der Betheschen Reihe und der Reihe nach Schellenbergs Versuchen Ca und NH_4 an den entgegengesetzten Enden der Reihe, d. h. das am meisten die Neutralitätsstörung fördernde Ion bewirkt bereits in der geringsten Konzentration die Umstimmung, hat also die stärkste physiologische Wirkung. K, Na, Mg stehen in beiden Reihen in der Mitte. Nun sind zwar beide Reihen aufgestellt für gleiche Grammäquivalentkonzentrationen nach Versuchen mit konstanter Spannung, aber die konstante Spannung bedingte infolge des verschiedenen Leitvermögens verschiedene, und zwar oft sehr verschiedene Stromdichte in den einzelnen Versuchen. Hierin liegt eine Fehlerquelle und Schwierigkeit beim Vergleich beider Reihen, zumal bei Bethe der ganze Stromquerschnitt durch das Diaphragma überspannt war, während bei Schellenberg ein je nach der Stromstärke wechselnder Bruchteil der gesamten Stromstärke durch die Wurzeln ging. Um genau vergleichbares Material zu erhalten, müßte man die Ionenreihen vergleichen, die sich bei konstanter und gleicher Stromdichte in leblosen und lebenden Diaphragmen für die Förderung der Störungszeit und die elektrotropische Reizwirkung ergeben. Die bei zunehmender Konzentration und konstanter Spannung auftretende Umstimmung der Wurzel hat keine Analogie in den an Diaphragmen beobachteten Erscheinungen. Eine solche wäre es, wenn auch hier bei Zunahme der Konzentration und konstanter Spannung über einen Indifferenzpunkt hinweg ein Umschlag der Säure- bzw. Alkalibildung von der einen zur anderen Seite auftreten würde; das ist aber in neutraler Lösung nicht der Fall. Man beobachtet lediglich, daß mit zunehmender Konzentration der Elektrolyte die Störungszeiten abnehmen, während die Elektrizitätsmengen, die zur Hervorrufung der Störungen notwendig sind, zunehmen. Erscheinungen, die den beobachteten Umstimmungen des Elektrotropismus äußerlich entsprechen, beobachtet man vielmehr nur, wenn man die $[H^+]$ der Ausgangslösung ändert. In diesem Falle wird mit der Änderung der $[H^+]$ nicht nur die Größe, sondern bei den meisten Membranarten auch die Richtung der Konzentrationsänderung und des sie begleitenden einseitigen Wassertransportes geändert. Ob sich für analoge Versuche mit lebenden Geweben, soweit sie durchführbar wären, entsprechende Ergebnisse finden, müßte erst noch untersucht werden. Vorläufig ist ja noch nicht einmal die hypothetisch bereits so oft angenommene $[H^+]$-Änderung bei der Durchströmung an lebenden Geweben nachgewiesen worden (mit Ausnahme des einen nicht leicht reproduzierbaren Falles bei Tradescantia, wo keine Reizbewegungen eintreten). Die wichtigste Aufgabe ist also zunächst, diese Neutralitätsstörung an den durchströmten Wurzeln nachzuweisen, sei es mit der Indicatormethode, sei es mit einer anderen, falls diese nicht empfindlich genug sein sollte. Gelingt dies, so wäre der zweite Schritt, zu sehen, ob der Umstimmung von positiven in negativen Elektrotropismus über ein Indifferenzstadium eine Richtungsänderung der Neutralitätsstörung entspricht, derart, daß die früher saure Wurzelflanke bei der Umstimmung zur alkalischen wird und ob am Indifferenzstadium auch die Neutralitätsstörung verschwindet. Da ja die lebenden Gewebe ganz anderer Natur sind als die von Bethe und Toropoff untersuchten toten und die Art der Neutralitätsstörung nach diesen Autoren auch von dem Diaphragma abhängig ist, so ist aus dem Umstande, daß die vorliegenden Versuche einen weitgehenden Parallelismus der Umstimmungserscheinungen nicht zeigen, durchaus noch nicht zu schließen, daß ein solcher sich nicht zeigen wird. Wäre dies der Fall, so wäre dies eine sehr starke, ich möchte sagen beweisende Stütze für die Bethesche Auffassung von der Bedeutung der $[H^+]$-Änderung für die Erregung. Wenn aber die Versuche zeigen, daß einer galvanotropischen Umstimmung keineswegs eine Richtungsänderung der $[H^+]$-Änderung entspricht, so wäre dies ein Ergebnis, durch das sich die Umstimmungen an elektrotropisch gereizten Wurzeln in Parallele setzen würden zu den Umstimmungen von Paramäcien in hohen Salzkonzentrationen. Bei diesen wird ja durch die hohe Salzkonzentration eine Umstellung des Wimpernapparates bewirkt, und die Richtungsänderung der Elektrotaxis in den hohen Salzlösungen ist lediglich eine indirekte durch die Einwirkung der Salzkonzentration auf den Wimperapparat bedingte.

VI. Elektronastie.

A. Begriffsbestimmung.

Diejenigen Reizbewegungen, deren Richtung durch die Richtung des Reizmittels bestimmt wird, bezeichnet man je nach dem, ob man es mit freien Ortsbewegungen oder mit Krümmungsbewegungen zu tun hat, als Taxien oder Tropismen. Unter der Bezeichnung Nastie dagegen faßt man diejenigen Bewegungen zusammen, deren Richtung von der Richtung des Reizmittels unabhängig ist und durch die physiologische Beschaffenheit des reagierenden Organs bedingt wird. Elektronastische Erscheinungen sind also solche, bei denen eine Reaktion durch den elektrischen Reiz ausgelöst wird, deren Richtung von der Richtung des Reizes unabhängig ist und durch die Natur des reagierenden Organs bestimmt wird. Der begrifflich scharfen Trennung zwischen Tropismus und Nastie entspricht aber nicht eine ebenso scharfe Trennung von Tropismen und Nastien in der Natur. Da ja letzten Endes jede Reaktion von 2 Faktoren bestimmt wird, von der Natur des Reizes und der des reagierenden Organismus, so ist es ohne weiteres klar, daß diejenigen Fälle, auf die die Definition des Tropismus und der Nastie streng paßt, nur theoretische Grenzfälle sind. Der Tropismus im strengsten Sinne ist der Grenzfall, bei dem der Faktor „Natur des Organismus" gegen Null konvergiert, die Nastie im strengsten Sinne ist der Grenzfall, bei dem der Faktor „Richtung des Reizes" gegen Null konvergiert. In Wirklichkeit kommen aber in der Natur kaum diejenigen Fälle vor, in denen nur die Reizrichtung oder nur die Natur des Organismus für die Reaktionsrichtung ausschlaggebend ist. Vielmehr kommen alle möglichen Kombinationen vor, Fälle, bei denen jeder der zwei bestimmenden Faktoren eine zwischen Null und Unendlich liegende Bedeutung für die Reaktionsrichtung hat. Zu diesen Fällen gehören auch die elektronastischen Erscheinungen.

B. Beobachtungsmethoden.

Allgemeines über die Beobachtungsmethoden läßt sich wenig sagen. Die Elektroden werden in die Nähe oder an die reagierenden Organe angelegt, und es wird mit den verschiedenen Formen des elektrischen Stromes gereizt. Die speziellen Vorsichtsmaßregeln, die zur Erzielung einwandfreier Ergebnisse notwendig sind, sind so eng mit dem speziellen Bau der zu untersuchenden Pflanzen verknüpft, daß sie nur im Zusammenhang mit der Besprechung der Beobachtungsergebnisse auseinandergesetzt werden können.

C. Beobachtungsergebnisse.

Elektronastische Bewegungen können wie alle nastischen Bewegungen erfolgen durch verschiedene Wachstumsgeschwindigkeit verschiedener Zonen oder durch verschiedene Turgescenzänderungen verschiedener Zonen. Über Elektronastien mit Wachstumsmechanismus liegt Beobachtungsmaterial meines Wissens nicht vor. Wir können uns also auf diejenigen Elektronastien beschränken, die durch Turgescenzänderungen zustande kommen. Bei diesen spielen Bewegungen durch Turgescenzabnahme (Kontraktionen) eine größere Rolle als solche durch Turgescenzzunahme (Expansionen). Zu derartigen Elektronastien sind alle turgescenten Organe befähigt, besonders aber diejenigen, die auch auf andere Reize hin deutliche Turgorschwankungen erfahren und dazu durch ihre anatomische Struktur prädestiniert sind (contractile Staubfäden und Pflanzengelenke). Wir wollen mit der Besprechung der Ergebnisse an letzteren beginnen, da sie die augenfälligeren und besser untersuchten sind.

1. Elektronastische Erscheinungen an Geweben, die mit einem speziellen Mechanismus zur Ausführung von Turgorvariationsbewegungen ausgerüstet sind.

Zu diesen Geweben gehören in erster Linie die Gelenke. Sie finden sich in zahlreichen Pflanzenfamilien, sei es an der Basis von Blättern, sei es am Übergang von einer Blattspreite zum Blattstiel, sei es an anderen Stellen. Sie sind funktionell dadurch charakterisiert, daß sie den Drehpunkt und Bewegungsmechanismus des mit ihnen versehenen Organes bilden, morphologisch durch eine knotige Schwellung des Gewebes und anatomisch durch ihren Aufbau aus turgescenten dünnwandigen Zellen mit dehnbaren Zellwänden. Eine scharfe Abgrenzung gegen ähnlich gebaute Gewebekomplexe ist natürlich nicht möglich. Von Gelenkpflanzen sind auf ihre elektronastischen Erscheinungen hin am besten untersucht die Mimose und Biophytum.

Der Blattstiel der Mimosa pudica ist durch ein Blattgelenk mit der Sproßachse verbunden. An seiner Spitze trägt er 4 Fiedern

Abb. 14. Nach Pfeffer, Pflanzenphysiologie.

(Abb. 14). Zwischen je zwei von ihnen befindet sich ein Fiedergelenk. Jede Fieder trägt rechts und links eine Reihe von Fiederblättchen, die mit den Blättchengelenken ansitzen. Wird ein solches Mimosenblatt stark gereizt, so klappen die Fiederblättchen nach oben und vorn zusammen, die 4 Fiedern legen sich durch eine Kontraktion der Fiedergelenke aneinander, und das ganze Blatt sinkt nach unten, indem die Unterseite des Blattgelenkes sich kontrahiert. Dabei ist die Art des Reizes gleichgültig. Dieselbe Bewegung tritt ein bei mechanischer, chemischer oder elektrischer Reizung, und für das Gesamtbild der Reaktion spielt es natürlich erst recht keine Rolle, ob die elektrische Reizung durch Kondensatorentladung, Induktionsschlag oder Gleichstrom bewirkt wird. Wir wollen nun die elektronastische Reaktion der Gelenke genauer betrachten. Wir stützen uns dabei auf ältere Angaben, vor allem aber auf die Untersuchungen Boses.

Die Latenzzeit beträgt für Mimosa etwa 0,1 Sekunde, für Biophytum 0,4 Sekunden, für Neptunia oleracea 0,6 Sekunden. Steigen der Temperatur verkürzt die Latenzzeit. Niedrige Erregbarkeit, wie sie z. B. im Winter oder infolge von Ermüdung herrscht, verlängert sie. Wenn bei Mimosa ein Zeitraum von etwa 25 Minuten zwischen 2 Reizungen liegt — im Sommer —, so bleibt ihre Latenzzeit konstant, wird in kürzeren Zwischenräumen gereizt, z. B. solchen von 15 Minuten, so tritt Verlängerung der Latenzzeit auf als Zeichen der noch nicht völligen Wiederherstellung der ursprünglichen Reizbarkeit nach 15 Minuten. In einem gewissen Intervall der Reizstärke nimmt die Latenzzeit mit zunehmender Reizintensität ab, bei weiterer Steigerung jedoch zu. Wenn die Pflanze in optimalen Verhältnissen sich befindet, sind aber die Differenzen in den Latenzzeiten bei schwacher und starker Reizung sehr klein.

Für die Reaktionsdauer von Mimosa gibt Bert 4—7, Brunn 30 Sekunden an, während Bose unter normalen Verhältnissen nur 2—3 Sekunden findet, eine Angabe, die ich durchaus bestätigen kann. Bei stärkeren Reizen ist die Geschwindigkeit und Amplitude der Bewegung größer als bei schwachen, die Elektronastie der Mimosa also, wie bereits von früheren Autoren her bekannt, keine „Alles oder Nichts"-Reaktion. Im Winter, bei herabgesetzter Erregbarkeit, ist auch die Amplitude der Fallbewegung verkleinert. Ist die Pflanze sehr reizbar, so ist der Unterschied zwischen der Amplitude an der Reizschwelle und der maximal erreichbaren Amplitude nur sehr gering, ist sie wenig reizbar, so kann der Unterschied beträchtlich werden. Die Reaktionsgeschwindigkeit, also die Geschwindigkeit der Senkbewegung des Blattes, sinkt mit Ermüdung, also nach vorheriger Reizung, und steigt mit der Temperatur. Z. B. erhielt Bose bei 2 Blättern in frischem Zustande 50 bzw. 90 mm/sec Reaktionsgeschwindigkeit, in ermüdetem 8 bzw. 20 mm/sec. Ferner ergab ein Versuch bei 22° C 10 mm/sec, bei 25° C 105 mm/sec, bei 31° C 115 mm/sec Reaktionsgeschwindigkeit. Die Geschwindigkeit der Erholungsreaktion, durch die das Mimosenblatt nach der elektrischen Reaktion in etwa 10—15 Minuten wieder in den Ausgangszustand zurückkehrt, beträgt durchschnittlich 0,045 mm/sec, am Anfang der Erholungsreaktion ist die Geschwindigkeit am größten, etwa 0,9 mm/sec. Stärkere Reize verursachen eine längere Erholungsdauer als schwächere. In der folgenden Tabelle nach Bose sind für einige Gelenkpflanzen Reaktions- (Rd) und Erholungsdauer (Ed) nebeneinandergestellt.

	Rd	Ed
Biophytum sensitivum . .	1 Sek.	3 Min.
Mimosa pudica	3 „	16 „
Neptunia oleracea	180 „	60 „

Reizsummation unterschwelliger Reize findet leicht statt. Die Einzelreize müssen aber eine gewisse Mindestintensität haben, und der Abstand zweier aufeinanderfolgender Reize darf etwa 6 Sekunden nicht überschreiten. Je höher die Intensität der Einzelreize, desto geringer kann ihre Zahl und desto größer ihr zeitlicher Abstand sein. Innerhalb gewisser Grenzen gilt für derartig summierte Reize das Reizmengengesetz. Unterschwellige elektrische und mechanische Reize summieren sich. Bei den elektronastischen Blättern von Dionaea darf das Intervall zwischen zwei unterschwelligen Reizen bis 3 Minuten betragen. Eine Reizsummation kommt auch bei überschwelligen Reizen vor. Folgt einem schwachen Reiz, der eine submaximale Reaktion auslöste, einer oder mehrere gleiche in geringem Intervall, so kommt es zur Verstärkung der Reaktion evtl. bis zur Maximalreaktion. War aber die durch einen Reiz ausgelöste Reaktion maximal, so bleibt nunmehr ein kurz darauf oder bis etwa 2 Minuten darauf folgender wirkungslos („Refraktärstadium“ der Tierphysiologen). Dies ist auch bei den elektronastischen Reaktionen der Staubblätter von Berberis der Fall.

Über die Größe der zur Schwellenreizung erforderlichen Elektrizitätsmenge liegen leider nähere Angaben nicht vor. Es wäre sehr interessant, diese für verschiedene Pflanzen mit den für elektrotaktische und -tropistische Reaktionen erforderlichen Elektrizitätsmengen zu vergleichen sowie mit den für die Erregung tierischer Gewebe nötigen. Ebenso müßte man, um einen genauen Einblick in die Abhängigkeit der Erregbarkeit von äußeren und inneren Faktoren zu erhalten, die Größe der Schwellenreizmenge beim Wechsel von Innen- und Außenbedingungen bestimmen. Auch derartige Untersuchungen sind mir nicht bekannt geworden. Dagegen hat Bose aus der Größe der Reaktion auf bestimmten Reiz (Induktionsschlag) Einblicke in die wechselnden Erregbarkeitsverhältnisse zu erhalten versucht. Er findet bei Verdunklung Rückgang der Erregbarkeit, der bereits beim Vorbeiziehen eines Wolkenschattens merkbar wird. Auch beim Übergang vom Dunklen zum Hellen findet eine vorübergehende Verringerung der Reaktion statt, die bei fortgesetzter Beleuchtung in Zunahme umschlägt. Bei 19° C liegt das Temperaturminimum, bei 22° C erzielte der gleiche Reiz Ausschläge von 2,5 mm, der bei 27° C solche von 22 mm verursachte. Die höchste Erregbarkeit findet Bose in der Zeit von 1 Uhr mittags bis gegen Abend, dann findet Abnahme statt bis gegen Morgen und dann wieder Zunahme. In der Änderung der Erregbarkeit besteht eine interessante Ähnlichkeit mit den Verhältnissen der Nervenerregbarkeit am Nervmuskelpräparat. Gotch und Macdonald haben nämlich gezeigt, daß bei indirekter, d. h. vom Nerven ausgehender Muskelreizung die Erregbarkeit des Nerven durch Temperaturerniedrigung erhöht wird für konstanten Strom, erniedrigt für Induktionsschläge. Dasselbe Verhalten zeigen nach Bose auch Mimosen. Die wichtigsten Parallelerscheinungen in der elektrischen Reaktion von Tier und Pflanze zeigen sich aber beim Vergleich der polaren Reaktionen. Zu ihrem Verständnis müssen wir einige Bemerkungen vorausschicken.

Wir müssen unterscheiden zwischen direkter und indirekter Reizung. Direkte Reizung ist eine solche, bei der das reagierende Gelenk selbst im Stromkreis liegt, wenn also z. B. die eine Elektrode am Blattstiel einer Mimose, die andere an der Sproßachse angelegt ist. Indirekte Reizung findet statt, wenn das reagierende Gelenk nicht zwischen den beiden Elektroden im Stromkreise liegt, sondern nur in der Nähe, wenn also z. B. die beiden Elektroden am Blattstiel anliegen. Daß bei der direkten Reizung wirklich durch die Durchströmung das Gelenk direkt gereizt wird und die Reaktion veranlaßt, und nicht ein von den Elektroden aus dem Gelenk zugeleiteter Reiz, zeigten mir Versuche über die Länge der Latenzzeit. Diese ergaben, daß bei direkter Reizung die Latenzzeit ebenso kurz ist, wenn die Elektroden unmittelbar an das Gelenk angelegt werden, als wenn sie in großem Abstand, z. B. 20 cm, von ihm entfernt liegen. Wenn der die Reaktion auslösende Reiz bei dieser Versuchsanordnung von der Elektrodengegend aus zugeleitet würde, so müßte eine merkliche, der Reizleitungsgeschwindigkeit entsprechende Verlängerung der Latenzzeit auftreten. Die Frage, ob nicht bei direkter Reizung stets auch noch außerdem ein indirekter Reiz das Gelenk trifft, bleibt natürlich offen. Bei jeder elektrischen Reizung können wir den elektrischen Strom nach zwei entgegengesetzten Richtungen wirken lassen,

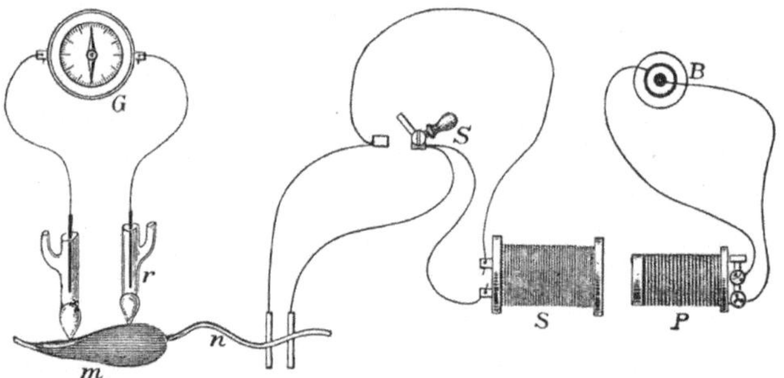

Abb. 15. Nach Bernstein, Elektrobiologie.

denn wir können stets, was bei der ersten Reizung + - Pol war, bei der zweiten zum — - Pol machen und umgekehrt. Die tierische Physiologie unterscheidet diese Richtungen als auf- und absteigenden Strom. Diese Unterscheidung knüpft an an die Untersuchung des Nervmuskelpräparats (Abb. 15), das aus einem Muskel und den zu ihm führenden Nerven besteht. Legen wir 2 Elektroden an den Nerven und reizen, so zuckt der Muskel. Wir reizen mit aufsteigendem Strom, wenn der positive Pol dem Muskel näher liegt, also der positive Strom in dem Nerven vom Muskel weg fließt, wir reizen mit absteigendem Strom, wenn der negative Pol dem Muskel näher liegt, der positive Strom also in der Richtung nach dem Muskel hin fießt. Sucht man ein Mimosenblatt dem Nervmuskelpräparat zu parallelisieren, so muß man das Gelenk als das Zuckende dem Muskel, den Blattstiel, denFiederblattstiel, die Sproßachse usw. bzw. deren Gefäßbündel als das

Reizleitende dem Nerven gegenüberstellen. Dementsprechend wäre bei indirekter Reizung des Blattgelenkes der Strom aufsteigend, wenn er vom Gelenk wegfließt, der + - Pol also an der dem Gelenk näheren Elektrode liegt. Er wäre absteigend, wenn er auf das Gelenk zufließt, der + - Pol also an der vom Gelenk entfernteren Elektrode der Sproßachse anliegt. Allerdings ist für die Verhältnisse an Pflanzen diese Kenntnis der Reizrichtung im Hinblick auf ihre Beziehung zum Gelenk noch nicht ganz ausreichend. Denn wir müssen noch berücksichtigen, daß die Gelenke dorsiventrale Gebilde sind, und daß es demnach nicht gleichgültig sein kann, ob der Strom von der Unterseite oder der Oberseite des Gelenkes aus gerichtet ist. So ist in Abb. 16 bei *a* und *b* der Strom aufsteigend, aber bei *a* von der Oberseite, bei *b* von der Unterseite aus. Bei der Anordnung Abb. 17, die ein Biophytumblatt charakterisiert, spielt dagegen die Dorsiventralität des Gelenkes bei einem etwaigen Reizwirkungsunterschied von *a* und *b* keine Rolle. Die Symmetrieebene von dessen Blättchengelenken liegt nämlich senkrecht zu der Ebene, in der der Blattstiel vom Strom durchflossen wird. Dessen Reiz wirkt also symmetrisch, wenn er von rechts oder von links her das Gelenk erreicht. Dennoch werden wir auch bei der Anordnung Abb. 17 nicht bei *a* und *b* ohne weiteres gleiche Reizwirkung erwarten dürfen, denn nach anderen reizphysiologischen Erfahrungen kann außer der Lage der Pole zum Gelenk für die Reizwirkung auch noch ihre Lage zur Richtung des Aufbaues der ganzen Pflanze eine Rolle spielen. In *a* ist der Strom nämlich akropetal von der Wurzel zur Spitze, in *b* basipetal von der Spitze zur Wurzel gerichtet. Man muß also folgende Möglichkeiten wenigstens prinzipiell unterscheiden:

Abb. 16.

Abb. 17.

1. indirekte Reizung: a) akropetal aufsteigend, akropetal absteigend; b) basipetal aufsteigend, basipetal absteigend;
2. direkte Reizung: a) akropetal, b) basipetal.

Bei direkter Reizung fallen die Möglichkeiten auf- und absteigend fort. Dagegen ist sowohl bei direkter wie indirekter Reizung ferner noch zu unterscheiden zwischen Reizung nach Tiefe, Länge und Breite, also von oben nach unten, von vorn nach hinten, von rechts nach links und umgekehrt. Doch sind Versuche, die so eingehend alle möglichen Variationen der Anordnung berücksichtigen, noch nicht ausgeführt.

Über die polaren Reaktionen von Mimosa liegen drei größere Untersuchungsreihen vor von Ritter, Bose und mir. Die ältesten Versuche rühren von Ritter her (1809). Ritter experimentierte mit nur 3 Exemplaren von Mimosa pudica, die er mittels Entladungen von Leidener Flaschen oder des Gleichstromes einer

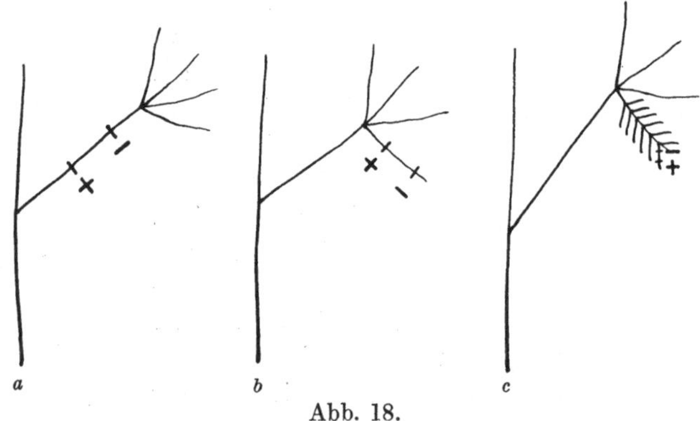

Abb. 18.

Elektrisiermaschine reizte. Aber er hat an diesen 3 Mimosen und mit seinen geringen experimentellen Hilfsmitteln bereits die meisten wesentlichen Erscheinungen, die überhaupt bisher bei der Elektronastie beobachtet sind, festgestellt, wenn auch oft gar nicht, oft falsch gedeutet, und wenn auch vieles in seiner Arbeit unklar und widerspruchsvoll ist. Am eindeutigsten sind Ritters Versuche mit indirekter Reizung. Die beistehenden Schemata (Abb. 18) zeigen die Anordnung für Reizung der Blattgelenke (*a*), der Fiedergelenke (*b*), Blättchengelenke (*c*). Es ergibt sich nun für die Reizung aller 3 Gelenke folgendes: Bei jungen Blättern ist die Reizwirkung stärker, wenn der + - Pol nach dem Gelenk zu liegt — wie z. B. in dem Schema b —, der Reizstrom also akropetal ist. Bei Blättern mittleren Alters — das Alter ist nach der Höhe am Stamm und dem Aussehen beurteilt — ist die Wirkung beider

Pole gleich, bei älteren liegt sie umgekehrt wie bei jungen, ist also stärker, wenn der —-Pol dem Gelenke näher liegt als der + -Pol. Allerdings fehlen für die Umstimmung mit dem Alter die Versuche für Fieder- und Blättchengelenke. Alle Versuche sind mit Reizmengen ausgeführt, die etwa an der Schwelle liegen. Es ergibt sich demnach eine polare Wirkung des Stromes, die je nach den inneren Bedingungen bei sonst gleichen Versuchsbedingungen einen verschiedenen Sinn hat und auch in Indifferenz übergehen kann.

Viel weniger klar sind Ritters Ergebnisse bei direkter Reizung. Es werden hierbei die Blatt-, Fieder- und Blättchengelenke in den Kreis genommen, indem die Elektroden an 2 Blattstiele bzw. Fiederspitzen bzw. die Ränder zweier gegenüberstehender Blättchen angelegt werden. In allen 3 Fällen reagiert das Gelenk am + - Pol, wärend das am — - Pol gar nicht oder erst später reagiert. Dieses sich gleichbleibende Resultat erhält Ritter bei direkter Reizung in allen Altersstadien im Gegensatz zu den Umstimmungen mit dem Alter, die er bei indirekter Reizung erhalten hat. Er schließt daraus, daß die Gelenke als solche eine stets gleichbleibende Polarität besitzen, dagegen das Gelenklose, der Blattstiel, Fiederblattstiel oder das Blättchen, denen ja bei extrapolarer Reizung die Elektroden anlagen, eine wechselnde Polarität aufweisen. Aber dem gegenüber stehen nun eine Reihe von Versuchen, bei denen ebenfalls die Blatt- und Blättchengelenke intrapolar liegen und doch Umstimmung mit dem Alter auftritt. So stellte er 2 Mimosentöpfe voneinander und dem Erdboden isoliert auf Glasplatten derart hin, daß sich nur die Spitzen je einer Fieder eines Blattes beider Mimosen berührten. Durch den Boden jedes Topfes wurde ein Draht gesteckt und durch die Drähte eine Leidener Flasche entladen. Es schlossen sich stets die Blättchen an der Fieder des Topfes, der mit dem positiven Pol verbunden war, während die der anderen Fieder sich gar nicht oder nur teilweise schlossen. Wurden dagegen zwei sich nicht berührende Mimosen durch einen Draht verbunden und das Ende je einer Fieder einer Mimose mit den Polen der Leidener Flasche verbunden, so schlossen sich hier die Blättchen der Fieder am —- Pol, während die am + - Pol nicht oder nur schwach reagierten. Daß in diesem 2. Versuche die Gelenke am entgegengesetzten Pol reagierten, muß für Ritter wohl verwunderlich gewesen sein, denn er kannte noch nicht den Begriff des elektrischen Stromes und konnte deshalb auch nicht erkennen, daß sich tatsächlich die Gelenke in beiden Versuchen völlig gleich verhalten, weil ja jedesmal die Blättchen der Fieder sich schließen, die akropetal vom Strom durchflossen wird. Im Hinblick auf die Methodik für uns interessant ist ein Versuch, bei dem ebenfalls 2 Töpfe isoliert aufgestellt und nur mit den Spitzen je einer Fieder in Berührung gebracht wurden (Abb. 19). Darauf wurden die Töpfe durch Verbindung mit einem Pol der Elektrisiermaschine in ein elektrisches Bad versetzt, also auf hohe Spannung aufgeladen, und eine geerdete Metallspitze der Fieder α gegenübergestellt. Wenn das Bad positiv ist, so schließen sich die Blättchen der Fiedern α und β, wenn es negativ ist, die von γ, also auch hier wieder in der akropetal durchströmten Fieder; denn es fließt ja, wenn der geladenen Mimosa die Spitze gegenübergestellt wird, ein dauernder Strom durch die Pflanze, die Luftschicht zwischen ihr und der Spitze zu dieser und zur Erde. Es ist dieselbe Anordnung, die allgemein bei der Elektrokultur verwendet wird, bei der nur umgekehrt die Spitze — in der Regel ein Netz von Drähten — auf hohe Spannung geladen wird und die Pflanze geerdet ist, und die lediglich die Verstärkung des natürlichen Ausgleichstroms zwischen Erdpotential und Luftpotential darstellt, der sich dauernd durch die gewissermaßen als Blitzableiter dienende Pflanze in der Natur vollzieht. Auf diese Verhältnisse kommen wir an anderer Stelle noch ausführlich zu sprechen. Allen diesen geschilderten Versuchen mit den ganzen Mimosentöpfen ist gemeinsam, daß sie ebenso wie die Versuche mit extrapolarer Reizung Umstimmung mit dem Alter zeigten, indem bei Blättern mittleren Alters die Indifferenz, bei älteren die entgegengesetzte Polarität sich zeigte wie bei jüngeren. Um hier nicht in Widerspruch mit den geschilderten Versuchsergebnissen bei intrapolarer Reizung zu kommen, bei denen sich ja keine Umstimmung gezeigt hatte, behauptet Ritter, daß in den Fällen intrapolarer Reizung, in denen die Umstimmung

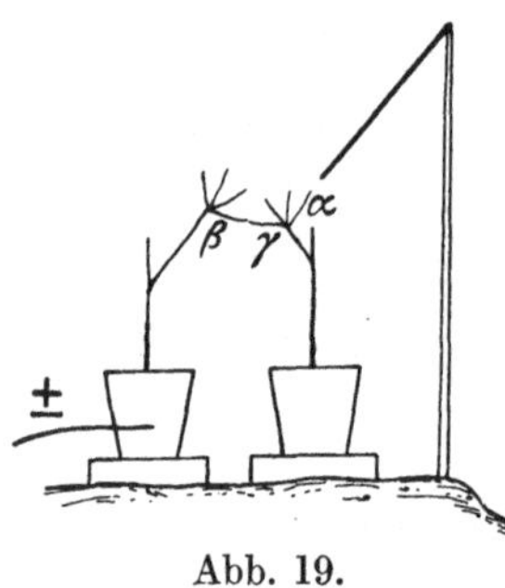

Abb. 19.

auftritt, es sich doch um Reizung des Gelenklosen handelt wie bei der extrapolaren Reizung, ohne dies freilich zu begründen und im Gegensatz zu seiner an anderer Stelle der Arbeit geäußerten Auffassung, daß bei intrapolarer Reizung stets direkte Reizung der Gelenke vorliegt. In der Tat haben sowohl Bose wie ich auch bei der Anordnung, bei der Ritter keine Umstimmung fand, solche gefunden, so daß zweifellos derartige Umstimmungserscheinungen sowohl bei direkter wie indirekter Reizung aller Gelenke auftreten können. Die Regelmäßigkeit dieses Auftretens hat allerdings Ritter weit überschätzt und mußte es wohl, da sich seine Beobachtungen nur auf 3 Mimosen und wenige Wochen erstreckten. Trotz der erwähnten Mängel bleibt Ritters Entdeckung und Erforschung der elektronastischen Erscheinungen, die er übrigens in geistvoller Weise zu den Ergebnissen an Nervmuskelpräparaten in Parallele setzte, eine ihrer Zeit weit vorausgeeilte wissenschaftliche Leistung.

Ritters Befunde blieben völlig unbeachtet, die Arbeit geriet in Vergessenheit, und erst im 20. Jahrhundert begann wieder regeres Interesse für elektrophysiologische Untersuchungen an Pflanzen sich zu regen. Es ist der Inder Ch. I. Bose, der ganz unabhängig von Ritter dessen Entdeckungen neu entdeckt und weitere Tatsachen aufgefunden hat. Waren Ritters Resultate noch mit polarisierbaren Elektroden gewonnen, so bediente sich Bose der unpolarisierbaren Tonstiefelelektoden du Bois Reymonds. Gerade ein so gut chemisch reizbares und reizleitendes Objekt wie Mimosa macht die Verwendung unpolarisierbarer Elektroden zur Erzielung unzweifelhafter Resultate in vielen Versuchsanordnungen notwendig. Bose hat aber seine Untersuchungen nicht auf Mimosen beschränkt, sondern eine ganze Reihe von Gelenkpflanzen in den Kreis seiner Experimente gezogen, z. B. Neptunia, Biophytum, Averrhoa, Desmodium. Bei allen diesen Pflanzen hat er im wesentlichen dieselben Ergebnisse erhalten, die er in folgenden 3 Gesetzen zusammenfaßt:

1. Bei schwachen Strömen erregt die Kathode beim Schließen und nicht beim Öffnen. Die Anode erregt weder beim Schließen noch Öffnen.

2. Bei Strömen mittlerer Intensität erregt die Kathode beim Schließen und nicht beim Öffnen. Die Anode erregt beim Öffnen und nicht beim Schließen.

3. Bei starken Strömen tritt Erregung ein beim Schließen der Kathode und Schließen und Öffnen der Anode. Bei noch stärkeren Strömen tritt Erregung sowohl beim Öffnen als Schließen der Kathode und Anode ein

Diese Ergebnisse wurden gewonnen durch Versuche mit intrapolarer Reizung von Blatt und Blättchengelenken. Als Indicator für Auftreten oder Ausbleiben einer Erregung nimmt Bose, was nicht ganz unbedenklich ist, Auftreten oder Ausbleiben der nastischen Bewegungsreaktion. Die zur Erzielung zunehmender Stromstärken erforderlichen steigenden Spannungen wurden durch Abzweigung von einem Regulierwiderstand entnommen. Mittels einer Wippe im Stromkreis wurden die Gegenversuche gemacht, bei denen das Gelenk, das im ersten Versuch an der Kathode lag, zur Anode gemacht wurde. An einem in den Kreis aufgenommenen Ampèremeter wurde die Stromstärke bestimmt. Ich gebe für einen Versuch an Blattgelenken die Minimalstromstärken für die verschiedenen Stadien in 10^{-6} Amp.: 1. 3,5; 2. 5,6; 3. 6,3 bzw. 12,7. Daß es sich bei den Versuchen im 3. Stadium wirklich um direkte Erregung an beiden Polen und nicht um Reizleitung von der Kathode aus zur Anode handelt, läßt sich außer durch die Gleichzeitigkeit der Reaktion besonders deutlich an den Versuchen mit Blättchengelenken zeigen. Wenn Bose an die Mitte zweier Fiederblattstiele eines Blattes Elektroden anlegte, so begannen in diesem Stadium sowohl von der Kathode wie von der Anode aus nach der Basis zu sich ein Blättchenpaar nach dem anderen zu schließen. Oft bleiben an beiden Fiedern die basalen Blättchen offen. Würde die Reizung an der Anode nur auf Reizleitung von der Kathode aus beruhen, so müßten ja die Blättchen an der anodischen Fieder sich von der Basis aus schließen und nicht von der Anode aus.

Geht man zu noch höheren Stromstärken über, so kann man aber diesen getrennten Beginn der Reaktion von Anode und Kathode aus nicht mehr beobachten, vielmehr erfolgt dann nach meinen Beobachtungen ein völlig gleichzeiziges Zusammenklappen aller Blättchen in der ganzen stromdurchflossenen Zone. Da die Stromdichte an Anode und Kathode am höchsten sein dürfte, so hat offenbar in den Versuchen, in denen die Reizung von den Polen aus beginnt, die Stromdichte erst dort die Reizschwelle überschritten, während es noch höherer Stromstärken bedarf, damit an allen Gelenken sogleich bei Strombeginn die Reizschwelle überschritten wird. Dieses Resultat ist auch vom allgemein physiologischen Standpunkte aus von Interesse. Während bis vor kurzem in der animalischen Physiologie die Anschauung verbreitet war, daß beim Muskel nur an der Kathode Erregung auftritt, ist es neuerdings Bethe und Happel gelungen nachzuweisen, daß auch beim Muskel bei höheren Stromstärken die Erregung nicht an die Kathode lokalisiert ist, sondern im ganzen Muskel gleichzeitig beginnt.

In der oben angegebenen Weise faßt Bose seine Ergebnisse in seinen „Researches" 1913 zusammen. In früheren Arbeiten hatte er noch weitere Ergebnisse angeführt, nämlich, daß bei sehr hohen Spannungen an der Anode Reaktion auftritt, während an der Kathode keine Zuckung zu bemerken ist, also ein Verhalten, das genau das umgekehrte ist wie das bei niedrigen Spannungen, bei denen ja gerade die Kathode reizt. So gibt er z. B. an, bei Biophytum mit 220 V. an der Anode Schließungszuckung, an der Kathode Öffnungszuckung erhalten zu haben. Bei derselben Spannung erhielt er auch bei Averrhoa völlige Umkehr der Polarität, und auch für Mimosa trat solche in Erscheinung, wenngleich bei ihr ein völliges Aufhören der Kathodenerregung im allgemeinen nicht zu beobachten war. So faßt er seine Ergebnisse dahin zusammen: Unter außerordentlich hohen EMK im 3. Stadium erregt die Anode beim Schließen und die Kathode beim Öffnen.

Während Ritter noch glaubte, auf Grund der an seinen 3 Mimosen gewonnenen Resultate ausnahmslose Gesetze aufstellen zu können, ist Bose sich bereits darüber klar, daß den von ihm aufgestellten Gesetzen lediglich eine recht begrenzte Gültigkeit zukommt, daß alle möglichen äußeren und inneren Faktoren sie modifizieren, ja geradezu ins Gegenteil verkehren können. Unter diesen Einflüssen führt Bose in erster Reihe Jahreszeit, Alter der Blätter und vorangegangene Reizung an. Er beobachtete nämlich, daß zu Beginn des Sommers die Reaktionen entsprechend den von ihm aufgestellten Gesetzen normal verliefen, daß dagegen gegen Ende der Regenzeit die Reaktionen oft unregelmäßig wurden, so daß z. B. als 1. Stadium der Reizung Schließungszuckung an Kathode und Anode auftrat. Ebenso zeigte sich, daß Blätter verschiedenen Alters am Stamm sich verschieden verhalten. Das zeigt z. B. folgende Tabelle

Polare Stromwirkungen an Blättern verschiedenen Alters von Mimosa. Stromstärke in 10^{-6} Amp.

	I.	II.	III.	IV.
Blatt	Ks	Ks Aö	Ks As Aö	Ks Kö As Aö
1.	4— 8	12,7	20	—
2.	4— 5	5,6	6,3	20
3.	4—16	—	20	23
4.	4—21	—	23	—

In der Tabelle bedeutet Ks bzw. As Reaktion beim Schließen des Stromes an der Kathode bzw. Anode, Kö bzw. Aö Reaktion beim Öffnen des Stromes an der Kathode bzw. Anode. Die Blätter sind so bezeichnet, daß der höheren Nummer (1, 2, 3, 4) ein höheres Alter entspricht.

Man ersieht aus ihr, daß bei manchen Blättern einzelne Stadien überhaupt ausfallen und daß bei Blättern mittleren Alters, deren Empfindlichkeit am höchsten ist, infolge von Stromstärken, die bei jüngeren und älteren Blättern nur das 1. Stadium der Reizung bewirken, bereits das 2. und 3. Stadium zu beobachten ist. Boses Ergebnisse decken sich insofern mit Ritters, als ja auch Ritter Umstimmungen mit dem Alter gefunden hatte, nur daß die speziellen Ergebnisse über Art der Polarität nicht übereinstimmen, was um so weniger Wunder nehmen kann, als ich bereits darauf hinwies, daß die Ergebnisse Ritters in dieser Hinsicht in sich selbst nicht widerspruchsfrei sind.

Was den Einfluß vorangegangener Reizung betrifft, so hat Bose festgestellt, daß durch sie die Neigung geschaffen wird, bei folgender Reizung mit einem höheren Reaktionstypus zu reagieren, er erhält also z. B., wenn Reizung mit 16 V zunächst Ks Aö ergibt, bei erneuter Reizung nach 15 Minuten Ks As Aö. Um derartige Erfolge zu erzielen, ist es notwendig, möglichst kurz hintereinander zu reizen, wodurch natürlich die Pflanze allmählich ermüdet und reaktionsunfähig wird. Es sei noch ein Mimosenversuch ausführlich wiedergegeben, bei dem 5mal in Intervallen von 7 Minuten gereizt wurde, und zwar mit 50 V.

1. S: Ks As, an der Kathode trat die Senkung des Blattes früher und nergischer auf.
   Ö: kein Effekt.
2. S: Ks As, Anodensenkung schwach.
   Ö: K keine Reaktion, Aö stark, stärker als Ks.
3. S: Ks, A keine Reaktion
   Ö: K keine Reaktion, Aö.

4. S: Ks schwach, As stärker.
   Ö: keine Reaktion.
5. S: K keine Reaktion, As schwache.
   Ö: keine Reaktion.

Bevor ich nun zur Besprechung meiner eigenen Versuchsergebnisse übergehe, will ich die Versuchsanordnung und einige sich bei derartigen Versuchen über polare Zuckungen ergebende Fehlerquellen etwas näher erörtern, zumal eine Erörterung derselben und wohl auch eingehende Beobachtung in den früheren Arbeiten fehlt.

a) Versuchsanordnung.

Der eine Pol der Gleichstromleitung (120 bzw. 240 V) führt zu der einen Klemme eines Quecksilberschlüssels, von dessen anderer Klemme zu der einen mittleren Klemme einer Wippe (Abb. 20). Der andere Pol der Leitung führt direkt zu der anderen mittleren Klemme der Wippe. Von den vorderen Klemmen der Wippe führte je ein Draht zu den Endklemmen zweier hintereinandergeschalteter Ruhstratscher Schieberwiderstände von 1150 und 900 Ω, so daß der Strom also bei geschlossenem Schlüssel durch den ganzen Widerstand fließt. Von den mit den Schieberkontakten der Widerstände verbundenen Klemmen führte je ein Draht zu den Klemmen eines Voltmeters und je ein Draht zu den Elektroden. Durch Verschieben der Schiebekontakte kann also jede beliebige Spannung zwischen 0 und 240 V an die Elektroden angelegt werden. Die unpolarisierbaren Elektroden sind in Stativen mit doppelten Kugelgelenken befestigt, an denen alle mit der Pflanze möglicherweise in Berührung kommenden Teile mit Paraffin überzogen sind. Es sind etwa 5 cm lange Glasröhrchen von 5 mm lichter Weite, in deren unteren Teil ein Platindraht eingeschmolzen ist, der außen in eine Öse umgebogen ist, die den Zu-

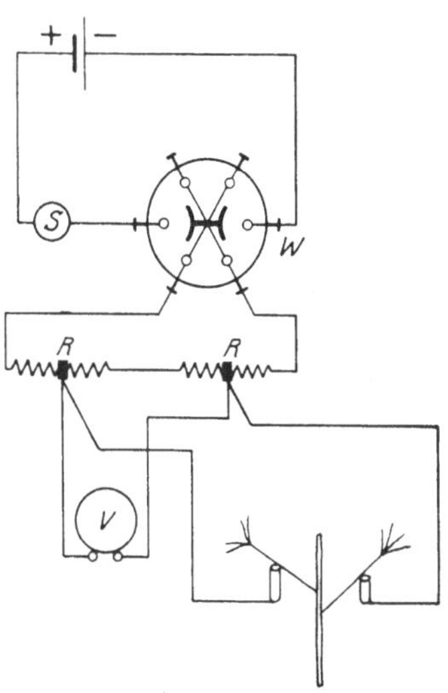

Abb. 20. W = Wippe, R = Widerstand, V = Voltmeter.

leitungsdraht aufnimmt, innen mit 5 mm Hg überschüttet ist. Darüber befindet sich eine Schicht von 5 mm mit Knopscher Lösung gut durchgeschüttelten Kalomels, darüber Knopsche Lösung (Abb. 21). Jede Elektrode wird, wenn es sich um die Feststellung der Blattgelenkreaktionen handelt, an einen Blattstiel zweier meist an der Sproßachse aufeinander folgender Blätter in Entfernung von einigen Zentimeterm vom Blattgelenk angelegt. Dabei wird das Röhrchen mit Knopscher Lösung so vollgefüllt, daß der Blattstiel nicht das Glasröhrchen selbst berührt, sondern etwa 2 mm über dessen Rand auf der Flüssigkeitskuppe aufliegt. Tritt Reaktion ein, so sieht man deutlich, wie der Blattstiel sich unter Verdrängung der Flüssigkeitskuppe nach abwärts bewegt. Er wird aber bereits nach einer kleinen Bewegung durch den Glasrand der Elektrode am weiteren Sinken gehindert. Wartet man etwa 10 Minuten, so hat sich die frühere Lage oft genau wieder eingestellt; andernfalls hilft man durch Nachgeben eines Tropfens Knopscher Lösung auf die Elektroden oder eine kleine Bewegung derselben nach, um möglichst die ursprüngliche durch einen Tuschestrich am Blattstiel markierte Lage wieder zu erzielen.

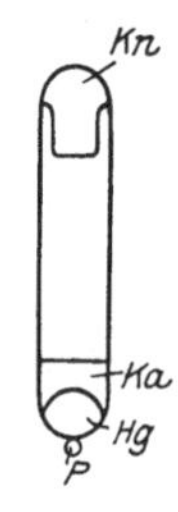

Abb. 21.

Die Natur der Versuche über polare Erscheinungen an Gelenken bringt es mit sich, daß in der Regel mindestens 2 Gelenke im Stromkreise vorhanden sind. Angenommen bei einer bestimmten Versuchsanordnung wäre die Reizwirkung auf der Kathodenseite größer als auf der Anodenseite, gleiche Stromdichten vorausgesetzt. Ist aber im Experiment diese Voraussetzung nicht erfüllt, sondern die Stromdichte an der Anodenseite erheblich höher als an der Kathodenseite, sei es infolge geringeren Gelenkquerschnittes an der Anodenseite, sei es infolge unsymmetrischer Stromzuführung, so kann unter Umständen bereits an der Anodenseite Reizung auftreten, während sie an der Kathodenseite noch nicht auftritt, weil dann trotz der größeren Reizempfindlichkeit des Kathodengelenkes dort infolge der geringen Stromdichte die Reizschwelle noch nicht erreicht ist, während sie an der weniger empfindlichen Anodenseite bereits überschritten ist. Hier liegt also eine Fehlerquelle vor, die Ergebnisse vortäuschen kann, die den wirklichen Verhältnissen geradezu entgegengesetzt sind. Völlig ausschalten läßt sich diese Fehlerquelle nicht; denn weder ist es möglich, zu einem Versuche Gelenke von genau gleichem Querschnitt auszuwählen noch die Elektroden so anzulegen, daß man sicher ist, daß der Stromverlauf genau symmetrisch ist. Wohl aber kann man bis zu einem gewissen Grade sich darüber klar werden, wieweit bei einem ausgeführten Versuche diese Fehlerquelle mitgespielt hat oder nicht; man nimmt eine Wippe in den Kreis auf und schickt bei völlig unveränderter Versuchsanordnung den Strom einmal in der einen, dann in der entgegengesetzten Richtung hindurch. Liegt echte polare Wirkung vor, so wird man die Reizung auch jetzt wieder an demselben Pol, also z. B. wieder an der Kathode erhalten. Lag durch Stromdichteverschiedenheit bedingte falsche Polarität vor, so wird jetzt dasselbe Gelenk, das also diesmal am anderen Pol liegt, wieder reagieren. Derartige Versuche sind dann als Versuche von ungenügender Wertigkeit auszuscheiden. Allerdings muß in Betracht gezogen werden, daß durch die vorangegangene Reizung die Stimmung der Gelenke verändert werden kann, eine Fehlerquelle, die man durch Verlängerung der Pause zwischen zwei Reizungen zwar beliebig vermindern kann, wofür man aber von neuem die Fehlerquelle einer Veränderung der Stimmung durch Änderung äußerer oder innerer Faktoren eintauscht, die natürlich um so größer wird, je länger die Zeit ist, die zwischen zwei Versuchen vergeht.

b) Einfluß der Reizleitung und Reaktionszeit.

Liegen die Elektroden an den Stielen zweier Mimosenblätter, so beobachtet man beim Schließen des Reizstromes häufig nicht nur ein Knicken von Gelenken, sondern beobachtet, wie der ganze Sproß eine plötzliche Ruckbewegung ausführt. Es ist dies eine Erscheinung, die zweifellos auf irgendwelchen Veränderungen der Gewebespannung beruht, sei es, daß diese durch Ausstoßen von Zellsaft aus den lebenden Geweben der Sproßachse hervorgerufen wird, sei es, daß wir es mit einer Aufhebung bestehender Kohäsionsspannungen und deren Folgen zu tun haben. Diese Erscheinung, die einer näheren Untersuchung wohl wert wäre, interessiert hier nur deshalb, weil durch einen derartigen Ruck unter Umständen der Kontakt an einer Elektrode gelöst und damit der Strom unterbrochen wird, bevor eine Reaktion an diesem Pol eintritt. Nach Lösen des Kontaktes beobachtet man aber an dem abgelösten Blatte oft noch Reaktion. Dies kann auf verschiedenen Ursachen beruhen: Es kann eine gewöhnliche Schließungszuckung sein, in deren Latenzzeit die Ruckbewegung der Sproßachse fällt, die aber sonst mit dem Vorgang weiter nichts zu tun hat. Es kann eine durch die beim Ruck erfolgte Erschütterung hervorgerufene mechanische Reizung sein. Es kann auf Reizleitung vom anderen Pol beruhen, sei es Leitung des elektrischen Reizes, sei es Leitung der durch die Reaktion des anderen Gelenkes bedingten Reizes. Alle diese Möglichkeiten sind natürlich im Prinzip auch gegeben, wenn der Kontakt erhalten bleibt. Allerdings wird man im allgemeinen die mechanische Reizung in allen den Fällen, in denen ein sichtbarer Ruck nicht stattfindet, als unwahrscheinlich ausschalten. Dagegen ist die Entscheidung darüber, ob wir die Reaktion eines Poles als direkte oder durch Reizleitung bedingte anzusehen haben, bei dieser Anordnung nicht in allen Fällen möglich. Auszuschalten ist Reizleitung, wenn die Reaktion an beiden Polen nahezu so gleichzeitig erfolgt, daß die Reizleitungsgeschwindigkeit bis 10 cm/sec zu klein ist[1]), um in dem kurzen Intervall den Reiz geleitet zu haben, und Reizleitung ist auszuschalten, wenn die Differenz der Reaktionszeiten an beiden Polen so groß ist, daß sie ein Vielfaches der Reizleitungsgeschwindigkeit ausmacht. Dies gilt übrigens auch nur bei normaler Latenzzeit, beim Zusammentreffen extrem hoher oder niedriger Werte der Latenzzeit bei einem Blattpaar muß man auch den Einfluß in Betracht ziehen, der evtl. durch Differenzen in der Latenzzeit hervorgerufen wird. Geht man also bei der angegebenen Anordnung — Elektroden an den Blattstielen zweier Blätter — von niederen Spannungen zu immer höheren und erhält z. B. bei 6 V Reaktion am —- Pol, bei 40 V Reaktion am + - Pol, so wird man, wenn etwa 15 Sekunden zwischen beiden Reaktionen verflossen sind, ohne weiteres annehmen können, daß man bei 40 V hier die direkte polare Wirkung des Stromes an dem 2. Blattgelenk vor sich hat. Wenn aber, was ebenfalls nicht selten vorkommt, beide Pole bei derselben Spannung nur mit einem Zeitunterschied einer Sekunde oder eines Bruchteils davon Reaktion hervorrufen, so ist hier auch die Möglichkeit der Reiz-

[1]) Im Durchschnitt 1—2 cm pro Sec., doch kommen auch Werte bis 10 cm pro Sek. vor; cf. Bose, ferner Linsbauer, K.: Wiesner-Festschrift 1908, S. 896.

leitung in Betracht zu ziehen. Ebenso kann in diesem Falle z. B. das empfindlichere Blatt, d. h. dasjenige, welches die geringere Reizschwellenmenge erfordert, später reagieren, wenn seine Latenzzeit länger ist als die des unempfindlicheren. Während diese Fehlerquellen bei Versuchen mit Blattgelenken immerhin das typische Resultat im großen und ganzen nicht verwischen, beeinträchtigen sie die Klarheit der Versuchsergebnisse an Blättchengelenken, bei denen z. B. die Elektroden an den Spitzen zweier Nachbarfiedern anliegen, oft so, daß deutliche Gesetzmäßigkeiten überhaupt nicht mehr zutage treten. Es bestimmt dann eben, das ist besonders bei hochgradig reizbaren Exemplaren der Fall, in den verschiedenen zu vergleichenden Versuchen bald das eine, bald das andere die Reaktion verursachende Moment den Typus der Reaktion. Man muß in all diesen Fällen die Methode der monopolaren Reizung anwenden, bei der der eine zu untersuchende Pol in der Nähe des Gelenkes, der andere in größerer Entfernung an der Achse sich befindet, so daß in der Reaktion nur die Wirkung des einen Pols zum Ausdruck kommt.

c) Einfluß der Stromverzweigungen.

Die dritte wichtige, wenn auch leichter zu vermeidende Fehlerquelle ist die der Nebenschlüsse. Legt man z. B. die Elektroden an die Spitzen zweier benachbarter Fiedern eines Mimosenblattes, dessen Blättchen sich im mittleren oder unteren Teil der Fiedern berühren, so wird der Stromverlauf nicht unverzweigt durch die eine Fieder von der Spitze zur Basis und von der Basis der anderen Fieder zu deren Spitze gehen, sondern Stromzweige werden sich überall dort abzweigen, wo zwischen den beiden Fiedern Berührung statthat, und dadurch wird die ganze Stromverteilung in einer nicht ohne weiteres übersehbaren Weise geändert und dementsprechend auch die Reizwirkung. Ebenso können natürlich auch irgendwelche anderen berührenden Pflanzenteile oder sonstige Leiter wirken. Besonders störend erweisen sich solche Nebenschlüsse bei Versuchen an Objekten mit vielen sich berührenden Organen, z. B. Blüten und Blütentrauben von Berberis. Vor allem ist auf die Ausschaltung der Erdleitung zu achten. Legt man an eine auf einer Paraffinplatte stehende Mimose eine mit dem Pol einer elektrischen Leitung von z. B.

— 120 V verbundene Elektrode, so tritt, wie oben erwähnt, da ja nur eine Aufladung stattfindet, keine sichtliche Reaktion ein, sowie man aber auf nicht zu trockenem Gewächshausboden stehend die Außenwand des Topfes berührt, klappen je nach dem Anlagepunkt der Elektrode, der Größe des Widerstandes, der Spannung und der Reizbarkeit der Pflanze ein oder mehrere Blatt- und Blättchengelenke zusammen. Durch die Berührung des Topfes ist die leitende Verbindung durch den menschlichen Körper mit der Erde hergestellt, es fließt jetzt Strom, und der Reizerfolg tritt ein. Diese Reizwirkung ist oft erstaunlich stark. So legte ich 120 V. an die Spitze zweier gegenüberstehender Blätter von etwa 6 Wochen alten, 10 cm hohen Mimosen, die auf Paraffinplatten standen, und erhielt keine Reaktion, sowie ich aber den Topf berührte, klappten Blatt- und Blättchengelenke an mindestens einem Pol, meist auch alle darunter befindlichen Blatt- und Blättchengelenke zusammen. Es ist also der Widerstand der Pflanze von der Blattspitze bis zur Wurzel, der der Erde und des Topfes, des menschlichen Körpers und die Übergangswiderstände zwischen Wurzel, Erde, Topf, Körper, Erde anscheinend kleiner als der des Blattstiels und Fiederstiels eines Mimosenblattes, da ja ohne Erdung des Topfes keine Reaktion auftritt. Das ist übrigens auch verständlich, wenn man in Betracht zieht, daß die Blattstiele junger Mimosenblättchen einen sehr kleinen Querschnitt und demnach sehr hohen Widerstand haben. Doch spielen wahrscheinlich auch noch andere Momente als die Größe des Widerstands eine Rolle hierbei. Isoliert man also den Topf nicht genügend, so wird man also auch durch Erdleitung oft Reaktionen erhalten und diese fälschlich für polare Reizungen durch den eingeschalteten Strom halten. Dabei ist auch von Wichtigkeit, zu berücksichtigen, ob ein und welcher Pol der Leitung geerdet ist.

Ein Beispiel soll dies erläutern. Angenommen, es steht eine 240-V-Gleichstromleitung zur Verfügung, deren einer Pol geerdet ist, deren anderer also auf + 240 V geladen ist. Legt man nun zwei mit den Polen dieser Leitung verbundene Elektroden derart an die Blattstiele zweier übereinanderstehender Blätter, daß der geerdete Pol zum oberen Blattstiel, der 240-V-Pol zum unteren Blattstiel führt, während der Topf auf schlecht isolierter Unterlage steht, so tritt unter Umständen bereits, bevor der Strom geschlossen ist, beim Anlegen der Elektroden Reaktion am + - Pol auf, also polare Reaktion, nämlich dann, wenn der Stromschluß durch Schließen eines Schlüssels hervorgerufen werden soll, der zwischen Elektrode und dem — - Pol (dem geerdeten) liegt; denn in diesem Falle wird bereits durch Anlegen der + - Elektrode leitende Verbindung durch die Pflanze mit der Erde hergestellt und damit die Möglichkeit zur Reaktion geschaffen. Da ja der Strom noch gar nicht geschlossen war, so ist die Ursache der Reaktion ohne weiteres zu erkennen. Wenn nun aber der Schlüssel in den Kreis zwischen Elektrode und + - Pol gelegt wird, dann tritt, solange der Schlüssel offen ist, keine Reaktion auf; denn der Pol, der direkte Verbindung mit der Pflanze hat, ist ja geerdet. Wird nun aber der Strom geschlossen und tritt polare Reaktion, und zwar am + - Pol, auf, so ist nicht ohne weiteres zu entscheiden, ob die Reaktion polare Reaktion auf den zwischen den Elektroden durch die Pflanze gehenden Strom ist oder ob sie Reaktion auf den Stromzweig ist, der von dem nunmehr mit der Pflanze verbundenen + - Pol durch den Topf zur Erde geht. Allerdings wird man in vielen Fällen auf das Vorhandensein von Erdleitung aufmerksam werden dadurch, daß auch die Gelenke von Blättern reagieren, die weiter unten an der Sproßachse stehen. Aber wenn z. B. das Blatt mit dem geerdeten Pol unter dem Blatt am + - Pol steht, so kann man hier wieder eine bipolare Reaktion vorgetäuscht erhalten, und andererseits ist das Mitreagieren anderer Blätter kein eindeutiger Beweis für das Vorhandensein einer Erdleitung, da dies auch durch Reizleitung oder irgendwelche Stromschleifen hervorgerufen sein kann. Sowie man aber die Pflanze gut isoliert, z. B. durch Aufstellen auf eine Paraffinplatte, fällt die Fehlerquelle der Erdleitung völlig fort.

Ich habe dies noch ausdrücklich festgestellt, und zwar folgendermaßen: Mir standen 3 Gleichstromleiter zur Verfügung. Der Mittelleiter ist geerdet, der eine auf — 120 V, der andere auf + 120 V dagegen geladen. Wenn man 2 Blattgelenke von Mimosa in den Kreis legt, indem man z. B. an die Blattstiele zweier Blätter einer durch Paraffinunterlage isolierten Pflanze Elektroden anlegt, so erfolgt bei Reizungen, die nicht wesentlich die Reizschwelle überschreiten und die in unserem Falle, nämlich bei genügend hohem Widerstand und niedriger Temperatur durch Spannungen von etwa 120 V, ausgelöst werden, Reaktion im allgemeinen nur an der Kathode. Wenn ich die Elektroden einmal mit dem Mittelleiter und dem —-120-V-Pol, ein zweites Mal mit dem Mittelleiter und dem +-120-V-Pol verbinde, so erfolgt im 1. Falle Reaktion am —-Pol, im 2. Falle am Mittelleiter, obwohl dieser Pol geerdet ist, während der andere + 120 V gegenüber der Erde aufweist.

Nach dieser Darlegung der Methodik und Fehlerquellen wollen wir zur Beschreibung der Versuche übergehen. Der Mimosentopf stand bei allen Versuchen auf einer mehrere Zentimeter dicken Paraffinplatte. Der Versuch begann damit, daß der Strom durch den Schlüssel geschlossen wurde, während die Schiebekontakte so standen, daß keine Spannung an den Elektroden lag. Durch Berührung der Stative wird zunächst jedesmal ausdrücklich festgestellt, ob etwa durch einen Isolationsfehler eine Erdleitung durch die Pflanze besteht. Dann wird durch Verschieben der Kontakte allmählich steigende Spannung an die Pflanze angelegt. Bei wenigen Volt, etwa 2—6 V, erfolgt dann in der Regel Niederknicken des Blattes am —-Pol. Darauf wird die Spannung allmählich weiter erhöht, bis auch am anderen Pol Reaktion auftritt. Nunmehr wird der Strom ausgeschaltet und, um den Einfluß von Stromdichteverschiedenheiten auszuschalten, durch Umlegen der Wippe umgepolt, so daß bei erneutem Einschalten das früher kathodische Blatt anodisch wird und umgekehrt. Es wird aber, um etwaige Nachwirkungen der 1. Reizung nach Möglichkeit zu verringern, der 2. Versuch erst $^1/_2$—2 Stunden nach dem ersten ausgeführt und dabei entsprechend von 0 V. an verfahren. Um ganz sicher zu gehen, wurde nochmals umgepolt und gereizt. In der folgenden Tabelle I. sind die Versuchsergebnisse mit bipolarer Reizung zusammengestellt. Wurde dieselbe Pflanze zu mehreren Versuchen verwendet, so wurden verschiedene Blattpaare gereizt. Tabelle II gibt, um etwaigen Einfluß von Reizleitung auf die Ergebnisse völlig auszuschalten, Versuche mit monopoler Reizung. Es wurde an dieselbe Stelle eines Blattstieles durch Umlegen der Wippe bald der +-, bald der —-Pol angelegt, während der entgegensetzte Pol in großer Entfernung an der Sproßachse oder einem bereits abgestorbenen Blattstiel anlag. Es bedeuten in den Tabellen die Zahlen unter — und + die Spannungen, bei denen Reaktion auftrat.

Tabelle I. Bipolare Reizung.

Nr. der Pflanze	1. Versuch				2. Versuch, nach Umpolen				3. Versuch, nach Umpolen			
	Zeit	Temp.	—	+	Zeit	Temp.	—	+	Zeit	Temp.	—	+
15	11^{00}V	25°	3	20	12^{00}V	29°	3	25	—	—	—	—
15	12^{10}N	30°	5	35	12^{40}N	33°	3	20	—	—	—	—
6	4^{45}N	32°	3	15	6^{10}N	29°	6	6*	6^{45}N	27°	5	25
3	9^{50}V	21°	6	30	11^{00}V	22°	6	30	11^{20}V	23°	6	30
3	11^{25}V	23°	45	50	11^{45}V	24°	90	90**	12^{30}N	26°	45	***
2	10^{55}V	25°	5	30	11^{25}V	26°	5	30	11^{55}V	28°	5	30
8	5^{10}N	31°	5	10	5^{50}N	27°	5	15	6^{25}N	26°	15†	15
10	2^{40}N	31°	3	15	3^{20}N	33°	3	15	—	—	—	—
14	4^{00}N	32°	5	20	4^{30}N	34°	3	15	5^{00}N	34°	3	15
17	5^{05}N	34°	2†	2	5^{30}N	33°	2†	2	6^{00}N	32°	2†	2

*) 2 Sek. nach — - Reaktion.

**) $^1/_2$ Sek. nach — - Reaktion.

***) Bei 120 V noch keine Reaktion, aber mechanisch, wenn auch schwach, reizbar.

†) $^1/_2$ Sek. nach + - Reaktion.

Tabelle II. Monopolare Reizung.

Nr. der Pflanze	Nr. des Blattes	Zeit	Temp.	+	Zeit	Temp.	—
11	2	11^{40} V	30°	15	12^{45} N	33°	10
11	3	12^{50} N	33°	18	11^{45} V	31°	6
11	4	12^{00} V	31°	45	12^{55} N	33°	15
11	5	1^{00} N	33°	10	12^{10} N	31°	12
9	2	1^{05} N	33°	45	12^{20} N	32°	6
7	2	12^{15} N	30°	10	2^{35} N	33°	6
7	3	2^{37} N	33°	10	12^{17} N	30°	6
2	3	12^{35} N	30°	8	2^{45} N	30°	8
2	4	2^{50} N	30°	24	12^{40} N	30°	12
2	5	12^{45} N	30°	16	2^{55} N	30°	6

Ergebnis:

In 21 von 27 bzw. 8 von 10 Versuchen ist die Reizwirkung am — - Pol ausgesprochen stärker als am + - Pol. Sehr oft ist die an der Reizschwelle erforderliche Spannung am — - Pol um mehrere 100% geringer als am + - Pol. Doch kommen auch Fälle vor, in denen die Reizwirkung von + - und — - Pol viel weniger unterschiedlich, ja nahezu gleich ist oder sogar die des + - Pols größer ist. Das Resultat blieb dasselbe, wenn man, statt allmählich von 0 V an die angelegte Spannung zu steigern, gleich etwa bei 6 V oder 30 V reizte, so daß also das Einschleichen des Stromes die Reizschwelle nicht wesentlich erhöht hat, offenbar weil die Zunahme der Spannung dazu noch zu schnell vor sich ging. Gleichzeitig folgt aus den Versuchen, bei denen ja ihrer ganzen Anlage nach bald das obere, bald das untere der 2 Blätter am —- bzw. + - Pol anliegt, daß die polare Reaktion unabhängig ist von der auf- oder absteigenden Richtung des Stromes, jedenfalls im wesentlichen, wenngleich natürlich genauere Spezialuntersuchungen möglicherweise irgendeinen Einfluß der Richtung auf die Reaktion werden nachweisen können.

Diese Versuche wurden im August und September 1921 angestellt. Viel regelmäßiger reagierten Mimosen im Frühjahr und Frühsommer, wie das ja auch Boses Ergebnissen entspricht. Von diesbezüglichen Versuchsergebnissen, die Mai und Juni 1920 in Tübingen gewonnen wurden, wobei allerdings nur die Verwendung einer Spannung möglich war, seien einige angeführt. Es bedeutet Blp. = Blattpaar; +, —, beide, 0 = Zuckung am +-, —- Pol, an beiden Polen gleichzeitig oder an keinem; m. g. = mechanisch gereizt.

Gleichstrom 40 Volt.

M. Spegazini.

Versuch:	1.	2.	3.	4.	5.	6.	7.	8.
1. Blp.	+	+, nachher —	beide	+	—	0	+	+
2. „	+	+	+	+	+	+	+	+
3. „	+	+	+	beide	+	+	+	+
4. „	—	+, nachher —	0	+	+	+	+	+

M. pudica.

Versuch:	1.	2.	3.	4.	5.	6.	7.	8.
1. Blp.	—	—	—	—	—	m. g.	—	—
2. „	—	—, nachh. +	+, nachh. —	—	—	—	—	—
3. „	—	—	—	—	—	—, nachh. +	—	—
4. „	—	—	—	—	—	—	m. g.	—

Hier ist also die —- Polarität bei niedrigen Spannungen viel ausgeprägter und liegt übrigens die Spannung, bei der noch unipolare Reizung auftritt, höher als bei den Frankfurter Versuchen 1921. Dagegen zeigte sich eine Umstimmung bei 250 V derart, daß bei dieser hohen Spannung in der Regel am + - Pol Zuckung auftrat, die dazwischenliegenden Stadien — Reaktion an beiden Polen — konnten aus technischen Gründen leider nicht aufgezeigt werden. Doch muß ich bemerken, daß ich diese Versuche in

Frankfurt nicht reproduzieren konnte, sondern hier fast ausnahmslos bipolare Zuckungen bei so hohen Spannungen erhielt. Es scheint also diese Umstimmung nur unter besonders günstigen Umständen aufzutreten. Daß auch Bose in diesem Punkte keine einheitlichen Ergebnisse erzielt hat, dafür spricht wohl, daß er in seiner letzten Darstellung diese + - polaren Zuckungen, die er ebenfalls früher gefunden hatte, nicht mehr erwähnt. Auch Umstimmungen mit dem Alter konnten festgestellt werden, wenngleich ich ebensowenig wie Bose die Rittersche Beobachtung bestätigen konnte, daß eine kontinuierliche Umstimmung besteht derart, daß z. B. die oberen Blattgelenke am — - Pol, die mittleren an beiden, die untersten am + - Pol reagieren. Mehr, wie daß tatsächlich allerlei Umstimmungen mit dem Alter vorkommen, läßt sich allgemein nicht aussagen. Ich habe sogar oft Fälle beobachtet, in denen die oberen Blattgelenke bipolar reagierten, weiter unten stehende ausgesprochen unipolar. Ebenso können z. B. nah verwandte Arten unter gleichen Versuchsbedingungen mit verschiedener Polarität reagieren. So zeigte in Tübingen M. Spegazzini ausgesprochene + - Polarität, während M. pudica — - Polarität aufwies, wie aus der Tabelle hervorgeht. Ich will keineswegs behaupten, daß M. Speg. stets bei niedrigen Spannungen diese + - Polarität hat, aber die bloße Tatsache, daß sie sie unter Umständen zeigt, ist wichtig deshalb, weil aus ihr, wie ja auch aus den Alters- und sonstigen Umstimmungen mit Sicherheit gefolgert werden muß, daß bei Pflanzen sowohl die physiologische Anode wie die physiologische Kathode erregend wirken kann. Ich betone ausdrücklich „physiologische"; denn wir müssen unterscheiden zwischen der scheinbaren Kathode und Anode, d. i. den Stellen, an denen der elektrische Strom in das Gewebe eintritt und es verläßt, und den physiologischen, an denen er innerhalb der Pflanze in das reizbare Gewebe eintritt und es verläßt. Scheinbare und physiologische Elektroden brauchen natürlich keineswegs immer zusammenzufallen. Die Verteilung der Stromfäden im Gewebe ist uns mehr oder weniger unbekannt und ebenso diejenigen Zellen und Zellkomplexe, die bei Stromdurchgang diejenigen Veränderungen erfahren, die für das Zustandekommen der Reaktion notwendig sind. So ist es denn leicht möglich, daß z. B. in der Nähe einer scheinbaren Kathode eine physiologische Anode liegt und in der Nähe einer scheinbaren Anode eine physiologische Kathode. In der animalischen Physiologie pflegte man bis vor kurzem alle Erregungserscheinungen an Nervmuskelpräparaten auf Erregung physiologischer Kathoden zurückzuführen, indem man annahm, daß solche auch dort vorhanden seien, wo Erregung an der scheinbaren Anode auftrat und nur für gewisse Protisten echte anodische Erregung zuließ. Eine Diskussion der Berechtigung dieser Anschauung gehört nicht in den Rahmen unserer Betrachtung. Für die Pflanzen lassen die oben angeführten Versuche kaum eine andere Deutung zu, als daß es bei ihnen echte physiologische Kathoden- und Anodenerregung gibt. Denn gleichviel, wo die physiologischen Anoden und Kathoden im Mimosenblatte liegen mögen, die Tatsache, daß bei gleicher anatomischer Struktur je nach den physiologischen Bedingungen bald an der scheinbaren Anode, bald an der scheinbaren Kathode Reaktion bzw. Ruhe eintritt, würde bei jedem Versuche, sie auf kathodische Erregung allein zurückzuführen, Widersprüche oder unmögliche Voraussetzungen ergeben.

Wenn bei einer polaren elektrischen Reizung Reaktion nur an einem Pol stattfindet, während am anderen keine sichtbare auftritt, so bedeutet dieses Ausbleiben sichtbarer Reaktion keineswegs, daß an diesem Pol alles unverändert bleibt, vielmehr wissen wir, daß außer den erregenden Wirkungen des Stromes, die sich in den durch sie verursachten Zuckungen äußern, auch depressive, die Erregbarkeit und Reizleitungsfähigkeit herabsetzende, auftreten können. In der tierischen Physiologie hat die erregenden und depressiven Wirkungen von Kathode und Anode sehr schön Tigerstedt durch einen Versuch demonstriert. Er reizte einen Nerven rhythmisch mechanisch und beobachtete die Änderung der Reizwirkung, die auftrat, wenn die gereizte Stelle in den Bereich einer Anode oder Kathode kam. Man sieht aus den Abbildungen (Abb. 22), wie an der Kathode die Wirkung des mechanischen Reizes verstärkt, an der Anode unter Umständen bis zum Verschwinden geschwächt wird. Mit diesen depressiven Anodenwirkungen erklärt man ja auch die als Pflügersches Gesetz bezeichneten Erscheinungen. Ganz entsprechende Erscheinungen sind nun auch an pflanzlichen Objekten gefunden worden. Allerdings gibt es nur einen Pflanzenversuch, der einigermaßen dem Tigerstedtschen Versuch entspricht. Bose hat durch einen Teil eines Biophytumblattstiels einen unterschwelligen Strom geschickt und in einer Entfernung von einigen Blattpaaren von der Kathode mit einem unterschwelligen mechanischen Reiz gereizt. Dann pflanzt sich dieser Reiz durch den Blattstiel fort, ohne Senkungen der Blättchen an diesem hervorzurufen. Nur an der Kathode selbst senkt sich das dort befindliche Blattpaar. Die Kathode „entwickelt“ gewissermaßen den Reiz. Dadurch ist die Erregbarkeit erhöhende Wirkung der Kathode in diesem

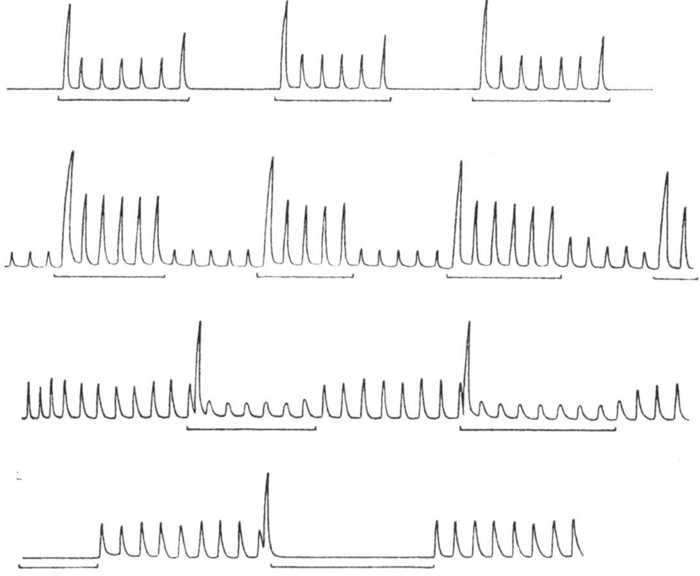

Abb. 22. Muskelzuckungen infolge rhythmischer mechanischer Erregung der Nerven. Die Reize sind sehr schwach, in der obersten Kurve sogar unterschwellig. Während der unterstrichenen Zeiten liegt die Reizstelle in Bereich der Kathode bzw. Anode eines konstanten Stromes (die zwei oberen bzw. unteren Kurven). Nach v. Frey, Physiologie.

Falle bewiesen. Für die depressive Wirkung der Anode fehlen entsprechende Beweise, jedenfalls erscheint mir ein diesbezüglicher Versuch Boses nicht beweisend. Dagegen hat Bose auch eine Reihe Versuche angestellt, die genau dem Pflügerschen Gesetz entsprechen. So reizte er ein Mimosenblattgelenk extrapolar auf- und absteigend. Er hat dabei festgestellt, daß bei einer Entfernung von 12,5 cm der Elektroden voneinander am Blattstiel die Latenzzeit um 1,4 Sekunde größer ist, wenn der Strom aufsteigend ist, die Kathode also um 12,5 cm weiter vom Gelenk entfernt ist als bei absteigendem Strom. Bei einer Reizleitungsgeschwindigkeit von $\frac{12,5}{1,4}$ mm/sec = 8,9 mm/sec würde diese Zeitdifferenz sich dann ergeben, wenn die Reizung in beiden Fällen von der Kathode ausginge; da tatsächlich die Reizleitungsgeschwindigkeit in dieser Größenordnung liegt (zwischen 4 und 30 mm pro Sekunde), so spricht dies sehr dafür, daß die erregende Wirkung in beiden Fällen von der Kathode ausgegangen ist, wie dies ja auch bei der Nervmuskelreizung der Fall ist. Aber die späteren Stadien mit stärkeren Strömen fehlen leider.

Alle 3 Stadien hat jedoch Bose bei Biophytum sensitivum untersucht und in völliger Übereinstimmung mit den Stadien am Nervmuskelpräparat gefunden. Legt man die Elektroden z. B. an die obere Hälfte eines Blattstiels, so entspricht der reizleitende Blattstiel dem Nerv, die unterhalb der Elektroden ansitzenden Blättchen entsprechen den Muskeln. Man kann hier aber nicht nur wie beim Nervmuskelpräparat die Wirkung des fortgeleiteten Reizes an dem Zusammenklappen der Blättchen in der unteren Blatthälfte beobachten, sondern, da ja gewissermaßen der ganze Nerv mit Blättchen besetzt ist, auch die Wirkungen an den Elektroden selbst beobachten. Es ergab sich folgendes für die den Muskeln entsprechenden Blättchen (Blattschema Abb. 17):

Stromstärke in Amp.	Aufsteigender Strom		Absteigender Strom	
	S.	Ö.	S.	Ö.
1. Stad. $0{,}5 \cdot 10^{-6}$	Z	R	Z	R
2. Stad. $10 \cdot 10^{-6}$	Z	Z	Z	Z
3. Stad. ?	R	Z	Z	R

Was die Reaktion an den Elektroden selbst betrifft, so kann man beobachten, wie im 1. Stadium die Reaktion von der Kathode, im 2. Stadium von Kathode und Anode ausgeht und wie im 3. Stadium bei der Schließung an der Anode selbst keine Reaktion eintritt und ebensowenig bei der Öffnung an der Kathode, also der Anode des Polarisationsstromes. Die Ströme, mit denen man die 3. Stufe des Pflügerschen Zuckungsgesetzes demonstrieren kann, sind also noch nicht so stark wie die oben erwähnten, bei denen eine Umstimmung derart stattfindet, daß an der Anode Reizung stattfindet, an der Kathode nicht. Ähnliche Ergebnisse wie an Mimosa und Biophytum sind von Bose auch an einigen anderen

Gelenkpflanzen gewonnen worden, z. B. Neptunia, Averrhoa. Es erübrigt sich daher, näher auf sie einzugehen.

Dagegen wollen wir, nachdem wir die polaren Wirkungen der Elektrizität auf normalerweise in Ruhe befindliche Gelenke betrachtet haben, noch das Verhalten eines sich normalerweise rhythmisch bewegenden Organes, nämlich der Blättchen von Desmodium gyrans, betrachten. Der Blattstiel dieser Leguminose trägt außer einem relativ großen Endblättchen zwei kleinere Seitenblättchen. Diese Seitenblättchen sind unter günstigen Bedingungen in ständiger Bewegung. Bei niedriger Temperatur ist die Bewegung mehr auf und ab gerichtet, bei höherer mehr elliptisch. Die Dauer einer solchen elliptischen Bewegung beträgt je nach den Bedingungen zwischen $^1/_2$ und 3 Minuten, die Abwärtsbewegung pflegt schneller als die Aufwärtsbewegung zu verlaufen. Nach Bose soll für die Bewegung die wesentlichste Rolle die Expansion bzw. Kontraktion der unteren Gelenkhälfte des Blättchens bilden. Bose legte nun an das Blättchengelenk entweder eine Anode oder Kathode, während der andere Pol einem indifferenten Punkt weiter unten am Blattstiel anlag, und beobachtete als Wirkung der Anode eine Verringerung der Kontraktion, als Wirkung der Kathode eine Verringerung der Expansion, die in günstigen Fällen zu einer völligen Sistierung der Abwärts- bzw. Aufwärtsbewegung führte. Bose schließt daraus, und das ist wohl der naheliegendste Schluß, daß die Anode eine expansive, die Kathode eine kontraktive Wirkung hervorruft. Es ist dies ein Verhalten, das übereinstimmt mit dem am Herzmuskel beobachteten und dem Befund Biedermanns, daß glatte oder quergestreifte, teilweise kontrahierte Muskeln sich bei Anodenschließen lokal expandieren. Bose untersuchte vergleichend mit dem Herzmuskel eine Anzahl von elektrischen Reizwirkungen auf Desmodiumbewegungen. Wie der Herzmuskel keinen Tetanus gibt, so bringen auch starke tetanische Induktionsschläge keine Dauerkontraktion, sondern nur Verringerung und Unregelmäßigkeit der Bewegungsamplitude bei Desmodium hervor. Wie beim Herzmuskel ein elektrischer Reiz zu Beginn der Systole kaum eine merkliche Wirkung hervorruft, so auch bei Desmodium, wie dagegen beim Herzmuskel ein in der Diastole gegebener Reiz eine Extrasystole hervorruft, so auch bei Desmodium. Es liegen also hier offenbar sehr interessante Ähnlichkeiten vor und es entsteht die Frage, ob es sich wirklich nur um äußere Ähnlichkeit handelt. Bei zwei so verschiedenartigen Mechanismen wie rhythmisch pulsierendem Pflanzengelenk und Herzmuskel wird man dies zunächst annehmen, aber ob nicht genaueres Eindringen in die Ursachen dieser Ähnlichkeiten tiefere Verbindungen aufdecken wird, bleibt abzuwarten.

Bringt man Desmodium unter ungünstige Bedingungen, so stehen die Blättchen still, z. B. im Winter. Bose fand, indem er Elektroden an die Gelenke zweier solcher gegenüberliegender stillstehender Blättchen anlegte, bei schwachen Reizen Reaktion d. h. Senkung an der Kathode beim Schließen, an der Anode beim Öffnen (30 V). Bei stärkeren Reizen (48 V) trat Schließungserregung an Anode und Kathode auf, über Öffnungserregung fehlen Angaben.

Die expansiven bzw. contractiven Wirkungen der Anode bzw. Kathode werden auch demonstriert durch Versuche Boses am Gelenk von Erythrina indica, einer Sensitive von geringerer Empfindlichkeit als Mimosa, aber großem Blattgelenk. Er legte eine Elektrode direkt auf die Oberseite des Gelenkes, eine andere in beträchtlicher Entfernung an die Sproßachse. Auf diese Weise kommt deutlicher als bei den sonstigen Versuchsanordnungen die Wirkung der einen Gelenkhälfte in unserem Falle der oberen, zum Ausdruck. Es zeigte sich, daß Anodenschließung Expansion der oberen Hälfte und dadurch Senkung des Blattes hervorruft, Anodenöffnung die entgegengesetzte Wirkung, die allerdings von der eintretenden Erholungshebung nicht deutlich getrennt werden kann. Kathodenschließung und -öffnung rufen genau die entgegengesetzten Effekte hervor.

Nach der Beschreibung der elektronastischen Reaktionen der Gelenke wollen wir zur Betrachtung der Reaktionen contractiler Staubfäden übergehen, die, ohne typischen Gelenkcharakter zu besitzen, doch ebenfalls durch Verkürzung elastisch gedehnter Membranen turgescenter Zellen zu elektronastischen Reaktionen befähigt sind. Hierher gehören die Staubblätter von Centaurea und Berberis. Ihre elektronastische Reaktionsfähigkeit wurde von F. Cohn entdeckt und von Kabsch, später von Linsbauer untersucht. Polare Reaktionen wurden von mir an Berberis aufgefunden. Ganz entsprechend der Mimosa Speg. in den Tübinger Versuchen, also auch am + - Pol, reagieren nämlich an der Reizschwelle die Staubblätter von Berberis, wenn man auf die

Narben zweier Nachbarblüten die Elektroden auflegt (Abb. 10). Der Strom fließt dann von der einen Narbe durch den Griffel und Blütenboden mit den reizbaren Fußpunkten der Staubblätter den Blütenstiel der einen Blüte hinab, dann den Blütenstiel der Nachbarblüte hinauf durch deren Blütenboden und Griffel bis zur Narbe und anderen Elektrode. Die Versuchsanordnung entspricht ganz der bei den Mimosenversuchen. Geht man nun hier von niedrigen Spannungen, bei denen noch keine Reizung eintritt, höher, so zuckt zunächst ein Staubblatt in der Blüte an der + - Elektrode, bei noch höherer Spannung immer mehr, schließlich zucken auch die Staubblätter an der — - Blüte. Dabei müssen nicht gerade alle Staubblätter zuerst in der + - Blüte reagiert haben, bevor in der — - Blüte die Zuckungen beginnen, sondern oft zuckt auch schon, wenn erst wenige Staubblätter in der + - Blüte reagiert haben, das eine oder andere Staubblatt in der — - Blüte, ohne daß jedoch die deutlich stärkere Wirkung des + - Pols bei den schwächeren Reizen irgendwie verdeckt würde. Es ist für das geschilderte Verhalten ziemlich gleichgültig, ob man beim Vorgehen zu höheren Spannungen jedesmal, wenn ein Staubblatt gezuckt hat, den Strom ausschaltet, wartet, bis die Krümmung zurückgegangen ist und erst wieder bei etwas höherer Spannung einschaltet, ober ob man ohne auszuschalten die Spannung rasch immer mehr wachsen läßt.

Genau dasselbe Verhalten zeigen die Staubfäden gegenüber Kondensatorreizung und Induktionsschlägen. Gerade bei den Berberisblüten ist besonders deutlich der oben hervorgehobene Unterschied zwischen scheinbaren Elektroden vorhanden, wie sie durch die Anlagepunkte der Elektroden an das Gewebe gegeben sind, und den wahren physiologischen Elektroden, an denen der Strom in das reizbare Gewebe eintritt und es verläßt. Verbindet man nämlich die Narben zweier abgeschnittener Blüten metallisch miteinander, etwa durch einen in die Narben mit seinen Enden eingespießten Draht, und legt an die Blütenstiele Elektroden an, so reagieren nunmehr beim Anlegen steigender Spannung zuerst die Staubblätter in der Blüte am — - Pol. Es reagieren also, obwohl + - und — -Pol an denselben Blüten anliegen wie in der 1. Versuchsanordnung, nunmehr die Staubfäden in der umgekehrten Blüte zuerst. Es erklärt sich das ohne weiteres aus dem Stromverlauf; denn im 2. Falle fließt der Strom in genau umgekehrter Richtung durch die Gelenke wie im ersten. Er tritt im 2. Falle von der Unterseite der Staubblätter aus in der +-Blüte ein, im ersten von der Oberseite, und umgekehrt ist dies bei der —-Blüte. Also die physiologischen Elektroden liegen zweifellos in beiden Versuchsanordnungen in beiden Blüten umgekehrt, die scheinbaren an derselben Blüte.

Auf dieser Verschiedenheit von scheinbaren und wahren Elektroden dürfte ohne Zweifel auch das Verhalten der Staubblätter beruhen, wenn man die Elektroden statt auf die Spitzen der Narben an die Spitze je eines Blütenblattes zweier Nachbarblüten anlegt. Bei Reizung erhält man an der Reizschwelle ebenfalls wieder unipolare Reaktion; aber es ist nicht die Blüte, der der + - Pol anliegt, sondern die, der der — - Pol anliegt, die zuerst reagiert. Dies Verhalten ist freilich wenig ausgeprägt und zeigt so zahlreiche Ausnahmen, nämlich Reaktionsbeginn an der + - Blüte, daß von einer scharf ausgesprochenen Polarität überhaupt nicht mehr die Rede sein kann. Wenn man sich nach dem morphologischen Bau der Blüte ein Bild des Stromverlaufes zu machen sucht, so läßt sich wenigstens ein gewisses Verständnis für dieses eigentümliche Verhalten gewinnen. Der Strom fließt hier offenbar vom Blütenblatt durch die Außen- und Unterseite der Staubblätter zu deren Innen- und Oberseite, also ähnlich wie bei der Anordnung, in der die Elektroden am Blütenstiel anliegen. Aber durch den Kontakt der Blüten- und Kelchblätter, der von Blüte zu Blüte und Blatt zu Blatt wechselt, werden hier sehr zahlreiche und verschiedenartige Stromverzweigungen und Nebenschlüsse entstehen können und das unregelmäßige Reagieren veranlassen.

Von den sonstigen Ergebnissen an Berberisstaubfäden wollen wir hier nur einige kurz erwähnen. Schwache Reize bewirken submaximale Reaktion, sehr starke stundenlang anhaltende reversible Lähmungen mit oder ohne vorangehendes Zucken. Nach einer Maximalreaktion tritt ein mehrere Minuten andauerndes Refraktärstadium auf. Wiederholte Reizung ruft Ermüdung hervor. Auf starke Reizung hin führen die Kronblätter entsprechende Zuckungsbewegungen aus wie die Staubblätter, Reizleitung findet nicht statt.

Zusammenfassend ist über die Wirkung von Anode und Kathode folgendes zu sagen:

Die von Ritter und Bose aufgestellten Gesetze der elektrischen Reizung sind nur in ihren allgemeinen Grundzügen, nicht aber in ihrer speziellen Formulierung richtig.

Im allgemeinen tritt bei schwacher elektrischer Reizung unipolare Erregung auf, und zwar in den meisten Fällen an der Kathode, in anderen auch an der Anode oder an beiden Polen. Dies gilt sowohl für die scheinbaren wie für die physiologischen Elektroden. Tritt bei schwacher Reizung unipolare Reaktion auf, so erfolgt bei stärkerer Reizung entweder bipolare Reaktion oder Reaktion gleichzeitig durch das ganze Gewebe. Bei noch stärkerer Reizung kommt es unter Umständen zur Umstimmung, so daß wieder unipolare Reizung auftritt, aber am entgegengesetzten Pole wie bei schwacher Reizung.

Es ist wahrscheinlich, daß Anode und Kathode die Erregbarkeit erniedrigen bzw. erhöhen können. Die Depression der Leitfähigkeit für Erregung durch Anodenwirkung ist sichergestellt. Die Pole können Turgescenzveränderung hervorrufen, und zwar sowohl Abnahmen wie Zunahmen.

Schlafbewegungen.

Zu den elektronastischen Bewegungen schienen nach den Untersuchungen Stoppels auch die Schlafbewegungen der mit Gelenken versehenen Blätter zu gehören. Diese Schlafbewegungen bestehen bekanntlich in einer in 24stündigem Rhythmus sich abspielenden Senkungs- und Hebungsbewegung, die durch Turgorschwankungen der Blattgelenke bedingt wird. Es handelt sich hierbei um keine ererbte Periodizität; denn Stoppel konnte feststellen, daß Primärblätter, aus asiatischem, amerikanischem und europäischem Samenmaterial (Bohnen) im Dunkeln aufgezogen, den gleichen Rhythmus der Schlafbewegung zeigten, indem sie alle gegen 2—4 Uhr morgens ihre tiefste Stellung einnahmen. Läge ererbte Periodizität vor, so müßte der Rhythmus bei den verschiedenen Pflanzen verschieden sein entsprechend der Verschiedenheit der Tag- und Nachtperiode unter den verschiedenen Längengraden, unter denen die Elternpflanzen aufgewachsen sind. Lichtschwankungen kommen, da es sich um Dunkelversuche handelt, als Reize für die Auslösung des Rhythmus der Schlafbewegung nicht in Betracht, für Schwere- und Temperaturschwankungen wurde das gleiche durch besondere Versuche gezeigt. Es muß also, schloß Stoppel, ein unbekannter tagesrhythmischer Faktor die Periode der Bewegung bestimmen. So kam Stoppel auf den Gedanken, daß die Schwankungen der elektrischen Leitfähigkeit der Luft dieser Faktor sein könnte. Die Kurven der atmosphärischen Leitfähigkeit und der Schlafbewegungen der Blätter ergaben bei einem Vergleich eine auffällige Ähnlichkeit. Wenn sie auch in den einzelnen kleinen Schwankungen einander nicht entsprachen, so zeigten doch beide um die gleiche Zeit, nämlich in den frühen Morgenstunden, einen Wendepunkt. Die Leitfähigkeit überschreitet zu dieser Zeit ihr Maximum, die Blätter erreichen zu dieser Zeit ihren tiefsten Stand, aus dem die Erhebung in die Tagesstellung wieder beginnt. Durch besondere Versuche konnte Stoppel die noch unbekannte Tatsache aufzeigen, daß diese Periodizität der Leitfähigkeit nicht nur im Freien auftritt, sondern auch in geschlossenen Kellerräumen bei konstanter Temperatur und Dunkelheit, wie sie zu den Versuchen über die Schlafbewegungen benutzt wurden. Ein sicherer Beweis für die Richtigkeit der hypothetischen Annahme einer kausalen Beziehung zwischen Periodizität der atmosphärischen Leitfähigkeit und Periodizität der Schlafbewegungen wäre gewesen, durch willkürliche Veränderungen der atmosphärischen Leitfähigkeit einen willkürlichen Rhythmus der Schlafbewegungen zu erzielen. Dies Experimentum crucis hat Stoppel nicht ausgeführt. Indessen hat sie eine Reihe experimenteller Wahrscheinlichkeitsbeweise zur Stützung ihrer Annahme angeführt. So hat sie die ausgebrannten Überreste von Gasglühstrümpfen in die Nähe von Bohnen gebracht und auch die Blätter mit Aschepulver bestreut, wodurch die Leitfähigkeit der Atmosphäre in der Nähe der Pflanzen erhöht wurde. Aus den automatisch registrierten Kurven glaubt sie eine gewisse, jedoch bei verschiedenen Exemplaren verschiedenartige Wirkung ablesen zu können. In dem einen Fall eine Veränderung der Kurvenform, in dem anderen eine Hebung des tiefsten Punktes der Kurve. Nach anderen Versuchen Stoppels erscheint es wahrscheinlich, daß die Normalkurve grüner und etiolierter Bohnenblätter vielfach erhebliche Störungen durch Isolation des Topfes vom Erdboden mittels eines Glastellers erleidet. Diese Störungen werden noch erheblicher und führen meist zu ganz unregelmäßigen Bewegungen, wenn die Pflanzen an dem Austausch mit atmosphärischer Elektrizität behindert werden dadurch, daß sie in geerdete, rings geschlossene feine Drahtgitter gestellt werden. Bei grünen Pflanzen kann die normale Bewegung durch dauerndes Aufladen des Topfes vermittels Anschluß an den + - oder — - Pol der elektrischen Stadtleitung (220 V) wieder hervorgerufen werden. Dunkelpflanzen geben bei dieser Behandlung ihre Bewegungen ganz auf. Schwächere Ladungen scheinen bei Dunkelpflanzen gleichfalls günstig auf die Bewegungen zu wirken. Innerhalb eines + geladenen Gitters isoliert stehend führen grüne und etiolierte Blätter regelmäßige Bewegungen im normalen Rhythmus aus. Der Typus der Kurve verändert sich nach Entfernen der Isolation, die normale Periodizität bleibt aber erhalten. Ist das Gitter — geladen, so treten in den meisten Fällen Störungen in der Regelmäßigkeit wie auch in der Intensität der Bewegungen ein.

Die Untersuchungen Stoppels sind von Sperlich und Schweidler einer experimentellen Nachprüfung unterzogen worden. Dabei hat sich die physikalische Voraussetzung für die Theorie, das Vorhandensein einer tagesrhythmischen Periodizität der Leitfähigkeit der Luft in geschlossenen Räumen, bestätigt. Dagegen hatten Versuche, durch willkürliche Änderungen der Leitfähigkeit mittels Mesothoriumpräparaten die Periode der Schlafbewegung willkürlich zu beeinflussen, keinen Erfolg. Diese blieb vielmehr völlig indifferent gegenüber den künstlich herbeigeführten Veränderungen der atmosphärischen Leitfähigkeit. Während ferner Stoppels Versuchspflanzen ein scharf ausgeprägtes, der Leitfähigkeitsänderung in der Luft entsprechendes Frequenzmaximum für den Zeitpunkt der Hauptsenkung ergeben, verteilt sich in den Versuchen von Schweidler und Sperlich die Häufigkeit der tiefsten Senkung auf 3 Maxima, nämlich um Mitternacht, um 8 und um 11 Uhr vormittags. Diese 3 Maxima wurden aus 158 tagesperiodischen Bewegungen gewonnen. Es entsprechen also die Maxima der Senkung durchaus nicht den Leitfähigkeitsverhältnissen in der Luft, wo ja das Hauptmaximum zwischen 2—4 Uhr vormittags, ein kleineres Maximum am Nachmittag liegt. Die Gleichartigkeit des Bewegungsverlaufes bei Stoppel führen die genannten Autoren auf weitgehende innere Übereinstimmung des untersuchten Materials und die annähernd gleiche Behandlung des Saatgutes von der Quellung bis zur Verwendung im Versuche zurück. In ihren Versuchen wurde dagegen das Material bis zur beginnenden Epikotylstreckung unter sehr wechselnden Temperaturverhältnissen aufgezogen. Diesen Temperaturschwankungen in den 1. Keimungsstadien, wahrscheinlich sogar schon bei der Quellung, schreiben sie einen entscheidenden Einfluß auf das Bewegungsbild der erwachsenen Primärblätter zu. Diese Anschauung stützen sie durch den Vergleich der erhaltenen Schlafbewegungskurven mit den meteorologischen Daten in den betreffenden Zeiten der 1. Entwicklung. Es zeigte sich, daß die 24stündige Periodizität um so klarer auftrat, je klarer das Wetter an den Tagen der 1. Entwicklung war, während trüben Tagen in diesem Stadium undeutliche, unausgeprägte Bewegungsperioden der entwickelten Blätter entsprechen. Wenn dagegen Stoppel keinen Einfluß von vorangegangenen Temperaturschwankungen auf die unter konstanter Temperatur sich weiter entwickelten Pflanzen gefunden hätte, so beziehe sich und gelte dieses Resultat nur für diejenigen Entwicklungsstadien, in denen das Epikotyl sich bereits zu strecken anfange; dagegen hätte in den Stoppelschen Versuchen in den 1. Entwicklungsstadien annähernd konstante Temperatur geherrscht, und demnach sei die Einflußlosigkeit der Temperaturschwankung in den 1. Stadien von ihr nicht bewiesen.

Es wäre demnach also die Periodizität der Schlafbewegung keine irgendwie elektronastische, sondern eine autonome im Sinne Pfeffers, d. h. die Außenbedingungen in den 1. Keimungsstadien würden die Stoffwechselvorgänge in der Keimpflanze derart beeinflussen, daß ein bestimmter, von ihnen abhängiger Rhythmus sich in ihnen herausbilden würde, dessen Ausdruck der Rhythmus der Schlafbewegung wäre. Mir scheint durch die Untersuchungen Sperlich und Schweidlers das Problem jedoch noch nicht endgültig gelöst. Es finden sich doch in den tatsächlichen Befunden der Autoren und Stoppels gewisse Unterschiede, die erst durch weitere Untersuchungen aufgeklärt werden müssen. Der völligen Einflußlosigkeit des Mesothoriums bei den Autoren stehen die oben erwähnten Beobachtungen Stoppels gegenüber, die einen gewissen Einfluß elektrischer Faktoren auf die Schlafbewegung erkennen lassen. Allerdings sind dieselben alles andere als eindeutig. Daß durch hinreichend starke elektrische Reize an Blattgelenken allgemein elektronastische Bewegungen erzielt werden können, erscheint nach Ritters, Boses und meinen Beobachtungen zweifellos. Ob freilich die geringen Schwankungen der Luftleitfähigkeit direkt oder indirekt den Rhythmus der Schlafbewegungen bedingen, ist damit nicht gesagt. Erscheint somit durch die negativen Ergebnisse der Autoren mit Mesothorium noch nicht ganz hinreichend die Einflußlosigkeit der Schwankungen der Luftleitfähigkeit auf die Rhythmik der Schlafbewegungen bewiesen, so erscheint ebensowenig hinreichend bewiesen der Erklärungsversuch der Autoren, daß Schwankungen der Außenbedingungen, speziell der Temperatur, in den 1. Keimungsstadien die Rhythmik der Schlafbewegungen letzten Endes bedingen. Der nachträgliche Vergleich der Bewegungskurven mit den meteorologischen Daten und sein Ergebnis erscheint zu roh, um eine derartige Beziehung eindeutig zu beweisen. Hier ließe sich wichtiges Material beibringen durch den Versuch, durch bestimmte Variationen der Außenbedingungen in den 1. Stadien der Keimung bestimmte Schlafbewegungsrhythmen zu erzielen.

2. Elektronastische Erscheinungen an Geweben, die mit keinem speziellen Mechanismus zur Ausführung von Turgorvariationsbewegungen ausgerüstet sind.

Im Kapitel über die Wirkungen der Elektrizität auf das Plasma und die Zelle wurde dargetan, daß der elektrische Reiz die Permeabilität der Zelle erhöhen kann. Haben wir eine typische Pflanzenzelle mit einer durch den Turgordruck des Zellsaftes elsatisch gespannten und gedehnten Zellmembran, so muß die Folge permeabilitätserhöhender elektrischer Reizung Kontraktion der Zelle sein; denn die eintretende Permeabilitätserhöhung muß den osmotischen und damit den Turgordruck des Zellsaftes verringern, so daß nach der Reizung der Überdruck der Zellmembran so lange Zellsaft aus der Zelle auspressen kann, bis sich die Membran so weit entspannt hat, daß wieder Gleichgewicht zwischen Turgordruck und elastischem Gegendruck der Zellmembran besteht. Es muß also zu einer Volumenverminderung der Zelle bzw. eines aus solchen Zellen aufgebauten Gewebes kommen. Eine derartige Kontraktion, die, je nachdem es sich um radiär oder asymmetrisch gebaute Organe handelt, ohne oder mit Krümmung des betreffenden Organes verlaufen wird, ist als elektronastische Reaktion anzusprechen und Bose hat gezeigt, daß derartige elektronastische Erscheinungen in der Tat ganz allgemein an turgescenten Geweben auftreten.

D. Versuche zur Erklärung der Elektronastie.

Wir haben mit den letzten Darlegungen bereits einen Versuch zur Erklärung der elektronastischen Erscheinungen berührt, nämlich den, der auf Permeabilitätserhöhung durch elektrischen Reiz beruht; denn, ihre Richtigkeit vorausgesetzt, eignet sich diese Erklärung natürlich nicht nur zur Anwendung auf die an beliebigen Geweben beobachteten elektronastischen Erscheinungen, sondern ebenso für die Erklärung der Elektronastie an Gelenken oder sonstigen, mit besonders dehnbaren dünnwandigen Membranen ausgestatteten Geweben wie die Staubfäden der Centaureen usw. Gestützt wird diese Annahme durch 3 Argumente: 1. Es sind auf verschiedenem Wege und an verschiedenen pflanzlichen Objekten Permeabilitätserhöhungen durch den elektrischen Reiz nachgewiesen worden. 2. Das gleiche ist bei tierischen Geweben, Muskeln, der Fall. 3. Theoretisch und experimentell hat sich ergeben, daß es bei Stromdurchgang durch pflanzliche Gewebe zu Neutralitätsstörungen an den Membrangrenzen kommt und daß Änderungen der $[H^{\cdot}]$ Änderungen der Permeabilität der Zellen verursachen. Man hätte sich also etwa folgendes Bild vom Mechanismus der elektronastischen Reaktion zu machen: Bei elektrischer Reizung kommt es zu Konzentrationsänderungen der $H^{\cdot}$, OH' und Neutralionen an den Plasmamembranen. Diese bewirken direkt eine Änderung des Dispersitätsgrades der Membrankolloide und dadurch eine Änderung der Permeabilität der Membran, oder außer oder auch ohne diese Wirkung verursachen die Konzentrationsänderungen Änderungen im Chemismus der Plasmamembran, die ihrerseits Permeabilitätserhöhungen verursachen[1]). Den Versuch einer experimentellen Nachprüfung der Permeabilitätshypothese haben Blackmann und Paine unternommen. Ein an einem abgeschnittenen Blattstiel ansitzendes Blattgelenk von Mimosa von 0,1 cm^3 Volumen tauchte in ein Leitfähigkeitsmessungsgefäß von etwa 1 cm^3 mit eingeschmol-

[1]) Nach Emdens Untersuchungen am Muskel sollen die Änderungen der $[H^{\cdot}]$ enzymatische Reaktionen auslösen.

zenen Platinelektroden, das etwa zur Hälfte mit destilliertem Wasser gefüllt war. Es findet natürlich eine ständige Exosmose statt, die sich in einer ständigen Zunahme der Leitfähigkeit des Wassers äußert. Diese wird alle fünf Minuten gemessen. Es zeigt sich, daß das Gelenk unter diesen Versuchsbedingungen mechanisch und elektrisch reizbar bleibt und in Abständen von 15 Minuten vielmals hintereinander gereizt werden kann, ohne seine Reaktionsfähigkeit zu verlieren. Bei der auf jede Reaktion folgenden Leitfähigkeitsmessung ergibt sich eine über den normalen Gang der Exosmose herausgehende Zunahme der Leitfähigkeit, wodurch eine mit der Reaktion verbundene Permeabilitätserhöhung nachgewiesen ist. Dennoch sehen Blackmann und Paine in ihren Versuchen keinen Beweis, sondern vielmehr einen Gegenbeweis gegen die Permeabilitätstheorie der Elektronastie, da 1. mit dieser die Möglichkeit der vielfachen Wiederholung der Reaktion in verhältnismäßig kurzem Intervall in Widerspruch stünde; denn die dauernde Exosmose müßte das Gelenk bis zur Reaktionsunfähigkeit schädigen und da 2. die beobachtete Leitfähigkeitserhöhung zu gering sei. In der Tat beträgt in manchen Versuchen die Leitfähigkeitszunahme durch die Reaktion nur etwa 0,5 Gemmhos, was etwa einer Konzentrationszunahme um 0,1 Millimol eines in 2 Ionen zerfallenden Salzes im Leitfähigkeitswasser entspricht. Es sind jedoch bei Blackmann und Paine die quantitativen Versuchsergebnisse nur qualitativ ausgewertet, und es erscheint mir durchaus nicht völlig ausgeschlossen, daß eine genaue quantitative Betrachtung zeigt, daß dennoch der Permeabilitätserhöhung die von Blackmann und Paine geleugnete Bedeutung zukommt. Auf alle Fälle ist die Arbeit von höchstem Werte, weil sie seit Pfeffers Untersuchungen über den Mchanismus der Centaureafädennastie den ersten bedeutsamen experimentellen und methodischen Fortschritt in der Richtung auf die Lösung des Problems darstellt.

Blackmann und Paine deuten nur kurz an, daß sie die Ursache der Reaktion in Absorptionserscheinungen sehen. Diese Andeutung ist wohl so aufzufassen, daß nach ihrer Auffassung die Kolloide des Plasmas bzw. des Zellsaftes Salze des Zellsaftes bei der Reizung absorbieren, vielleicht nach vorangegangener oder unter gleichzeitiger Änderung des Dispersitätsgrades. Dadurch würden diese Salze osmotisch unwirksam, der osmotische

Druck des Zellsaftes verringert und ebenso wie infolge von Permeabilitätserhöhung ein zur Kontraktion führender Überdruck der elastisch gespannten Zellmembran geschaffen. Daß eine jede Abnahme des osmotischen Druckes des Zellsaftes, wie sie auch immer zustande kommen mag, den Mechanismus einer nastischen Turgorreaktion erklären kann, darauf hat bereits Pfeffer hingewiesen und besonders im Zusammenhang mit dem Zuckergehalt der betreffenden Zellsäfte auf die Möglichkeit einer solchen Abnahme durch Umwandlung von molekulardispersem Zucker in osmotisch unwirksame grobdisperse Stärke aufmerksam gemacht. Die Frage, inwieweit Veränderungen der Oberflächenspannung und des Quellungsdruckes des Plasmas am Mechanismus der elektronastischen Reaktion beteiligt sind, ist noch völlig ungeklärt. Ebensowenig ist es bis jetzt möglich, sich ein Bild von den Ursachen der polaren Reizwirkung bei der Elektronastie zu machen.

VII. Die Wirkung der Elektrizität auf Entwicklung und Stoffwechsel der Pflanzen.

Im Gegensatz zu der ausführlichen Besprechung der Wirkungen der Elektrizität auf die Reizbewegungen der Pflanzen werden wir bei der Darstellung ihrer Wirkungen auf die übrigen Lebenstätigkeiten außerordentlich summarisch verfahren. Dies hat nicht so sehr seinen Grund darin, daß die Zahl der diesbezüglichen Untersuchungen verhältnismäßig klein wäre, sondern vielmehr darin, daß die verwendete Methodik und Kritik bei der Verwertung der Ergebnisse dieser Versuche in außerordentlich vielen Fällen so viel zu wünschen übrig läßt, daß gesicherte Ergebnisse nur wenig gewonnen sind und, daß demnach eine ausführliche Besprechung aller dieser Arbeiten nur wenig Interesse bietet.

Es gibt kaum einen Prozeß im Pflanzenleben, für den ein begünstigender Einfluß der Elektrizität nicht behauptet worden wäre. Schon Nollet fand, daß Elektrizität die Keimung von Senfkörnern beschleunigt, Jallabert dasselbe bei Senf- und Kressesamen. Zu hohe Stromstärken verzögern oder vereiteln indes die Keimung, wie z. B. aus Versuchen von Löwenherz hervorgeht. Diesen ist auch zu entnehmen, daß die Lage des

Samens zur Richtung der Stromfäden von hoher Bedeutung für den Wirkungsgrad der Elektrizität ist, offenbar wesentlich infolge der Verschiedenheit der Stromdichte, die die verschiedene Orientierung der Samen in ihnen bedingt.

Dieselbe Förderung wie für die Keimung wurde für die ontogenetische Entwicklung beobachtet, so von Nollet für Senf, von Jallabert für Hyacinthen. Bertholon ist als Begründer der Elektrokulturbestrebungen anzusehen, die auf eine Erhöhung des Ernteertrages durch Elektrizität abzielen.

In seinem Buche: „De l'électricité des végétaux" gibt er nicht nur eine Übersicht eigener und anderer Versuche über den fördernden Einfluß der Elektrizität auf das Pflanzenwachstum, sondern er konstruiert auch in seinem „Electrovégetomètre" einen Apparat, um die natürliche Elektrizität den Pflanzen in verstärktem Maße zuzuführen und dadurch den Ernteertrag zu steigern. Er setzte nämlich auf einen Holzmast isoliert metallene Spitzen, die durch eine Kette mit Metallspitzen in geringer Höhe über den Pflanzen verbunden waren, so daß die atmosphärische Elektrizität der höheren Schichten in die Nähe der Pflanze geleitet wurde. Etwa 100 Jahre später entzog sein Landsmann Grandeau durch Einstellen in Drahtkäfige Pflanzen die atmosphärische Elektrizität und beobachtete an den Pflanzen einen Minderertrag von 50 bis 70% an frischer Substanz, von 50—60% an Früchten gegenüber den Kontrollpflanzen im Freien.

Aber das Interesse weiterer Kreise gewannen die Bestrebungen erst wieder zu Beginn des 20. Jahrhunderts, als Lemström mit Spitzen versehene Drahtnetze ausspannte, den Strom einer Influenzmaschine hineinsandte, in ca. 1 m Entfernung darunter geerdete Pflanzen aufstellte und starke Wachstumsförderungen beobachtete. Auch in großen Feldversuchen wurden dieselben Erfahrungen gemacht. Er kommt zu folgenden Resultaten:

1. Die wirkliche Größe des Zuwachsprozentes beträgt ca. 45% für ein gutes Feld im Minimum.

2. Je besser ein Feld gepflügt ist, um so größer das Zuwachsprozent. Bei magerem Boden ist es so klein, daß es nicht auf merkbare Weise hervortritt.

3. Einige Pflanzen lohnen die elektrische Behandlung nicht, wenn sie nicht bewässert werden, aber dann zeigen sie auch sehr

hohe Zuwachsprozente. Hierzu gehören u. a. Erbsen, Mohrrüben und Kohl.

4. Elektrische Behandlung zusammen mit starker Sonnenwärme ist schädlich für die meisten, wahrscheinlich für alle Pflanzen, weshalb die Behandlung an sonnigen heißen Tagen in der Mitte des Tages abgebrochen werden muß.

Die Lemströmschen Versuche wurden fortgeführt und auch nach der elektrotechnischen Seite vervollkommnet durch Oliver Lodge, Peaslee und Dorsey in England und Amerika, durch Gassner, Breslauer, Höstermann und andere mehr in Deutschland.

Im Prinzip waren zwei verschiedene Arten gegeben, auf denen man die Elektrizität den Pflanzen zuführte. Entweder man schickte Strom mittels einiger Metallplatten direkt durch den Boden, so daß er diesen und die Wurzeln durchquerte. Diese Methode hat aber kaum zu Erfolgen geführt. Oder aber man spannte 1—5 m über dem Boden Netze aus und beschickte sie mit hochgespanntem Gleichstrom, Wechselstrom oder verband sie metallisch mit Drachen, die einige hundert Meter über dem Boden schwebten, und die hochgespannte Elektrizität der oberen Luftschichten ihnen zuführten. Von den Netzen und Drähten strahlt dann die Elektrizität in die Luft aus, ionisiert dieselbe und ein schwacher elektrischer Strom geht durch die Pflanzen zur Erde. Die Stromstärke beträgt dabei 10^{-12}—10^{-11} Amp. pro cm^2, während die Stärke des natürlichen elektrischen Luftstromes 10^{-16}—10^{-15} beträgt. So gering also die angewandten Energiemengen sind, so ist doch zu beachten, daß die Stromstärke im Vergleich zur natürlichen um etwa das 1000—10000fache gesteigert ist.

Auf die elektrotechnischen Einzelheiten gehe ich nicht ein, zumal man darüber in den Jahrgängen der Elektrotechnischen Zeitschrift ab 1909 fortlaufende Referate findet, aber auch auf die Resultate der einzelnen Untersucher nicht, die oft Mehrerträge von 100% beobachten. Nur die Versuchsresultate Höstermanns, dessen Untersuchungen mir die exaktesten zu sein scheinen, möchte ich anführen.

Eine durch Drahtnetze der atmosphärischen Elektrizität mehr oder weniger entzogene Gruppe lieferte 86,5% Ertrag, wenn unter normalen Verhältnissen erwachsene Kontrollpflanzen mit 100% Ertrag angesetzt werden. Eine Gruppe, die in $2^1/_2$ m Höhe mit Kupferdrähten in 4 m Abstand überspannt war, lieferte bei starken Strömen 90—105%, bei schwächeren 100—125%. Eine letzte Gruppe wurde wie die vorigen Gruppen überspannt und die Drähte mit einem Stahlkabel mit einem etwa 200 m über dem Versuchsfeld schwebenden Fesselballon verbunden. Sie lieferten 125—140%. Aber nicht nur die Quantität des Ertrages wird als gesteigert angegeben. Zahlreiche Untersucher haben auch eine Beschleunigung des Wachstums und der Reifeerscheinungen gefunden. So elektrisierte Mambray (1846) 2 Myrten; diese blühten und bildeten neue Triebe von mehreren Zentimetern, Kontrollpflanzen gelangten nicht zur Blüte. Auch Jallabert beobachtete schnelleres Blühen an elektrisierten Nelken und Hyacinthen. Wenn ich noch anführe, daß nach Bertholon auch Duft und Farbe der Blüten durch Elektrizität gesteigert werden, so dürfte die obige Behauptung, daß es kaum einen Prozeß in der Pflanze gibt, dessen Förderung durch Elektrizität nicht behauptet wäre, wohl schon zur Genüge belegt sein, obwohl sich noch ein ungeheures Material hierfür anführen ließe.

Es hat aber auch schon seit langem nicht an Untersuchern gefehlt, die den angeblichen Elektrokulturerfolgen aufs unbedingteste widersprochen haben. Zu diesen gehört Ingenhousz. Ingenhousz fand weder einen Unterschied in der Keimung elektrisierter und nicht elektrisierter Samen, noch einen Einfluß der Elektrizität, als er Pflanzen mit Kupferspitzen zwecks Aufsaugung der atmosphärischen Elektrizität versah, noch fand er bei Kresse, Senf und Calaminthe, also gerade den Pflanzen, an denen andere Beobachter Elektrokulturerfolge gesehen hatten, irgendeinen Unterschied in der Entwicklung, als er sie teils durch Drahtkäfige von der atmosphärischen Elektrizität ausschloß, teils als Kontrollpflanzen unter normalen Verhältnissen wachsen ließ. Ebensowenig fand Unterschiede gegen Kontrollparzellen Solly bei Gerste und Kartoffeln auf mit Drähten überspannten Parzellen und Naudin, der bei Wiederholung von Grandeaus Versuchen sogar das umgekehrte Resultat, nämlich Ertragssteigerung der unter einem Drahtkäfig erwachsenen Pflanzen fand. Dagegen fand Lesage wieder Rückgang der Pflanzen unter Netzen, aber sowohl unter Drahtkäfigen wie unter Seidenkäfigen. Er gibt an, daß die Transpiration unter den

Netzen vermindert sei, und zwar im Zimmer um 10%, im Freien um 30%. Nähere Angaben über die Art der Transpirationsmessung fehlen. Auch Hedlund bestreitet in einer Nachuntersuchung der Lemströmschen Versuche ihren Erfolg (nach Stoppel). Negatives Resultat ergaben auch die groß angelegten Versuche von Gerlach auf einem Versuchsfeld des K. W. J. für Landwirtschaft in Bromberg, bei denen auch ein evtl. Einfluß der durch die stillen Entladungen gebildeten Stickstoffverbindungen auf die Bodenfruchtbarkeit berücksichtigt wurde, wie ihn Berthelot angenommen hatte. Es wurden 18 Parzellen von 1000 qm aus einem Boden, der bisher Kartoffeln getragen hatte, gebildet, von denen sechs als Kontrollparzellen in 100 m Entfernung unbestrahlt lagen. Die Parzellen erhielten eine vollständige Düngung oder eine Düngung ohne Salpeter, um festzustellen, ob durch die elektrische Entladung der Stickstoff der Luft in nennenswertem Maße in Salpetersäure übergeführt wird. Geschieht dies wirklich, so müssen sich die Pflanzen auf den bestrahlten Parzellen, die keine Salpeterdüngung erhalten haben, kräftiger entwickeln als auf den unbestrahlten Teilstücken, welche auch keine Salpeterdüngung erhalten hatten. Als Versuchspflanze diente Hafer. Es wurde während 45 Tagen fast ununterbrochen Tag und Nacht bestrahlt. Die Resultate ergaben keinerlei Ertragssteigerung ebenso wie Versuche, bei denen durch Platten Strom in den Boden hineingeschickt wurde.

Was nun die positiven Angaben betrifft, so muß festgestellt werden, daß sie großenteils äußerst kritiklos aufgestellt wurden, in keinem einzigen mir bekannten Fall auf Grund völlig einwandfreier Versuche festgestellt worden sind. Denn das ist nur dann der Fall, wenn bewiesen ist, daß die mit und ohne Einwirkung der Elektrizität beobachteten Verschiedenheiten bei der Entwicklung erstens außerhalb der Versuchsfehler fallen und zweitens wirklich der direkten oder indirekten Einwirkung der Elektrizität zu verdanken sind, nicht aber irgendwelchen anderen mit der Versuchsanordnung in Zusammenhang stehenden Einflüssen.

Was Punkt 1 betrifft, so ist zunächst darauf hinzuweisen, daß bei derartigen Versuchen möglichst mit reinen Linien gearbeitet werden sollte; das ist meines Wissens nirgends der Fall gewesen; dagegen lehrt bloß ein flüchtiger Blick auf die Abbildungen Lemströms, daß er mit genotypisch ganz verschiedenem Material gearbeitet hat, ganz abgesehen davon, daß dieser Autor mit Vorliebe Versuche, die einen Minderertrag ergaben, als Schädigungen bezeichnete und nicht weiter berücksichtigte. Nötig ist auch die Gleichheit der Ernährungsverhältnisse. Wenn man nicht mit Nährlösungen oder Quarzsandkultur arbeitet, so wäre zum allermindesten eine völlige Mischung des Bodens erforderlich. Auch die übrigen Lebensbedingungen müssen genau vergleichbar sein und die Variationsbreite der zu untersuchenden Eigenschaften unter natürlichen Lebensbedingungen. Schließlich müssen die Resultate reproduzierbar sein, wenn man nicht irgendwelchen unbemerkten Zufälligkeiten zum Opfer fallen will, und dazu gehören: definierte elektrische Bedingungen. Schon Wollny wies nachdrücklich darauf hin, daß offenbar auch die Elektrizität Minimum, Optimum und Maximum ihrer Wirkung auf die Pflanzen habe, deren Lage und gegenseitiger Abstand uns ganz unbekannt seien, und daß diese Unkenntnis ein wesentlicher Faktor der so verschiedenen Versuchsergebnisse sein dürfte.

Was den 2. Punkt betrifft, so ist dieser besonders bei Versuchen zu beobachten, bei denen man Pflanzen durch Drahtkäfige dem Einfluß der atmosphärischen Elektrizität entzieht. Abgesehen davon, daß die verwendete Maschenweite meist viel zu weit gewesen sein dürfte, um diesen Zweck auch nur annähernd zu erfüllen, muß natürlich der Einfluß dieses Käfigs auf die Wachstumsverhältnisse genau bekannt sein, ehe man z. B. gefundene Mehrerträge bei Kontrollpflanzen im Freien der Wirkung der Luftelektrizität zuschreiben darf. Auch diese und entsprechende Punkte sind durchaus nicht genügend beachtet worden.

Umgekehrt lassen auch die Versuche mit negativem Resultat diejenige Kritik vermissen, durch die allein sie ihren Zweck erfüllen würden, nämlich den Nachweis des Nichtvorhandenseins von Wachstumsförderungen unter den Bedingungen der Elektrokultur zu erbringen. Vor allem dürfte es die größten Schwierigkeiten bereiten, die Kontrollpflanzen dem Einfluß der Versuchselektrizität zu entziehen, da jede weitere Entfernung auch Differenzen in den Lebensbedingungen hervorruft. Wenn in den Gerlachschen Versuchen aber Kontrollparzellen selbst 100 m von den Versuchsparzellen entfernt waren — in vielen anderen Versuchen mit negativem Erfolg wurden die Kontrollpflanzen dicht neben den Versuchspflanzen aufgestellt —, so zeigen die Untersuchungen von Priestley, daß diese Entfernung durchaus unzureichend ist, um wirklich unaffizierte Kontrollpflanzen zu bekommen, da die Luftströmungen die ionisierte Luft auch über weitere Entfernungen hinwegtragen. Wenn man übrigens unter diesem Gesichtspunkt die früheren Versuche mit positivem Erfolge betrachtet, so findet man, daß höchstwahrscheinlich in den allermeisten die Kontrollpflanzen kaum viel weniger den elektrischen Einflüssen ausgesetzt gewesen sind als die Versuchspflanzen und daß somit wohl der größte Teil des Erfolges auf Rechnung der durch Verschiedenheiten anderer Lebensbedingungen hervorgerufenen Wachstumsdifferenzen zu setzen ist.

Da nun der exakte Nachweis der Wirkung oder Wirkungslosigkeit der Elektrizität auf das Pflanzenwachstum große Schwierigkeiten mit sich bringt, so hat man sich naturgemäß damit befaßt, den Einfluß der Elektrizität auf die einzelnen Lebensprozesse bzw. auf die Lebensbedingungen zu untersuchen.

Sehr wichtig sind Untersuchungen von Bose über die Beeinflussung des Wachstums, das mit automatischer, stark vergrößernder Registrierung gemessen wurde. Nachdem Bose festgestellt hat, daß das Wachstum oszillierend mit kleinerer oder größerer Geschwindigkeit verläuft, nicht aber geradlinig mit gleichförmiger, stellt er fest, daß stärkere, kurz dauernde elektrische Reize bei direkter Wirkung, z. B. Induktionsschläge, das Wachstum reversibel hemmen. Interessanter aber sind die Versuche mit schwächeren konstanten, also länger dauernden Strömen, deren Stärke leider nicht angegeben ist. Auch hier handelt es sich zunächt um direkte Reizung. So legte er an die Wachstumszone von Windenwurzeln einen feuchten Wollfaden als eine Elektrode, während er die andere Elektrode in größerer Entfernung davon an der Pflanze anbrachte. Als Spannung wählte er 20 Volt. Es zeigte sich, daß, wenn die Kathode an der Wachstumszone lag, bei Stromschluß eine Wachstumsverzögerung, bei Stromöffnung eine Wachstumsbeschleunigung über das normale Maß hinaus eintrat. Die Änderung der Wachstumsgeschwindigkeit hielt etwa 3 Minuten an. Wenn die Anode an der Wachstumszone lag, ergab sich bei Stromschluß eine sehr kurz dauernde Beschleunigung der nomalen Wachstumsgeschwindigkeit, bei Öffnung Wachstumsverzögerung. Die Hemmung bei Kathodenschluß ist größer als die Beschleunigung bei Anodenschluß. Bei indirekter Reizung, d. h. wenn die Wachstumszone außerhalb des Reizstromkreises liegt, ist die Wirkung von Kathode genau umgekehrt wie bei direkter. Kathodenschluß ruft in diesem Falle Beschleunigung hervor.

Als solchen indirekten Reizerfolg bei Überwiegen der Kathodenwirkung gegenüber der Anode deutet Bose auch die Wachstumsbeschleunigung, die er bei Reiskeimlingen erhalten hat, wenn er durch den Boden, in dem diese wuchsen, schwache Ströme schickte. Der Spannungsabfall betrug 1 Volt pro Zentimeter in der Erde zwischen den Elektroden, die angelegte Spannung 10 Volt. Die Wachstumsbeschleunigung trat ein sowohl bei Richtung des positiven Stromes von rechts nach links wie von links nach rechts. Bose erklärt dies folgendermaßen: Durch die elektrische Reizung wird die Wurzel erregt, da der kathodische Erregungseffekt den depressiven Effekt an der Anode überwiegt. Infolgedessen tritt eine Steigerung der Wasserbewegung und infolge dieser eine Wachstumsbeschleunigung auf. Obwohl die Deutung der Beobachtungen nicht bewiesen ist, ist es doch wichtig, daß wir in diesen Versuchen ein einwandfrei registriertes Material haben, das die wachstumsfördernde Wirkung der Elektrizität bei einer bestimmten Dosierung sicherstellt. Allerdings hält die Förderung stets nur wenige Minuten an, und es ist deshalb durchaus noch eine offene Frage, ob und wie durch dauernde konstante oder intermittierende Reizung Wachstumsförderungen in größerem Umfange erzielt werden können, Förderungen, die praktische Bedeutung haben und die Elektrokultur zum brauchbaren Hilfsmittel der landwirtschaftlichen Produktionsförderung machen könnten. Indirekt hat Stäffelt eine Wachstumsförderung durch schwache elektrische Ströme konstatiert, indem er als deren Wirkung eine sehr beträchtliche Zunahme der normalen Kernteilungsfrequenz fand.

Knight und Priestley haben den Einfluß elektrischer Ströme von 10^{-6}—10^{-4} Amp. auf die Atmung von Saatgut untersucht und keinerlei Einfluß gefunden außer einem ganz geringen, welcher der durch die Stromwärme entstandenen Temperaturerhöhung entsprach. Eine Arbeit von Spöhr über Atmungsschwankungen bei konstanten Außenbedingungen sei, da nicht recht einwandfrei, nur erwähnt, da in ihr wohl zuerst der Gedanke einer Beziehung zwischen Periodizität der Ionisation der Atmosphäre und Atmungsintensität ausgesprochen wurde. Viel wichtiger in dieser Richtung sind Versuche von Stoppel, bei denen die Atmungsintensität bei verschiedener elektrischer Leitfähigkeit der Luft gemessen wurde. Die Versuchsanordnung war folgende: Die Blätter der Versuchspflanze, z. B. Phaseolus, wurden in eine Rundkolben von ca. 1 l Inhalt eingeführt, der an einem Stativ umgekehrt aufgehängt war. An den Kolben war ein Pettenkoferrohr mit konzentrierter Barytlösung angesetzt, das zur Absorption der CO_2 diente, die titrimetrisch bestimmt wurde. Durch zwei an den Kolben ansetzbare Glasrohre, von denen das eine ein radiumhaltiges Präparat (Carnotid) enthielt, konnte ein Luftstrom durch den Kolben und durch die Pettenkoferröhre gesaugt werden, der entweder gewöhnliche Luft oder emanationshaltige Luft enthielt. Das Präparat enthielt 2% Uranoxyd, was einem Radiumgehalt von 5—6 mg pro Tonne entspricht. In elektrometrischen Vorversuchen wurde festgestellt, daß die durch das Präparat in der durchgesaugten Luft verursachte Leitfähigkeitserhöhung und Ionisation innerhalb der Maße bleibt, denen auch die freistehende Pflanze häufig ausgesetzt ist. Es wurde die Atmung von je 2 Pflanzen verglichen, von denen die eine mit gewöhnlicher, die andere mit emanationshaltiger Luft beschickt war, und zwar derart, daß an dem einen Tage die eine, am anderen Tage die andere Pflanze die Emanation erhielt, und zwar etwa 4—5 Tage lang. Verwendet wurden eingetopfte und abgeschnittene Pflanzen von Aesculus hippocastanum und Phaseolus multiflorus. Die Versuche mit Phaseolus fielen negativ aus, d. h. es ließ sich ein recht deutlicher Einfluß des Emanationsgehaltes nicht nachweisen, doch glaubt Stoppel eher eine Hemmungswirkung feststellen zu können. Dagegen glaubt sie bei chlorotischen abgeschnittenen Zweigen von Aesculus eine deutlich fördernde Wirkung der Emanation beobachtet zu haben, während bei eingetopften Aesculuspflanzen die Wirkung wieder undeutlich wurde, da in $^2/_3$ der Fälle eine Förderung, in $^1/_3$ eine Hemmung wahrzunehmen war. So wertvoll der den Versuchen zugrunde liegende Gedanke ist, so sehr muß doch, auch nach Stoppel selbst, betont werden, daß, m über den Wert der gewonnenen Ergebnisse ein endgültiges Urteil fällen zu können, noch eine Verbreiterung der Versuchsbasis und eine kritische Vertiefung der Methode notwendig sind.

Etwas besser unterrichtet sind wir über den Einfluß der Elektrizität auf die Transpiration. So hat Fr. Darwin mit seinem Hornhygroskop gezeigt, daß bei manchen Pflanzen, z. B. Tropaeolum, Lonicera, Narcissus, Amaryllis, durch schwache Ströme ein Öffnen der Spaltöffnungen und damit eine Verstärkung der Transpiration eintreten kann, während durch stärkere Spaltenschluß und demgemäß Transpirationsverminderung verursacht wird. Dazwischen muß natürlich ein Gebiet der Stromstärke liegen, bei dem die Wirkung der Elektrizität unmerklich ist. Dieses Verhalten, das ja ganz analog bei der Einwirkung aller möglichen anderen Außenfaktoren auf die Pflanze sich zeigt, daß nämlich je nach der Reizintensität Förderung, Indifferenz oder Hemmung auftritt, macht auch die recht verschiedenartig lautenden Befunde der zahlreichen Autoren verständlich, die direkt durch Wägung oder potometrische Messung den Einfluß der Elektrizität auf die Transpiration der Pflanzen untersucht haben.

Nollet (1747) nahm 2 Birnen von etwa gleichem Gewicht und elektrisierte eine davon etwa 5 Stunden. Während die Vergleichsbirne keinen meßbaren Gewichtsunterschied aufwies, verlor die elektrisierte 5 Gran (ca. 0,25 g). Jallabert setzte Narzissenzwiebeln in Gläser und verglich den Gewichtsverlust gleich weit entwickelter elektrisierter und nicht elektrisierter. Von 2 Gläsern wog das nicht elektrisierte:

bei Beginn des Versuches	20	Unzen	5	Gros	45	Gran,
nach 3 Tagen	20	„	4	„	60	„ ;

das elektrisierte:

bei Beginn des Versuches	20	Unzen	2	Gros	—	Gran,
nach 3 Tagen	19	„	6	„	56	„ .

Dies entspricht einem Transpirationsverlust von etwa 2,5 g bzw. 12,5 g bei nicht elektrisierten bzw. elektrisierten Narzissen. Die Transpirationssteigerung beträgt also mehrere 100%.

Bose schickte Stromstöße eines Induktoriums durch Pflanzenstengel, die am Potometer saugten, und beobachtete Erhöhung der Saugung, die aber dann ausblieb, wenn die Elektroden, statt der Pflanze auzuliegen, ins Wasser tauchten, so daß nur ein kleiner Teil des Stromes durch die Pflanze ging. Daraus schließt Bose, daß Elektrolyse oder sonstige Störung durch den Strom nicht

Ursache der Saugungsvermehrung sein können, sondern nur Reizung des Plasmas.

Dieser Schluß ist natürlich nicht zu rechtfertigen; denn die Stromdichte, auf die bei Bose niemals Rücksicht genommen wird, wird natürlich im 2. Falle viel geringer sein und somit die Konzentrationsänderung durch Polarisation an und in dem durchströmten Pflanzenteil.

Thouvenin durchströmte die Sproßachsen oder einzelne Blätter verschiedener Pflanzen mit sehr schwachen Strömen und fand eine Steigerung der Transpiration der durchströmten Pflanzen. Er verfuhr dabei so, daß zunächst 2 Pflanzen A und B getrennt gewogen wurden, dann A durchströmt, B als Kontrollpflanze nicht durchströmt wurde. Nach 1 Stunde wird erneut gewogen, darauf B durchströmt, während A als Kontrolle dient, und nach 1 Stunde wird wieder gewogen.

Mit der Steigerung der Wasserabgabe durch den elektrischen Strom geht aber auch wahrscheinlich eine Steigerung der Aufnahme einher; denn Thouvenin beobachtete, daß junge Pflanzen verschiedener Gattungen, z. B. Linum, Euphorbia, Mercurialis, die nach dem Umsetzen in Töpfe gewelkt waren und sich niedergebeugt hatten, durch elektrische Ströme rasch wieder turgescent wurden und aufrecht blieben auch nach Aufhören des Stromes. Dabei war die Sproßspitze der Versuchspflanze an dem leitenden Faden eines Auxanometers befestigt, der durch ein Gegengewicht gespannt wurde. Das freie Ende des Fadens war mit dem einen Pol einer Batterie verbunden, während eine in den Boden des Topfes gestellte Kupferplatte mit dem anderen verbunden war. Während nichtdurchströmte ebenfalls an ein Auxanometer adjustierte Kotrollpflanzen nach Abbrechen der etwa 17stündigen Versuchsdauer sich wieder schlaff nach unten beugten, blieben die durchströmten dauernd aufrecht. Die Stromstärke war auch in diesen Versuchen äußerst gering, $0{,}008$—$0{,}004 \cdot 10^{-6}$ Amp. Bei Senecio vulgaris ergab sich gar keine Stromwirkung, bei Mercurialis nur, wenn der Strom von der Sproßspitze zur Wurzel floß. Also selbst bei gleicher Versuchsanordnung traten ganz verschiedene Wirkungen bei verschiedenen Pflanzenarten ein. Die Zunahme der Wasseraufnahme wurde von Thouvenin zwar nicht direkt, z. B. potometrisch, gemessen, jedoch ist sein Schluß, daß die Turgescenzsteigerung auf einer die Transpirationssteigerung durch den Strom noch überschreitenden Wasseraufnahme beruht, kaum von der Hand zu weisen, sofern seine Versuchsergebnisse richtig sind. Fraglich aber bliebe, ob diese Steigerung primär auf einer gesteigerten Wurzeltätigkeit beruht oder ob primär irgendwelche Veränderung im osmotischen Druck oder der Permeabilität der oberirdischen Gewebe eintritt, die sekundär die Wasseraufnahme steigert.

Gassner stellte in einem Abstand von 15—49 cm von Töpfen oder Porzellanschalen mit Wasser isolierte, an Glasstäben befestigte Nadeln auf, die mit dem einen Pol einer Influenzmaschine verbunden waren, deren anderer Pol geerdet war, und beobachtete eine Transpirationssteigerung um das Doppelte bis Sechsfache gegenüber der Transpiration von unbestrahlten Kontrollschalen. Er nimmt deshalb, zweifellos mit Recht, an, daß auch in analogen Versuchen mit Gerstenkeimlingen, in denen er Elektrokulturerfolge beobachtete, die Transpiration wesentlich gesteigert gewesen ist, und zwar beruht die Steigerung nach seinen Angaben auf dem elektrischen Wind, der ja beim Ausströmen von Elektrizität aus Spitzen entsteht.

Lemström hat zur Erklärung seiner Elektrokulturerfolge die von ihm gemachten elektroosmotischen Versuche herangezogen. So schreibt er (1905): „Da nun die Pflanzen ihre Säfte durch Capillarröhren aufsaugen und das Aufsteigen der Säfte in ihnen durch ebensolche Röhren bedingt wird, so ist es leicht einzusehen, daß der günstige Einfluß ... von der Heraufbeförderung von Wasser bzw. Pflanzensäften abhängt, die von dem elektrischen Strom von der Erde aus durch die Pflanze zu den Spitzen des isolierten Drahtnetzes bewirkt wird."

Diese Anschauung Lemströms, daß bereits eine rein physikalisch bedingte Förderung der Wasserbewegung durch so schwache Ströme, wie sie bei der Elektrokultur angewandt werden, einen merklichen Betrag, ja einen das ganze Wachstum fördernden Betrag ausmachen können, ist durch verschiedene Versuche von mir widerlegt. Es ergab bei Bohnen weder die Messung der Wasseraufnahme am Potometer noch die Messung des Transpirationsverlustes durch Wägung eine meßbare Zunahme, wenn die Bohnen unter einem mit Spitzen versehenen Drahtnetz geerdet standen und Ströme von etwa 10^{-11}—10^{-6} Amp. hindurchgeschickt wurden, also von der Größenordnung, wie sie bei der Elektrokultur im Freien benutzt werden bis zum Hunderttausendfachen. Meßbaren elektroosmotischen Wassertransport erhält man erst bei Stromstärken, die bereits in kürzester Zeit schwer schädigend oder tödlich wirken. Der rein physikalische Vorgang der Elektroosmose, dessen Gesetze oben ausführlich besprochen wurden und genau bekannt sind, kommt also für die Wasserbewegung und Transpirationsförderung bei der Elektrokultur merklich nicht in Betracht. Etwas anderes ist es, wenn man auf Grund der Tatsache, daß alle Wasserverschiebung im Organismus irgendwie mit osmotischen Vorgängen verknüpft ist, den Begriff der „Elektroosmose" physiologisch faßt und darunter alle Arten von Wasser- bzw. Saftbewegung versteht, die irgendwie, sei es auch nur indirekt und in unbekannter Weise, durch elektrische Veränderungen verursacht sind. In diesem physiologischen Sinne hat die Elektroosmose eine außerordentliche Bedeutung für die Saftbewegung in der Pflanze; denn unter diesen Begriff fallen ja dann auch die oben erwähnten Transpirationsänderungen durch elektrischen Wind, die Reizwirkung auf die Spaltöffnungen sowie die Saftbewegung durch Reizwirkung auf den Turgescenzzustand der Gewebe und vieles andere. Ich halte es aber für überaus unzweckmäßig, den Namen Elektroosmose in diesem erweiterten Sinne zu gebrauchen, da er zuerst für einen scharf definierten physikalischen Vorgang verwendet wurde.

Auch über die Beeinflussung der CO_2-Assimilation lauten, wie nicht anders zu erwarten, die Angaben ganz verschieden. Thouvenin hat sich zuerst mit dieser Frage beschäftigt. Seine Versuchsanordnung bestand darin, daß mittels Kupferdrähten, die an Basis und Spitze einer Wasserpflanze in einem Gefäß mit kohlensäurehaltigem Wasser angelegt waren, sehr schwache Ströme durch diese geschickt wurden. Die Assimilation wurde mittels der Gasblasenmethode gemessen, wobei durch geeignete Anordnung dafür gesorgt wurde, daß die an den Polen gebildeten gasförmigen elektrolytischen Produkte der Wasserzersetzung nicht in das zwecks Aufnahme der bei der Assimilation entwickelten Gasblasen übergestülpte Reagensglas gelangen konnten. Aus dem Ergebnis seiner Versuche schließt Thouvenin, daß der elektrische Strom die Kohlensäureassimilation fördert, da das Volumen des bei elektrischer Durchströmung ausgeschiedenen Gases und die darin enthaltene Sauerstoffmenge größer war als in der gleichen Zeit, wenn keine Durchströmung stattfand. Wenn durch Chloroformieren die Assimilation und Gasblasenentwicklung zum Stillstand gekommen war, trat auch bei einsetzender elektrischer Durchströmung keine Gasentwicklung mehr auf. Daraus folgert Thouvenin, daß die Förderung der Gasentwicklung bei Durchströmung nicht auf Ausscheidung von Elektrolyseprodukten beruht, wie sie bei Zersetzung des in der Pflanze befindlichen Wassers bzw. der in der Pflanze befindlichen gelösten H_2CO_3 entstehen können.

Ebenfalls eine Förderung der Assimilation durch elektrische Ströme fand Pollacci, wobei die Assimilation durch Bestimmung der gebildeten Stärke gemessen wurde. Wechselströme, Gleichströme und dunkle Entladungen bis zu einer gewissen Intensität ergaben diese Förderung. In einigen Blättern, die im Dunkeln normalerweise keine Stärke bildeten, kam es bei Durchströmung auch ohne Belichtung zur Stärkebildung. Für die Folgerung, die Pollacci daraus zieht, daß die Lichtenergie in ihrer Funktion beim Assimilationsprozeß wenigstens teilweise durch elektrische Energie ersetzt werden kann, bietet allerdings diese Beobachtung keinen Anhaltspunkt; denn, ihre Richtigkeit vorausgesetzt, ist es sehr wohl möglich, daß es sich lediglich um die Begünstigung eines Kondensationsprozesses z. B. von Zucker in Stärke handelt, der auch im belichteten Blatt ohne direkten Verbrauch von Lichtenergie verläuft.

Koltonski hat die Versuche Thouvenins mit verbesserter Anordnung wiederholt. Kohleelektroden und Pflanzen befanden sich in getrennten Glströgen, die durch mit 10 proz. Gelatine gefüllte Heber verbunden waren. Im Pflanzentrog wurde außerdem durch dauernden Wasserzu- und -abfluß die Einwirkung von an den Elektroden entstehenden Elektrolyseprodukten auf die Pflanze verhindert. Eine unter genau denselben Bedingungen wie die Versuchspflanze, nur ohne Einwirkung des elektrischen Stromes gehaltene Kontrollpflanze gestattete den Einfluß von Änderungen der Belichtung, Temperatur usw. auf die Versuchsergebnisse in Rechnung zu stellen. Die Pflanzen, Elodea und Ceratophyllum, wurden durchströmt, indem

1. mit den Elektroden verbundene Platindrähte um je eine an der Spitze und Basis befindliche Stelle der Pflanze isoliert angelegt wurden;

2. der ganze Trog, in dem die Pflanze an Glasstäben befestigt war, durchströmt wurde.

Im 1. Falle ist die Stromdichte in der Pflanze bei gleicher Stromstärke im Kreis größer als im 2. Es ergab sich in beiden Fällen, daß kurzdauernde schwache Ströme die Blasenausscheidung fördern, stärkere und längerdauernde sie hemmen. Nur sehr schwache Ströme behalten auch bei längerer Einwirkung eine fördernde Wirkung. Ströme, die die Pflanze von der Spitze zur Basis durchfließen, rufen eine schädigendere, die Blasenausscheidung stärker vermindernde Wirkung hervor als in umgekehrter Richtung fließende. Fördernde und hemmende Wirkung wachsen annähernd proportional der Zeitdauer des einwirkenden Stromes. Im einzelnen zeigen die beiden Versuchsanordnungen jedoch recht auffällige Abweichungen. Wenn die Pflanze mittels Platinelektroden durchströmt wird, erhält man bei intermittierender Reizung jedesmal bei Einsetzen des Stromes eine Steigerung, bei Ausschalten eine Verminderung der Gasblasenzahl, während bei intermittierender Durchströmung des ganzen Troges zwar auch bei geringen Stromstärken in der Gesamtversuchszeit von etwa 20 Minuten eine Vermehrung der Gasblasenzahl eintritt, jedoch das Verhalten nach Ein- und Ausschalten in den einzelnen Perioden ganz unregelmäßig ist. Dies und verschiedene andere Beobachtungen Koltonskis deuten, wie ihm selbst nicht entgangen ist, darauf hin, daß die Vermehrung der Gasblasenzahl durchaus nicht ohne weiteres einer Förderung der Assimilation gleichgesetzt werden darf. Zweifellos ist bei Koltonskis ebenso wie bei der analogen Versuchsanordnung Thouvenins in den Ergebnissen neben physiologischer sehr viel physikalisch-chemische Stromwirkung enthalten, ohne daß es möglich wäre, sich ein Bild zu machen, in welchem Verhältnis diese beiden Faktoren stehen. Kohlensäure kann durch bei der Elektrolyse in und an der Pflanze befindlichen Wassers entstehenden Wasserstoff reduziert werden, die Zusammensetzung der Gasblasen muß sich infolge elektrolytischer Vorgänge in der Pflanze bei der Durchströmung ändern, und damit verliert die ohnehin nur mit großer Kritik anwendbare Gasblasenmethode für die zu prüfende Frage nach der Änderung der CO_2-Assimilation durch elektrische Durchströmung ganz und gar ihren Wert. Einwandfreiere Ergebnisse wird man wohl mit der von Pollacci verwendeten Methode der Stärkebestimmung erzielen. Aber auch hier müßte gleichzeitig eine Kontrolle der aufgenommenen CO_2-Mengen vorgenommen werden. Denn einesteils deutet die oben erwähnte Beobachtung Pollaccis, daß sich unter der Einwirkung elektrischer Ströme im Dunkeln in Blättern Stärke bildet, darauf hin, daß es sich bei der Zunahme der Stärke in gewissen Fällen um einen Vorgang handelt, der nichts mit einer Assimilationsförderung zu tun hat, andererseits haben unveröffentlichte, mit einer äußerst empfindlichen interferometrischen CO_2-Bestimmung ausgeführte Versuche von Haber und Neustadt keinerlei Änderung des Kohlensäureverbrauchs an Blättern ergeben, die in einer der Lemströmschen Elektrokulturanordnung entsprechenden Weise durchströmt wurden. Die Wirkung der Elektrizität auf die CO_2-Assimilation bedarf also noch einer gründlichen kritischen Untersuchung, bevor man ein wissenschaftlich begründetes Urteil über sie abgeben kann.

Über den Einfluß radioaktiver Substanzen und von Röntgenstrahlen auf Pflanzen liegen zahlreiche Untersuchungen vor (Molisch, Körnicke). Es ergab sich bei schwacher Dosierung bisweilen Förderung, bei stärkerer stets Hemmung und Schädigung von Wachstum und Entwicklung. Ein tieferes kausales Verständnis der Wirkung ist jedoch durch diese Arbeiten nicht erreicht worden. Es möge daher der Hinweis auf eine Zusammenstellung diesbezüglicher Untersuchungen bei Grafe und Körnicke genügen.

VIII. Die Produktion elektrischer Energie durch die Pflanze.

Die Produktion elektrischer Energie durch eine Pflanze läßt sich nachweisen durch Anlegen eines ableitenden Bogens an 2 Stellen ihres Gewebes. Man bedient sich dazu in der Regel zweier unpolarisierbarer Elektroden, die zu den Klemmen eines Galvanometers oder Elektrometers führen. Wie bereits Pfeffer nachdrücklich hervorgehoben hat, besagt das Fehlen einer mit dieser Methode nachweisbaren Potentialdifferenz eben nichts weiter, wie daß eine solche zwischen den 2 Punkten, von denen abgeleitet wird, nicht vorhanden ist. Keineswegs jedoch ist in diesem Falle der Schluß erlaubt, daß nicht im Gewebe zwischen den Ableitungsstellen Potentialdifferenzen auftreten; denn solche könnten vorhanden sein und sich nur deshalb dem Nachweis mit unserer Methode entziehen, weil sie sich derart kompensieren, daß eine nach außen ableitbare Potentialdifferenz zwischen den betreffenden Punkten nicht zustande kommt.

Die mit dieser Methode nachgewiesenen Pflanzenströme lassen sich in Analogie mit der Einteilung tierischer Ströme als Ruhe- und Reizströme unterscheiden. Als Ruheströme bezeichnet man die langdauernden Ströme, deren Auftreten der Ausdruck stationärer Prozesse oder Zustände im Organismus ist, als Reiz- oder Aktionsströme die kurzdauernden, die Ausdruck einer transitorischen Veränderung im Gewebe sind. Da es eine scharfe Grenze zwischen stationären und transitorischen Prozessen im Organismus nicht gibt, so kann es auch keine scharfe Grenze zwischen Ruhe- und Reizströmen geben, geschweige eine ziffernmäßige Festlegung der Dauer, ober- bzw. unterhalb deren ein Strom als Ruhe- bzw. Reizstrom anzusprechen ist. Die Folge davon ist, daß in Grenzfällen die Bezeichnung eines beobachteten Stromes als Ruhe- oder Reizstrom mehr oder weniger willkürlich ist, und daß bei der engen Wechselwirkung aller Prozesse im Organismus eine enge, kausale Verkettung zwischen Reiz- und Ruheströmen bestehen kann, derart, daß z. B. die Richtung eines Ruhestromes sich als Nachwirkung eines vorangegangenen Reizstromes erweist oder die Richtung und Stärke eines Reizstromes als Funktion eines vorangegangenen Ruhestromes.

A. Ruheströme.

Leitet man von zwei symmetrischen unter gleichen Bedingungen befindlichen Punkten einer Pflanze ab, so erhält man im allgemeinen keinen Strom, leitet man von zwei unsymmetrischen Punkten ab („innere“ Asymmetrie), so erhält man in der Regel einen Strom, der im ableitenden Bogen natürlich in entgegengesetzter Richtung fließt wie in der Pflanze. Wir bezeichnen eine Stelle als galvanometrisch positiv oder negativ, je nachdem die Richtung des positiven Stromes im ableitenden Bogen von ihr weg oder auf sie zu gerichtet ist. Allgemeine Gesetze, die eine Beziehung zwischen der Richtung oder sonstigen Eigenschaften des Ruhestromes einerseits, der Natur der Ableitungsorte an der Pflanze andererseits ausdrücken, haben sich bis jetzt nicht ergeben. Dagegen zeigen sich gewisse Regelmäßigkeiten, wie die galvanometrische Positivität der Blattrippe gegenüber dem Mesophyll und der Hauptrippe gegenüber den Nebenrippen. Ebenso weist die Spannungsverteilung an den Blättern ein und derselben Art in der Regel eine gewisse Konstanz auf, wie dies z. B. von Munk

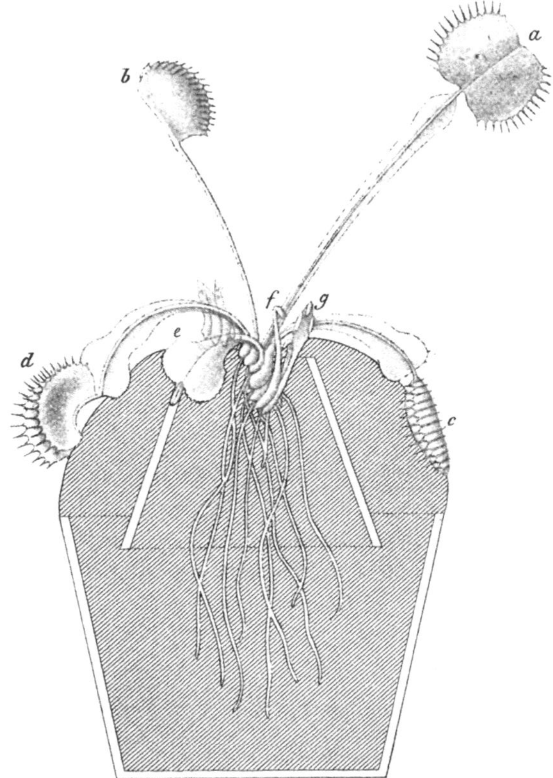

Abb. 23. Nach Biedermann, Elektrophysiologie.

für das Blatt von Dionaea nachgewiesen ist. Den Habitus des Dionaeablattes, mit dem wir uns im Laufe dieses Kapitels noch eingehend beschäftigen werden, zeigt Abb. 23. Man sieht, daß das an einem geflügelten Blattstiel sitzende Blatt aus zwei scharf voneinander abgesetzten, mit Randstacheln versehenen Hälften besteht. Diese Hälften sind wie die sie verbindende Mittelrippe an der Oberseite konkav, an der Unterseite konvex. Auf ihrer Oberseite sitzen im Dreieck angeordnet 3 Haare, die der Hauptsitz der Reizbarkeit sind. Auf einen Reiz hin klappen die beiden Blatthälften nach oben gegeneinander zusammen, so daß ein bohnenförmiges Gebilde entsteht. Die Unterseite des Blattes ist gegen Reizung unempfindlich, während die obere Schicht des Blattflügels und Mittelrippenparenchyms reizempfindlich und reizleitend ist. Wasserentziehung, chemische oder mechanische Reizung bewirken auf der Blattoberseite appliziert Schließen des Blattes. Die Schließung beginnt etwa 1 Sekunde nach der Reizung und ist spätestens nach 1 Minute beendet, während die Wiederöffnung oft über 24 Stunden beansprucht.

Munk fand, daß eine Stelle etwa $^2/_3$ von der Blattspitze an der Mittelrippe die galvanometrisch negativste ist. Jeder Punkt der Mittelrippe ist galvanometrisch negativ gegen einen Punkt der Blattfläche. Die Senkrechten auf der Mittelrippe sollen als Querlinien bezeichnet werden. Auf jeder Querlinie findet sich ein Punkt maximalster Positivität. Die Verbindungslinie aller dieser Maxima der Querlinien liegt der Mittelrippe annähernd parallel und wird von Munk als Hauptlängslinie bezeichnet. Munk findet die Spannungsverteilung auf Ober- und Unterseite des Blattes ziemlich übereinstimmend und demnach zwischen einem Punkt der Ober- und dem senkrecht darunter befindlichen der Unterseite keinen Spannungsunterschied. Diese Angabe ist jedoch durch Untersuchungen von Burdon Sanderson als unrichtig erwiesen, auf die wir später zurückkommen.

Drüsige Organe sind nach den Angaben Boses im Ruhezustande galvanometrisch positiv gegen drüsenfreie Teile, z. B. die drüsige Innenseite der Nepentheskanne gegen deren Außenseite, die drüsigen Teile von Drosera gegen nichtdrüsige. Ruheströme an wachsenden Organen untersuchte Müller-Hettlingen. Er fand, daß die Kotyledonen von Vicia stets galvanometrisch positiv sind, sowohl gegen das Epikotyl wie gegen das Hypokotyl oder die Wurzel. Bose glaubt als allgemeines Gesetz den Satz aufstellen zu können, daß der Ruhestrom im Gewebe zwischen 2 Stellen von der weniger erregbaren zur erregbareren fließe, die erregbarere also galvanometrisch positiv gegen die weniger erregbare sei. Doch genügen die wenigen Beispiele, die Bose hierfür anführt, keineswegs zum Beweis. Die eben erwähnten Versuche Müller-Hettlingens scheinen mir dagegen zu sprechen.

Bei den bisher erwähnten Ruheströmen wurde stets an beiden Elektroden die gleiche Ableitungsflüssigkeit verwendet. In der tierischen Physiologie war es schon lange bekannt, daß bei Verwendung verschiedener Ableitungsflüssigkeiten an beiden Elektroden Ströme auftreten („asymmetrische" Ableitung). Loeb und Beutner zeigten, daß dasselbe Verfahren auch an pflanzlichen Objekten sowohl bei Ableitung von symmetrischen wie unsymmetrischen Punkten zum Auftreten von Ruheströmen führt, wenngleich die auftretenden EMK geringer sind als an tierischen Objekten. So ergab z. B. die Ableitung von einem Apfel mit m/100 KCl an der einen, mit m/100 HCl an der anderen Elektrode 0,02—0,03 V, wobei die HCl-Elektrode galvanometrisch negativ wurde. Dabei zeigte sich eine bestimmte Abhängigkeit der EMK von der Art der verwendeten Ionen. Zum Beispiel ergab sich bei einem Versuch mit einem Blatt von Ficus elastica bei Verwendung desselben Salzes an einer Elektrode, von wechselnden Salzen an der anderen folgendes mit dem von Höber am tierischen Muskel gefundenen übereinstimmendes Verhalten:

m/10	KCl	an der variablen Elektrode	0,013 V
„	NaCl	„ „ „ „	0,030 „
„	$BaCl_2$	„ „ „ „	0,048 „
„	$CaCl_2$	„ „ „ „	0,054 „
„	$MgCl_2$	„ „ „ „	0,056 „

Also besteht in bezug auf die elektromotorische Wirksamkeit der Ionen die Reihe K $<$ Na $<$ Ba $<$ Ca $<$ Mg.

Zur Erzeugung eines Ruhestroms durch „äußere" Asymmetrie ist jedoch die Verwendung verschiedener Salze an beiden Elektroden nicht erforderlich. Es genügt bereits die Verwendung verschieden konzentrierter Lösungen desselben Elektrolyten. Dabei ergaben sich nach den Untersuchungen Loeb und Beutners folgende Gesetzmäßigkeiten:

1. Der Konzentrationseffekt ist so gerichtet, daß die Seite mit der verdünnten Lösung galvanometrisch positiv ist unabhängig von der Natur der Ionen in der Ableitungsflüssigkeit. Reines Wasser wirkt wie eine verdünnte Lösung.

2. Der Konzentrationseffekt ist bei hohen Konzentrationen kleiner als bei niedrigen und zwar ebenfalls bei allen Salzen. So wurden an einem Apfel folgende Werte beobachtet:

	1. Versuch	2. Versuch
m/10 gegen m/50 NaCl	0,029 V	0,024 V
m/50 „ m/250 „	0,042 „	0,036 „
m/250 „ m/1250 „	0,041 „	0,038 „

3. Der Konzentrationseffekt ist zeitlich umkehrbar, d. h. wenn man bei einer bestimmten Anordnung eine gewisse EMK gemessen hat, darauf die Lösung an einer Elektrode durch eine andere ersetzt, die eine andere EMK ergibt, so erhält man bei Ersatz dieser Lösung durch die ursprüngliche auch wieder den ursprünglichen Wert der EMK. Dies ist jedoch nur bei Pflanzenteilen mit glatten, unverletzten Oberflächen der Fall. Bei verletzten oder runzeligen ist die Umkehrbarkeit unvollkommen, was offenbar damit zusammenhängt, daß die einmal adsorbierten Ionen nicht so leicht wieder bei Bespülen mit anderer Flüssigkeit abgegeben werden.

4. Elektromotorischer Konzentrationseffekt und osmotische Wirksamkeit sind Eigenschaften, die einander ausschließen. Nur permeierende Substanzen erzeugen einen Konzentrationseffekt, dagegen nicht impermeable, osmotisch wirksame Stoffe wie Rohrzucker, Harnstoff, Glycerin. Als Beispiel für die elektromotorische Wirksamkeit permeierender Anaesthetica führt Beutner folgende Messungen an: Die Kette

— Elektrode m/10 NaCl	Apfel	m/1000 NaCl	+ Elektrode m/10 NaCl

hatte eine EMK von 0,119 V, nach Zusatz von 10% Äthylalkohol sank sie auf 0,110 V, nach Zusatz von 20% Äthylalkohol sank sie auf 0,099 V, nach Zusatz von 40% auf 0,083 V. Die Verminderung der EMK ist bei nicht zu hoher Alkoholkonzentration völlig umkehrbar. Natürlich wird man diesen Befund unserer Autoren nur auf die Permeabilität für diejenigen Membranen beziehen dürfen, die der Sitz der entstehenden EMK sind. Eine Erweiterung und Vertiefung unserer Kenntnisse über die Beziehung zwischen Permeabilität und elektromotorischer Wirksamkeit ist durchaus notwendig und wird zeigen, wie weit die angeführte Regel Gültigkeit besitzt.

5. Der Konzentrationseffekt der unverletzten Oberfläche ist bedeutend größer als der der verletzten (enthäuteten). Zum Beispiel ergab ein Versuch am Apfel für das Intervall

	Unverletzte Oberfläche	Verletzte Oberfläche
m/1000 gegen m/100 KCl	0,052 V	0,020 V
m/100 „ m/10 „	0,046 „	0,018 „
m/10 „ m/1 „	0,014 „	0,009 „

Die bisher betrachteten Ruheströme, mit Ausnahme der letztangeführten, wurden an unverletzten Organen nachgewiesen. Aber auch die Ruheströme an verletzten Teilen sind eingehend untersucht. Jede Verletzung ruft zwar im allgemeinen, wie wir bei Besprechung der Reizströme sehen werden, einen kurzdauernden Reizstrom hervor, abgesehen von diesem tritt jedoch auch in der Regel ein langdauernder Läsionsstrom auf, der der Ausdruck des durch die Verletzung geschaffenen stationären asymmetrischen Zustandes ist.

Dabei zeigt sich im allgemeinen die verletzte Stelle als galvanometrisch negativ gegenüber der unverletzten (Jürgensen, Hermann, Velten, Ranke, Kunkel). Die elektromotorischen Kräfte betragen einige Hundertstel Volt, sind also etwa von der Größenordnung der entsprechenden Läsionsströme an Muskeln; besonders hoch sind sie an Pilzstielen. Galvanometrisch positiv ist der Querschnitt nach Ranke und Velten, wenn der Läsionsstrom von einer enthäuteten Längs- und Querfläche eines Stengelstückes abgeleitet wird. Die Bezeichnung eines solchen Stromes als „wahrer“ Pflanzenstrom gegenüber den „falschen“ von unverletzter Längsfläche und verletztem Querschnitt abgeleiteten Strömen, die Ranke einführt, ist natürlich völlig willkürlich und wenig glücklich. Übrigens sind auch mehrfach Ausnahmen von dem angegebenen Verhalten gefunden worden. So beobachtete Velten, daß der Stengelquerschnitt von Nasturtium officinale auch nach Wegschneiden der Epidermis von dessen Längsfläche galvanometrisch negativ gegen diese ist. Besonders eingehend wurden die Verhältnisse von Loeb und Beutner am Apfel untersucht.

Ein unverletzter Apfel wurde mit seinem unteren Teil in eine mit m/50 KCl-Lösung gefüllte Schale gebracht, an seiner oberen, in die Luft ragenden Hälfte wurde symmetrisch zur Benetzungsstelle an der unteren Hälfte eine Verletzung in Form einer flachen Höhlung angebracht, und in diese Höhlung ebenfalls m/50 KCl-Lösung als Ableitungsflüssigkeit gefüllt. Der abgeleitete Läsionsstrom, der während vieler Minuten annähernd konstant blieb, zeigte galvanometrische Negativität der verletzten Stelle. Dann wurde die Höhlung durch Abtragen weiterer Schichten des Fruchtfleisches immer weiter vertieft. Es zeigte sich, daß die EMK des Verletzungsstromes unabhängig ist von der Größe der Verletzung. Erst nachdem man das ganze Fruchtfleisch bis auf eine $^1/_4$ cm dicke Schicht abgetragen hat, sinkt die EMK in einem wahrnehmbaren Betrage. Ist schließlich alles Fruchtfleisch bis zur inneren Seite der entgegengesetzten Schale entfernt, so sinkt die Kraft nahezu auf Null. Auf die Deutung dieses Versuches kommen wir später zu sprechen.

Absterbendes Gewebe ist wie verletztes gegen lebendes Gewebe im allgemeinen galvanometrisch negativ, es ist aber nach Bose auch gegen abgestorbenes negativ. Als Beispiel seien die Verhältnisse am Blatte von Coloccasia angeführt, an dem vielfach fleckenweises Absterben von Gewebe vorkommt. Geht man von einer Stelle des grünen Gewebes radial auf die Mitte eines Fleckens, so kommt man von lebenden über absterbende in abgestorbene Zonen. Legt man eine Elektrode an das lebende Gewebe unverschieblich an, während man die andere in radialer Richtung auf die Mitte eines abgestorbenen Fleckens zu verschiebt, so wird zunächst das Gewebe an der variablen Elektrode immer negativer, dann nimmt die Negativität immer mehr ab, bis die Potentialdifferenz ganz verschwindet, und schließlich erweist sich das völlig abgestorbene Gewebe sogar als galvanometrisch positiv gegenüber dem lebenden, welch letztere Erscheinung allerdings nicht allgemein auftritt.

Die Ruheströme sind nach den Untersuchungen Haakes und Kleins abhängig von der Atmungs- und Assimilationsintensität der Pflanzen. Wurde die Atmung von Blättern durch Sauerstoffentzug sistiert, so sank auch die Größe des Ruhestroms beträchtlich auf einen konstanten Wert. Dasselbe trat ein, wenn durch Verdunklung die CO_2-Assimilation unterbunden wurde, während nicht grüne, also nicht assimilierende Pflanzenteile in diesem Falle nur eine geringfügige Änderung des Ruhestroms erkennen ließen. Beide Änderungen sind reversibel, so daß also bei Eintritt der normalen Lebensbedingungen auch wieder der Ruhestrom seine normale Größe erreicht. Nach Bose verursacht allmähliche Temperaturzu- bzw. -abnahme eine Zu- bzw. Abnahme des Ruhestroms. Durch starke Abkühlung kann es sogar zur Umkehr seiner Richtung kommen. Nach Kunkel kann durch Welken eine Umkehr des normalen Blattstromes erzeugt werden, der bei Wiederfrischwerden wieder die normale Richtung annimmt, und nach Bose tritt auch durch vorangegangene Reizung und Ermüdung eine Umkehr ein. Wir haben es hier mit den bereits oben erwähnten Grenzfällen zwischen Ruhe- und Reizströmen zu tun.

Mit dem Tode verschwindet im allgemeinen entweder der Ruhestrom oder er kehrt seine Richtung um. Letzteres ist besonders bei anisotropen Organen der Fall (nach Bose). Doch findet Beutner an toten Ficusblättern gleichgerichtete und gleich große Ruheströme wie an lebenden. Bei der Bedeutung, die gerade eine etwaige Differenz oder Übereinstimmung von Ruheströmen an lebenden und toten Geweben für die Erklärung der Ruheströme haben muß, verdient dieser Punkt eine ausführliche experimentelle Untersuchung.

B. Reizströme.

I. Es wird nur in der Nähe einer der ableitenden Elektroden gereizt.

Leitet man von zwei beliebigen Stellen einer Pflanze ab und appliziert an oder in der Nähe der einen Elektrode einen Reiz, gleichviel welcher Art, so wird im allgemeinen die gereizte Stelle galvanometrisch negativ gegen die ungereizte, ein Verhalten, das ganz demjenigen tierischer Objekte entspricht. Oft wird das Verhalten durch Auftreten bi- oder mehrphasischer Schwankungen kompliziert, d. h. die gereizte Stelle verhält sich in aufeinanderfolgenden Augenblicken bald positiv, bald negativ gegen die ungereizte.

1. Thermische Reizung.

Appliziert man in der Nähe einer von zwei ableitenden Elektroden einen thermischen Reiz, z. B. durch Anlegen eines heißen Platindrahtes, so erhält man im ableitenden Bogen einen Galvanometerausschlag, der anzeigt, daß die Gegend der gereizten Stelle sich galvanometrisch negativ gegen die der ungereizten verhält. Die Größe des Ausschlages verändert sich umgekehrt proportional der Entfernung der Elektrode vom Reizort. Während im allgemeinen einem einzelnen Reiz auch nur ein einzelner Galvanometerausschlag entspricht, kommt es in gewissen Fällen nach starkem Reiz auch zu periodischen Ausschlägen (multiple response nach Bose). Dies ist besonders der Fall bei solchen Organen, die auch auf andere Reize und in anderen Reaktionsformen, z. B. bei Bewegungsreaktionen, Periodizität zeigen. Bose gibt eine Kurve für mehrfache elektrische Ausschläge nach einmaliger kurzer thermischer Reizung von Biophytum sensitivum, bei dem bekanntlich nach starkem Reiz auch eine periodische Auf- und Abwärtsbewegung der Blättchen bewirkt wird.

2. Lichtreizung.

Die ersten Beobachtungen über elektromotorische Wirkung der Belichtung von Pflanzenteilen verdanken wir Haake und Querton. Waller legte je eine Elektrode symmetrisch auf die beiden Hälften eines verdunkelten Blattes. Bei Belichtung der einen Hälfte wurde die beleuchtete Hälfte galvanometrisch negativ. Nach Aufhören der Beleuchtung trat eine positive Nachwirkung auf (Iris).

In einigen Fällen (Mathiola, Tropaeolum) wurde jedoch die beleuchtete Seite galvanometrisch positiv, nach dem Verdunkeln negativ gegen die dauernd unbelichtete Seite. An chlorophyllfreien Blättern erhielt er bei gleicher Versuchsanordnung keine elektromotorische Wirkung der Belichtung. Er glaubt deshalb, daß die photoelektrische Wirkung an das Vorhandensein von Chlorophyll gebunden sei. Ihr Ausbleiben bei grünen Blättern einiger Arten führt er auf deren zu geringen Stoffwechsel zurück. Wallers Erfahrungen wurden bestätigt und erweitert durch Bose. Dieser fand sowohl an den etiolierten Sprossen von Sellerie wie an den Blütenblättern von Sesbania coccineum und Eucharis starke photoelektrische Wirkungen, so daß diese sicherlich nicht an das Vorhandensein von Chlorophyll gebunden sind. Wenn man bedenkt, wie zahlreiche verschiedenartige Substanzen in der Pflanze photochemisch empfindlich sind, so erscheint auch von vornherein die Wallersche Annahme von der alleinigen Befähigung chlorophyllhaltiger Zellen zur photoelektrischen Reaktion gänzlich unwahrscheinlich. Bei direkter Lichtreizung findet Bose im allgemeinen die belichtete Stelle galvanometrisch negativ, bei gut leitenden Geweben auch bei indirekter. So zeigte sich, als in 0,5 cm Entfernung von der einen Elektrode außerhalb beider Elektroden am Blattstiel von Bryophyllum mit Licht gereizt wurde, die dem Reizort nähere Ableitungsstelle galvanometrisch negativ gegen die entferntere.

Wenn die Lichtreizwirkung sehr schwach ist, so ruft sie nach Bose, wie sehr schwache Reizwirkungen beliebiger Art überhaupt, galvanometrische Positivität der gereizten Stelle hervor (Blattstiel des Blumenkohls). Solche schwache Reizwirkungen erhält man am leichtesten an geschwächten Individuen. So beschreibt Bose ein Experiment, in dem ein Bryophyllumblatt, das die Nacht über ungewöhnlicher Kälte ausgesetzt war, beim ersten Reiz eine positive Schwankung gab. Die folgenden Reize ergaben negative Schwankungen wie normal. Bose führt dies Verhalten im vorliegenden und entsprechenden Fällen darauf zurück, daß das Blatt durch die Einwirkung des ersten Reizes aus einem subtonischen in einen normaltonischen Zustand gebracht wird. Bei starken Lichtreizen kann man periodische elektrische Schwankungen erzielen.

Schließlich finden sich bei Bose Beobachtungen über die verschiedenen Typen der Nachwirkung der photoelektrischen Reaktion bei Aufhören der Beleuchtung, die er in Parallele mit entsprechenden Nachwirkungsvorgängen in der Retina setzt. Diese Auseinandersetzung ist jedoch so stark mit spekulativen Momenten durchsetzt, daß der Hinweis auf sie genügen mag.

3. Traumatische und chemische Reizung.

Wird in der Nähe einer ableitenden Elektrode ein traumatischer Reiz irgendwelcher Art erzeugt, so wird die gereizte Stelle und ihre Umgebung galvanometrisch negativ gegen entferntere ungereizte. Dies wurde bereits von Buff und Hermann festgestellt. Kunkel beschreibt den Verletzungsaktionsstrom nach Beobachtungen am Capillarelektrometer folgendermaßen: „Unmittelbar nach Applikation der Verletzung beginnt die Wanderung des Hg im Elektrometer und hat, wenn mit einem Schlage die Verletzung gesetzt ist, in kurzer Zeit, höchstens 1 Sekunde, das Maximum erreicht. Dann beginnt, nachdem vielleicht durch 1 oder 2 Sekunden der Ausschlag anscheinend ruhig stehengeblieben ist, sofort die Rückwanderung des Hg im Elektrometer gegen die ursprüngliche Gleichgewichtslage, erreicht aber dieselbe noch nicht ganz.“ Floß zwischen den 2 Punkten, von denen abgeleitet wurde, vor der Reizung bereits ein Ruhestrom, so wird dieser verstärkt oder geschwächt, je nachdem er im ableitenden Bogen in der Richtung auf den Reizort hin oder von ihm weg gerichtet war. Hierher gehört auch die von Burdon Sanderson und Bose an Dionaea und von Bose an Citrus beobachtete Verstärkung des Laminarruhestromes beim Abschneiden vom Stiel. Je mehr vom Stiel abgeschnitten wird, je näher also die Verletzungsstelle einer der ableitenden Elektroden liegt, um so größer ist die Verstärkung des Ruhestroms. Die zwei folgenden Tabellen sollen das zahlenmäßig belegen.

Ficusblatt (Bose)		Dionaeablatt (Burdon Sanderson)	
Länge des Blattstiels	Galvanometerausschlag	Länge des Blattstiels	Galvanometerausschlag
7 cm	16 Skalenteile	2,5 cm	40 Skalenteile
4 cm	36 „	1,25 cm	50 „
2 cm	50 „	0,6 cm	65 „
1 cm	60 „	0,3 cm	90 „

Ob bei dieser Verstärkung des Ruhestroms außer dem Zutreten des Verletzungsstroms auch der Wegfall des dem Laminarstrom entgegengesetzt gerichteten Stielruhestroms eine Rolle spielt, wie Burdon Sanderson will, muß dahingestellt bleiben. Die bereits von Kunkel festgestellte Tatsache der Verstärkung des Verletzungsstroms mit Annäherung des Läsionsortes an eine ableitende Elektrode bleibt dadurch unberührt.

Von dem Gesetz der galvanometrischen Negativität der verletzten Stelle gibt es jedoch auch Ausnahmen. Wenn man z. B. bei Mimosa an Ober- und Unterseite eines Gelenkes Elektroden anlegt und dann mit einem Nadelstich in der Nähe der oberen Elektrode reizt, so wird dort die untere Elektrode galvanometrisch negativ. Diese Ausnahme ist jedoch nach Bose nur scheinbar und folgendermaßen zu erklären. Der Wundreiz breitet sich diffus aus und, da die untere Gelenkhälfte stärker erregbar ist als die obere, so wird sie stärker erregt und demnach galvanometrisch negativ gegen die obere.

Alles für die traumatische Reizung Gesagte gilt auch für die elektromotorische Wirkung chemischer Reize.

4. Mechanische Reizung.

Mechanische Reizung, z. B. Druck, Zug, Torsion, bewirkt galvanometrische Negativität der gereizten Stelle. Die Größe des Galvanometerausschlages wächst mit der Größe des Reizes und der Geschwindigkeit seiner Einwirkung. So bewirkt langsame Torsion um einen bestimmten Winkel einen kleineren Ausschlag als eine schnelle Torsion um denselben Winkel. Nebenstehende Tabelle zeigt den Gang der elektromotorischen Kraft des Aktionsstromes bei steigender Reizung, hervorgerufen durch Torsion um immer größere Winkel.

Torsionswinkel	EMK des Aktionsstroms
2,5°	0,044 V
5 °	0,075 „
7,5°	0,090 „
10 °	0,100 „
12,5°	0,106 „

Man sieht, wie anfänglich die EMK stark wächst mit der Zunahme des Reizes, sich aber später einem Maximalwert nähert. Wenn zwischen den einzelnen Reizen keine völlige Erholung stattgefunden hat, so kann auch bei wachsendem Reiz der Aus-

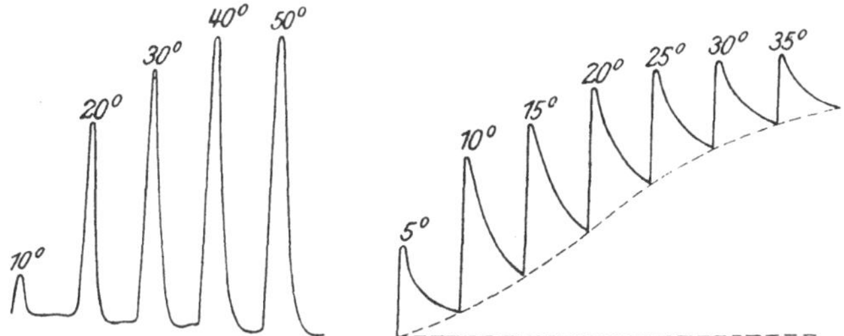

Abb. 24. Kurven der EMK des Aktionsstromes bei Reizung mit Torsion um zunehmende Winkelgrade. Blumenkohlstiel. Nach Bose, Comp. Electrophys.

schlag kleiner werden. Man erkennt diesen Fall an den Kurven durch die Aufwärtsbewegung der normalerweise horizontal verlaufenden Basislinie (Abb. 24). Durch diese Erscheinungen gelangt man auch zu einem Verständnis der tetanischen Erscheinungen, die man bei mechanisch gereizten Pflanzen genau so wie etwa beim Muskel erhält. Man versteht unter tetanischer Reizung die Reizung durch sehr rasch aufeinanderfolgende Reize. Es ist nach dem, was wir bisher kennen gelernt haben, zu erwarten, daß deren Wirkung sich zuerst addieren wird, später, wenn der Maximalwert der Änderung der EMK erreicht ist, ein konstanter

Ausschlag auftreten wird, der bei genügendem Intervall der Einzelreize noch diesen entsprechende Schwankungen erkennen lassen wird (Abb. 25). Das ist in der Tat der Fall.

Durch besondere Versuche — mit dem Rheotom — wurde festgestellt, daß die Änderung der EMK praktisch gleichzeitig mit dem Reiz einsetzt und selbst bei mäßig starken Reizen schon nach etwa $^2/_{100}$ Sekunden ihr Maximum erreicht, um im Verlaufe von wenigen Sekunden auf den Anfangswert zurückzugehen. Bei Verwendung besonders rasch reagierender Gewebe erhält man noch kürzere Zeit für die Ausbildung der maximalen Änderung der EMK. Oft zeigt diese auch periodische Schwankungen.

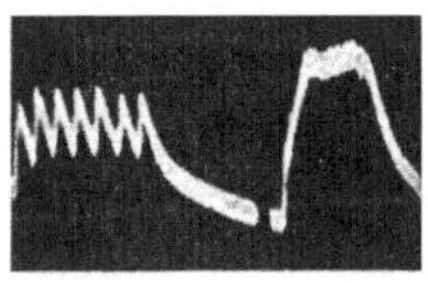

Abb. 25. Kurven der EMK des Aktionsstromes unter der Wirkung tetanischer Reize. Griffel von Datura. Nach Bose, Comp. Electrophys.

Etwas anders verlaufen die Erscheinungen, wenn die Änderungen der EMK nicht direkt von der Reizstelle abgeleitet werden, sondern der Reiz in einiger Entfernung von dieser Stelle appliziert wird. In diesem Falle müssen wir unterscheiden, ob das zwischen Elektrode und Reizstelle gelegene Gewebe gut leitet, z. B. Gefäßbündel enthält oder schlecht leitet. In letzterem Falle erhält man zunächst eine positive Schwankung, der eine negative folgt. Wenn man die Zone zwischen Reizstelle und Elektrode anästhesiert, z. B. durch Chloroform, so erscheint nur der positive Ausschlag. Er ist anscheinend verknüpft mit Turgescenzzunahme, die infolge des Wasseraustritts aus den direkt gereizten Zellen die entfernt liegenden Zellen erfahren. Das zeigen besonders auch Erfahrungen an Mimosen und Biophytum bei indirekter Reizung (S. 111). Man erhält, wenn man gleichzeitig die Kurven der mechanischen und elektrischen Schwankungen aufnimmt, bei beiden zunächst einen kurzen positiven, dann einen starken negativen Ausschlag, d. h. das indirekt gereizte Blatt erfährt zunächst eine geringe Hebung, die anscheinend durch Turgescenzzunahme der unteren Gelenkhälfte bedingt ist, und dieser Hebung und Turgescenzzunahme entspricht eine positive Schwankung am Galvanometer. Dann tritt Senkung des Blattes als Reizreaktion ein und gleichzeitig mit ihr eine starke negative Schwankung. Die Turgescenzschwankung wird also rascher geleitet, als die Fallreaktion eintritt. Ist das zwischenliegende Gewebe aber sehr gut leitend oder erfolgt die Reizung sehr nahe an der ableitenden Elektrode, so kann die positive Schwankung durch die gleichzeitig eintreffende negative verdeckt werden, da diese in der Regel bedeutend größer ist, während umgekehrt bei sehr verminderter Reizbarkeit, z. B. durch Anästhesieren, nur die positive Schwankung erscheint. An Stelle einfacher Reaktion tritt oft periodische ein, z. B. bei Biophytum, bei dem mehrfacher mechanischer Pulsation auch mehrfache elektrische Schwankung entspricht.

Wird dasselbe Objekt dem gleichen Reize mehrmals hintereinander unterworfen — sei es ein mechanischer oder ein beliebiger anderer —, so sind vor allem folgende 4 Typen der elektrischen Reizbeantwortung zu unterscheiden:

1. Die gleichförmige Reizbeantwortung, die darin besteht, daß jedem Reiz ein gleich großer elektrischer Ausschlag entspricht.

2. Die Ermüdungsreaktion, die sich darin zeigt, daß bei mehrfacher Reizung mit jedem folgenden Reize der Ausschlag immer kleiner wird. Sie tritt natürlich um so deutlicher hervor, je kürzer das Intervall zwischen zwei aufeinanderfolgenden Reizen ist, je weniger also die Wirkung des ersten Reizes Zeit hat, abzuklingen.

3. Die treppenförmige Antwort. Sie besteht darin, daß jeder folgende Reiz einen stärkeren Ausschlag verursacht als der vorhergehende, wobei gleichzeitig in der Regel die Fußlinie der Ausschlagskurve von der Horizontalen immer mehr abweicht. Sie beruht darauf, daß jeder folgende Reiz in seiner Wirkung durch den vorhergehenden unterstützt wird.

4. Die Umkehr des Ausschlages. Der Umkehr des Ausschlages entspricht es, daß an Stelle der galvanometrischen Negativität bei direkter Reizung die gereizte Stelle unter Umständen auch galvanometrische Positivität zeigen kann, und zwar dann, wenn das Organ in einem geschwächten Zustande sich befindet, sei es durch Ermüdung, sei es durch Einwirkung irgendwelcher ungünstiger Außenbedingungen. Werden im letzteren Falle die Reize wiederholt, so wird die Positivität immer geringer und schlägt schließlich in die normale Negativität um (Abb. 26). Zur Erklärung dieser Erscheinung macht Bose die Annahme, daß die mit dem Reize zugeführte Energie im subtonischen Zustande völlig absorbiert würde und dieser Energieabsorption die positive Schwankung entspräche. Je höher aber der Energieinhalt durch die

Absorption von Reizenergie geworden sei, desto geringer sei die weitere Tendenz zur Absorption, bis schließlich der Zustand erreicht wäre, bei dem die Reizenergie nicht mehr absorbiert werden könne, sondern bei Reizung eine Entladung von Energie verbunden mit negativer Schwankung stattfände. Wenn man die bekannte Disproportionalität zwischen Energieinhalt des Reizes und der Reaktion sich ins Gedächtnis ruft, so wird diese Erklärung, ganz abgesehen von ihrer Unbewiesenheit und der

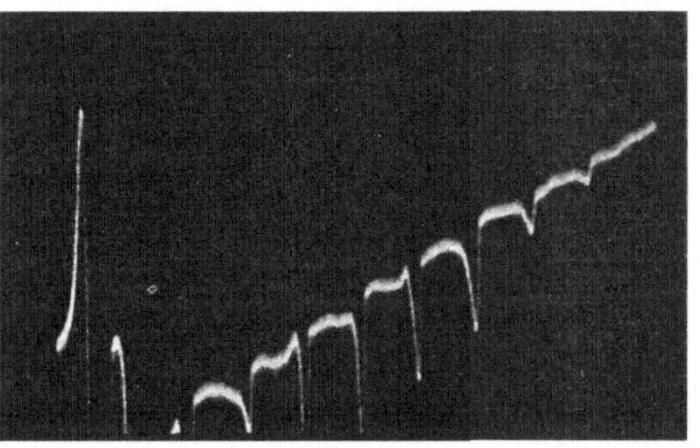

Abb. 26. Übergang von galv. Positivität in Negativität an einem gewelkten Blattstiel des Blumenkohls. Die Kurve ist von rechts nach links zu lesen. Die Ausschläge nach unten bedeuten Positivität, die nach oben Negativität. Nach Bose, Comp. Electrophys.

Unklarheit der Begriffe „innere Energie" usw., wenig befriedigen, wenngleich ein gesunder Kern in ihr enthalten zu sein scheint. Auf alle Fälle ist an der Erfahrungstatsache festzuhalten, daß jede der geschilderten Reaktionstypen nicht für ein bestimmtes Organ oder eine bestimmte Reizform typisch ist, sondern daß je nach der Stimmung, in der sich das Organ befindet, und nach den Formen, in denen der Reiz angewandt wird, bald die eine, bald die andere Reaktionsform auftritt oder die eine in die andere übergeht.

5. Innere Reizung.

1. Wie mit der Wirkung äußerer Reize, so werden im allgemeinen auch mit der Wirkung innerer Reize elektromotorische Veränderungen der Pflanze verbunden sein. Als Beispiel mögen die Reizströme angeführt sein, die mit den rhythmischen, auf unbekannten inneren Reizen beruhenden Bewegungen der Blättchen

von Desmodium gyrans verbunden sind. Diese Blättchen führen periodische Bewegungen aus, die teils mehr oder weniger vertikal auf- und abgerichtet, teils cyclisch elliptisch sind. Die Abwärtsbewegung vollzieht sich rascher (etwa 45 Sekunden) als die Aufwärtsbewegung (etwa 70 Sekunden). Zwischen beiden liegt eine Ruheperiode (etwa 40 Sekunden). Legte Bose an das Gelenk des sich bewegenden Blättchens einerseits, an eine beliebige Stelle des Blattstieles andererseits, Elektroden, so zeigte ein eingeschaltetes Galvanometer einen doppelten Aktionsstrom; jeder Auf- bzw. Abwärtsbewegung entspricht eine negative Schwankung des Ruhestroms, d. h. die am Blättchen liegende Elektrode wird galvanometrisch negativ gegen die am Blattstiel befindliche. Der schnellen Abwärtsbewegung entspricht ein kurz dauernder kräftiger Aktionsstrom, der langsamen Aufwärtsbewegung ein lang dauernder schwächerer.

II. Es wird in der Nähe beider Elektroden gereizt.

Wird in der Nähe beider ableitender Elektroden gereizt, so entsteht ein Strom, dessen EMK die Summe der durch die Erregung an beiden Elektroden A und B entstehenden EMK ist. Dabei sind prinzipiell folgende Möglichkeiten gegeben. Gegenüber einer unerregten Stelle wird galvanometrisch

I. $A-$ $B-$	II. $A-$ $B+$	III. $A-$ B indifferent
IV. $A+$ $B+$	V. $A+$ $B-$	VI. $A+$ B indifferent
VII. A indiff. B indiff.	VIII. A indiff. $B+$	IX. A indifferent $B-$,

wobei vorausgesetzt ist, daß zwischen A bzw. B und der unerregten Stelle kein Ruhestrom fließt oder dieser kompensiert ist. Daraus ergibt sich das in Frage stehende gegenseitige Verhalten von A und B. Es ist ohne weiteres klar in allen Fällen außer I und IV. So ist z. B. A galvanometrisch negativ gegen B im Fall II, III und VIII. Bei Fall I und IV sind mehrere Möglichkeiten gegeben. Werden gegen eine unerregte Stelle A und B gleich stark positiv oder negativ, so zeigen sie gegeneinander keine Potentialdifferenz. Wird gegen eine unerregte Stelle A stärker negativ (I) bzw. positiv (IV) als B, so ist es gegenüber B galvanometrisch negativ bzw. positiv. Da im allgemeinen erregte Stellen gegenüber unerregten galvanometrisch negativ werden, so wird Fall I den am häufigsten auftretenden Typ darstellen und es entsteht die Frage: Bestehen zwischen der Stärke der an einer Stelle auftretenden Negativität und ihren physiologischen Eigenschaften bestimmte Beziehungen? Diese Frage beantwortet Bose bejahend, und zwar dahin, daß bei gleichzeitiger Erregung an den zwei ableitenden Elektroden die erregbarere Stelle galvanometrisch negativ gegen die weniger erregbare wird.

Bei Mimosa gibt z. B. die Reizung der oberen Gelenkhälfte allein eine geringe Hebung des Blattes infolge geringer Reizkontraktion der oberen Hälfte, die Reizung der unteren Hälfte allein eine starke Senkung des Blattes; die untere Hälfte ist also als die erregbarere anzusprechen, jedenfalls sofern man die Größe der ausgelösten Reaktion als Maß für die Größe der Erregung nimmt. Nun erhält Bose bei gleichzeitiger Erregung beider Gelenkhälften, z. B. durch Lichtreize, einen Ausschlag derart, daß die untere Gelenkhälfte galvanometrisch negativ gegen die obere wird, der Strom also im Gelenk von der unteren zur oberen Hälfte fließt. Ebenso findet man, wenn man durch Anästhesieren mit Narkoticis die eine Seite weniger erregbar macht, diese galvanometrisch positiv gegenüber der nicht anästhesierten. Dies Verhalten macht es verständlich, daß man bei Reizung von anisotropen Organen, z. B. Blättern, im allgemeinen stets einen gleichgerichteten Aktionsstrom erhält, gleichviel, ob der zur Reizung verwendete Strom, z. B. ein Induktionsschlag, von oben nach unten oder von unten nach oben gerichtet war. Der entstehende Polarisationsstrom, der in beiden Fällen entgegengesetzte Richtung haben muß, wird offenbar durch den Aktionsstrom überkompensiert, dessen Richtung durch die verschiedene Erregbarkeit von Ober- und Unterseite bedingt wird. Dabei findet Bose, daß bei Pterospermum und Coleusblättern, deren Unterseite stark nervig, deren Oberseite im wesentlichen parenchymatisch ist, die nervige Unterseite galvanometrisch negativ gegen die Oberseite wird, während bei Nepenthes, den drüsigen Fruchtblättern von Dillenia oder den drüsigen Zwiebelblättern von Uriclis bei Reizung durch das ganze Blatt die drüsige Oberseite galvanometrisch negativ wird. Im Zusammenhang damit stellt er einen sehr interessanten Vergleich zwischen den Aktionsströmen an Blättern und den elektrischen Organen der Fische an. Letztere bestehen aus einer Schicht nebeneinanderliegender Plattenpaare. Jedes Plattenpaar besteht aus einer nervösen und einer gallertigen Schicht und entspricht damit etwa einem unterseits stark nervigen Blatt mit seiner nervigen und seiner schwammig parenchymatischen Schicht. Wie beim Blatt wird auch beim elektrischen Organ die Richtung des Aktionsstromes lediglich durch den Bau des Organs bedingt und ist unabhängig davon, ob der reizende Induktionsschlag es in der Richtung des folgenden Aktionsstromes oder in entgegengesetzter trifft (homodrom oder antidrom). Wie beim Blatt ist diese Richtung auch bei den elektrischen Organen der Fische so gerichtet, daß der Aktionsstrom im Organ von der nervigen zur gallertigen Schicht fließt. Umgekehrt fließt er jedoch bei dem elektrischen Fisch Malepturus, und gerade bei ihm lehrt die entwicklungsgeschichtliche Untersuchung, daß die nichtnervöse gallertige Schicht aus Drüsengewebe entstanden ist. Da auch bei drüsigen Blättern der Aktionsstrom im Gewebe von der drüsigen Seite zur nichtdrüsigen fließt, so ist hier eine auffällige Analogie vorhanden. Auch gibt Bose an, eine Verstärkung des Aktionsstromes einzelner Blätter bei Zwiebeln erhalten zu haben, indem er von der Innenseite einer mittleren und der Außenseite einer äußeren Zwiebelschuppe der gereizten Zwiebel von Uriclis ableitete, also gewissermaßen von einer Säule von Blättern entsprechend der Schichtensäule elektrischer Organe bei Fischen. Über die Höhe der so erreichten EMK fehlen jedoch die Angaben.

III. Der Einfluß verschiedener Bedingungen auf die Aktionsströme.

Ausmaß und Ablauf der Aktionsströme hängt in hohem Maße von den inneren und äußeren Bedingungen der gereizten Objekte ab. Tote Pflanzengewebe geben im allgemeinen keine oder nur geringe Aktionsströme auf Reize. Man hat versucht, auf diesen Unterschied von totem und lebendem Gewebe eine Methode zur Samenprüfung aufzubauen. Nachdem zuerst Waller festgestellt hatte, daß lebende Samen einen ausgesprochenen Aktionsstrom bei Reizung ergeben, tote nicht, hat Fraser diese Befunde dahin erweitert, daß zwischen der durchschnittlichen Stärke der EMK des Aktionsstromes auf eine bestimmte Reizung bei einer Samengruppe und ihrer durchschnittlichen Keimfähigkeit ceteris paribus Proportionalität besteht, so daß also die elektrische Reaktion nicht nur als Unterscheidungsmittel zwischen toten und lebenden Samen verwendet werden, sondern auch als

Maß der Keimfähigkeit dienen könne. Da jedoch die Größe der elektrischen Reaktion mit dem Entwicklungsstadium und den Außenbedingungen sich ändert, z. B. bei Beginn des Wachstums ihr Maximum zu haben scheint, so dürfte die Einhaltung des ceteris paribus und damit die praktische Verwendungsmöglichkeit der Methode beschränkt sein.

Bose hat vor allem den Einfluß von verschiedenen Narkoticis und anderen Stoffen auf die EMK der Aktionsströme untersucht. Diese wurden entweder tropfenförmig in der Gegend um beide Elektroden aufgelegt oder sie wirkten als Gase auf den ganzen untersuchten Sproß oder es wurde das Reagens, dessen Einfluß auf die Größe des Aktionsstromes untersucht werden sollte, nur an einer Elektrode appliziert. Gereizt wurde außerhalb beider Elektroden etwa 1,5 cm von einer Elektrode. Es ergab sich, daß 2proz. Zuckerlösung die EMK der Aktionsströme vergrößert. 2proz. Na_2CO_3-Lösung ruft anfänglich Vergrößerung und nachher Verkleinerung hervor, während schwächere nur Vergrößerung, stärkere nur Depression bewirkt. Auch Gifte, wie $CuSO_4$, bewirken in niedrigen Konzentrationen Verstärkung, in hohen Vernichtung der Aktionsströme. Durch die Verwendung der Reagenzien an nur einer Elektrode wird zwar im allgemeinen auch der Ruhestrom verändert werden, doch ist aus den Kurven Boses zu entnehmen, daß diese Veränderung für die beobachtete Veränderung der Galvanometerausschläge bei Reizung nicht verantwortlich gemacht werden kann. Chloroform, Formalin, Chloralhydrat deprimieren je nach der Stärke ihrer Dosierung die Aktionsströme auf mechanische usw. Reize reversibel oder irreversibel. Die durch die Anwendung dieser Stoffe bedingte Widerstandsänderung wurde dabei als Fehlerquelle dadurch ausgeschlossen, daß ein so hoher Vorschaltwiderstand in den Kreis eingeschaltet wurde, daß die Widerstandsänderung im Gewebe im Verhältnis zum Gesamtwiderstand des Kreises bedeutungslos wurde.

C. Spezielle Fälle.

Nachdem im Vorausgehenden Ruhe- und Reizströme im allgemeinen betrachtet sind, sollen einige spezielle Fälle geschildert werden, die besonderes Interesse bieten oder besonders eingehend untersucht sind.

1. Blätter und Blattgelenke.

a) Mimosa. Daß mit den Reizbewegungen der Mimosen auch elektromotorische Erscheinungen verknüpft sind, hat zuerst Kunkel nachgewiesen. Bose hat dann die Verhältnisse etwas genauer untersucht. So beschreibt er einen Versuch, in dem die Reizbewegung des Blattes durch Belichtung der Blattgelenkoberseite ausgelöst wird. Abgeleitet wird von der verdunkelten Gelenkunterseite und einem indifferenten verdunkelten Punkte der Pflanze. Die Blattgelenkunterseite wird zunächst galvanometrisch positiv, dann erfolgt ein stärkerer negativer Ausschlag am Galvanometer. Zeitlich parallel geht dieser elektromotorischen Bewegung eine mechanische, die darin besteht, daß zunächst das Blatt sich etwas hebt, um dann zu fallen (Abb. 27). Bose deutet diese Erscheinung so, daß zunächst die Oberseite des Gelenkes infolge Permeabilitätserhöhung durch den Reiz Zellsaft austreten läßt, der teilweise von der unteren Gelenkhälfte aufgenommen wird. Dadurch komme eine Kontraktion der oberen und Expansion der unteren Gelenkhälfte zustande, die die Hebung des Blattes bewirke. Sowie aber der Reiz von der Gelenkoberseite zur Unterseite weitergeleitet sei, rufe er dort eine Erregung hervor, die zum Austritt von Zellsaft daselbst und damit zur Senkung des Blattes führe. Der positive Ausschlag sei „hydropositiv", d. h. er werde durch die Wasseraufnahme in die unteren Gelenkzellen bedingt, die negative Schwankung sei der Ausdruck eines wahren Erregungsprozesses in der unteren Gelenkhälfte. Bevor wir zu diesem Erklärungsversuch kritisch Stellung nehmen, wollen wir noch die elektromotorischen Erscheinungen am Dionaeablatt näher betrachten.

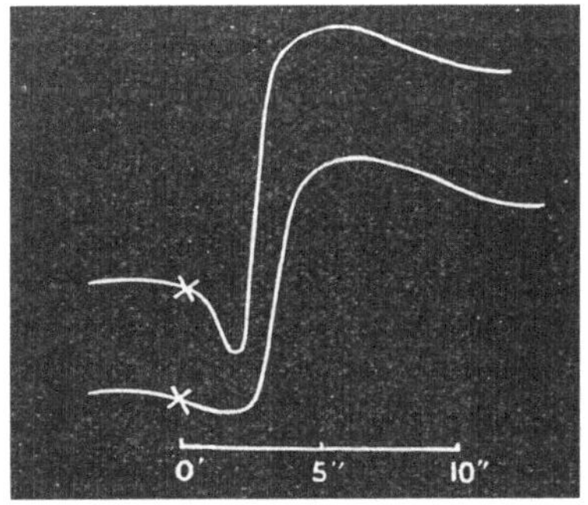

Abb. 27. Kurven der mechanischen (obere) und elektrischen (untere) Reaktion eines Biophytumgelenkes nach Reizung (×). Der Abwärtsbewegung der Kurve entspricht Hebung des Blättchens und galvanom. Positivität. Nach Bose, Comp. Electrophys.

b) Dionaea. Vom physiologischen Gesichtspunkte aus haben wir 2 Typen von Dionaeablättern zu unterscheiden:

1. Blätter im unmodifizierten Zustand. Ihre Oberseite ist galvanometrisch positiv gegen die Unterseite, der Ruhestrom im Blatte also von unten nach oben gerichtet.

2. Blätter im modifizierten Stadium. Ihre Oberseite ist galvanometrisch negativ gegen die Unterseite, der Ruhestrom im Blatt also von oben nach unten gerichtet.

Im unmodifizierten Zustand befinden sich solche Blätter, die überhaupt noch nicht gereizt sind oder bei denen seit der letzten Reizung ein längerer Zeitraum verstrichen ist. Durch Reizung werden sie in den modifizierten Zustand übergeführt, d. h. wenn man einem unmodifizierten Blatte, dessen Ruhestrom im Galvanometer von der Ober- zur Unterseite floß, einige Reizungen appliziert, so verringert sich zunächst der Spannungsunterschied zwischen Ober- und Unterseite auf Null, um dann mit jeder neuen Reizung zuzunehmen, aber derart, daß die Unterseite nunmehr galvanometrisch positiv gegen die Oberseite ist. Ein in diesem Stadium vom Blatte abgeleiteter Ruhestrom zeigt also die umgekehrte Richtung wie im unmodifizierten Blatte, und erst sehr allmählich durch längeres Ruhen gleicht sich die Potentialdifferenz zwischen Ober- und Unterseite des modifizierten Blattes wieder aus und kehrt sich wieder um in den Zustand des unmodifizierten Blattes, bei dem die Oberseite galvanometrisch positiv gegen die Unterseite ist. Die Richtung des Ruhestromes des Dionaeablattes ist also abhängig von vorangegangener Reizung und in dem modifizierten Blatte gewissermaßen Nachwirkung einer solchen.

Mit vorstehender Beschreibung ist aber nur der allgemeine Verlauf des Überganges vom unmodifizierten in den modifizierten Zustand gegeben. Wir wollen jetzt im speziellen betrachten, was geschieht, wenn wir, von einem unmodifizierten Blatte ausgehend, eine oder mehrere Reizungen applizieren. Dabei wollen wir eine Anordnung zugrunde legen, die Burdon Sanderson als „Grundversuch" bezeichnet und bei der der Spannungsunterschied des Blattes von den entgegengesetzten Oberflächen des einen Flügels abgeleitet wird, während der andere Flügel mechanisch oder elektrisch gereizt wird (Abb. 28). Von den ab- bzw. zuleitenden Elektroden ist hierbei die eine auf der oberen Blattfläche zwischen den drei sensitiven Haaren, die andere gerade gegenüber auf der unteren Fläche angelegt. Im ableitenden Kreis registriert ein Galvanometer oder Capillarelektrometer die elektrischen Schwankungen. Die Abbildung der Kurve des Capillarelektrometers zeigt den Erfolg der Reizung (Abb. 29). Es erfolgt zunächst ein kleiner aufsteigender Vorschlag, d. h. die bereits vorhandene galvanometrische Positivität der oberen Blattfläche wird für etwa 0,01 Sekunde noch gesteigert, dann kehrt sich die Richtung des Galvanometerausschlages um und die obere Fläche wird galvanometrisch negativ gegen die untere. Etwa eine halbe Sekunde nach der Reizung zeigt dieser Ausschlag sein Maximum, um abzuklingen und in einen entgegengesetzt gerichteten Nacheffekt überzugehen, bei dem die Unterseite noch bedeutend stärker galvanometrisch negativ gegen die Oberseite wird, als sie es vor Beginn der Reizung war. Dieser Nacheffekt klingt nur sehr allmählich im Laufe mehrerer Sekunden ab. Wir haben also nach Reizung eines unmodifizierten Blattes, abgesehen von dem

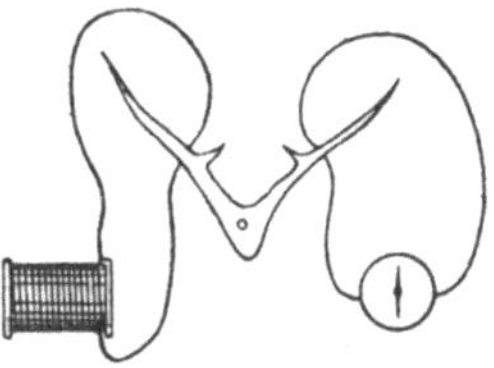

Abb. 28. Nach Biedermann, Elektrophys.

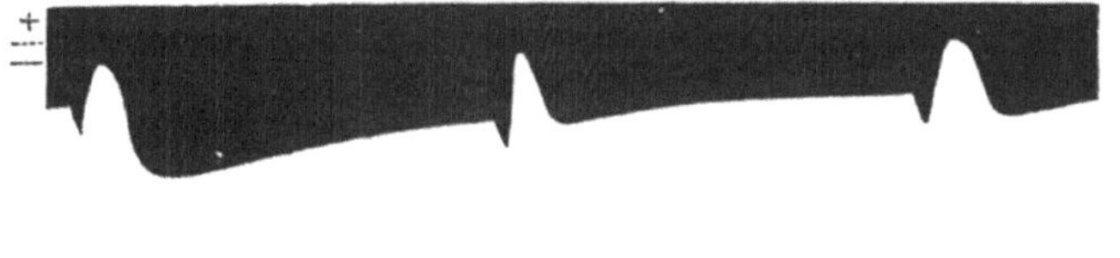

Abb. 29. 10 Striche der Zeitmarkierung entsprechen 1 Sekunde. Nach Biedermann, Elektrophysiologie.

kurzen Vorschlag, einen kurz dauernden, dem Ruhestrom entgegengesetzt gerichteten Aktionsstrom und einen demselben folgenden, dem Ruhestrom gleichgerichteten Nachstrom. Der erstere hat höhere EMK als der letztere. Reizt man einige Sekunden nach der ersten Reizung das Blatt zum zweiten Male, so verläuft die Erscheinung genau so, nur ist die dem Ruhestrom gleichgerichtete Nachwirkung kaum noch merklich, um bei den folgenden Reizungen ganz zu verschwinden, so daß also — wieder abgesehen von dem kurzen Vorschlag — aus der diphasischen

Schwankung nach der ersten Reizung eine monophasische bei den folgenden wird. Aber nicht nur, daß nach einigen Reizungen die zweite Phase des Aktionsstromes des erstmalig gereizten Blattes verschwindet, in der die Unterseite eine gegenüber dem Ruhezustande erhöhte galvanometrische Negativität zeigt, es verschwindet nach einigen Reizungen sogar die bestehende Potentialdifferenz zwischen Ober- und Unterseite, und schließlich wird die Unterseite galvanometrisch positiv gegen die Oberseite. Es tritt somit durch die vorangegangenen Reizungen eine Modifikation ein, die sich stundenlang auch ohne weitere Reize erhält. Hand in Hand mit dieser Veränderung des Ruhestromes geht eine Veränderung des Aktionsstromes. Er ist nämlich bei den modifizierten Blättern, d. h. bei denen, bei denen die Oberseite galvanometrisch negativ gegen die Unterseite geworden ist, umgekehrt gerichtet wie bei den unmodifizierten. Gehen wir von einem modifizierten Blatte aus, das nicht kurz zuvor gereizt ist, sondern dessen Modifikation auf bereits längere Zeit zurückliegenden Reizungen beruht, so erhalten wir eine diphasische Schwankung. Sie setzt etwa $^1/_5$ Sekunde nach der Reizung ein, indem der Ruhestrom sich umkehrt und die untere Seite galvanometrisch negativ gegen die Oberseite wird. Nach etwa $^1/_2$ Sekunde erreicht dieser Aktionsstrom das Maximum seiner EMK, etwa 0,09 Volt, und es setzt die entgegengesetzte Phase ein, bei der die Unterseite positiver wird, als sie es vor der Reizung war. Ihre EMK ist geringer, etwa 0,02 Daniel. Ungefähr $1^1/_2$ Sekunden nach der Reizung hat sie ihren Höhepunkt erreicht. Sie nimmt sehr allmählich ab, so daß als Nachwirkung der Reizung die Unterseite galvanometrisch noch positiver geworden ist, als sie es vor der Reizung war. Bei den folgenden Reizungen bemerkt man von der zweiten Phase des Aktionsstromes überhaupt nichts mehr. Eine längere Ruhepause ist nötig, bis die Positivität der Unterseite wieder in ihren Ausgangszustand zurückgekehrt ist, und dann erhält man auch wieder bei Reizung die diphasische Schwankung.

Zur Erzielung der Modifikation, d. h. des galvanometrisch Positivwerdens der Blattunterseite, ist aber nicht die Einwirkung elektrischer Reize nötig, die so stark sind, daß eine Erregungswirkung vom Reizort fortgeleitet wird, so daß sie vom gegenüberliegenden Flügel als elektrische Schwankung abgeleitet werden kann. Vielmehr tritt Modifikation als Folge von elektrischer Durchströmung auch dann ein, wenn am gegenüberliegenden Blattflügel keinerlei Veränderung gegen den normalen Ruhezustand nachzuweisen ist. Es handelt sich bei dieser Art Modifikation also um eine mehr oder weniger lokale Erscheinung, die unabhängig von der Richtung des erzeugenden Reizstromes ist. War der erzeugende Reizstrom sehr schwach, so verschwindet die Reizwirkung in kurzem wieder, während stärkere Ströme langdauernde Modifikation als Nachwirkung erzeugen. Durch die Lokalisierung der durch schwache elektrische Ströme ausgelösten Modifikation kann es dazu kommen, daß bei einer Blatthälfte die Oberseite galvanometrisch positiv gegen die Unterseite ist, also unmodifiziert, bei der anderen die Unterseite gegen die Oberseite. Wird nun eine stärkere mechanische oder elektrische Reizung appliziert, durch die ein Aktionsstrom hervorgerufen wird, so ist die elektrische Schwankung, die der Ausdruck dieser Erregung ist, in den beiden Blatthälften entgegengesetzt, wie dies ja nach den früheren Darlegungen bei modifizierten und unmodifizierten Blättern der Fall ist.

Abgesehen von der Umkehr des Vorzeichens der EMK des Ruhestroms modifizierter gegen unmodifizierte Blätter tritt auch eine Widerstandsveränderung bei ersteren ein. So fand Burdon Sanderson den Widerstand nach der Modifikation nur $^1/_3$ oder gar $^1/_6$ bis $^1/_8$ so groß wie vor der Modifikation. Einen wesentlichen Anteil an dieser Widerstandsverminderung hat vermutlich durch Reizung bewirkter Wasseraustritt aus den Zellen in die Intercellularen, der dem Strom einen Weg geringeren Widerstands schafft, als er ihn im ungereizten Blatte findet, wo der gesamte Zellsaft von schwer permeablem Protoplasma umgeben ist. Daß daneben noch Widerstandsabnahme des letzteren verknüpft mit Zunahme der Permeabilität infolge von Reizung für die Widerstandsabnahme von Bedeutung ist, ist nach den Erfahrungen Gildemeisters und Ebbeckes mit großer Wahrscheinlichkeit anzunehmen.

Ich möchte noch einen Versuch erwähnen, den Burdon Sanderson ausgeführt hat. Gereizt wurde dabei an einem Blattflügel. Die ableitenden Elektroden waren an symmetrischen Stellen der Unterseite angelegt derart, daß die eine unmittelbar am Reizort, die andere an einem gegenüberliegenden Orte des anderen

Blattflügels angebracht war. Es zeigte sich, daß der direkt gereizte Flügel zunächst negativ, dann positiv wurde gegen den gegenüberliegenden. Dies Ergebnis kann daher rühren, daß entweder die Intensität oder der zeitliche Verlauf der Erregungsvorgänge oder beides an den beiden Flügeln verschieden ist. Burdon Sanderson hat die Reizleitungsgeschwindigkeit im Dionaeablatt nach einer exakten Methode zu 200 mm/sec bestimmt, so daß der Faktor der zeitlichen Verschiedenheit des Erregungsvorganges für die Art der beobachteten Erscheinungen sicher von Bedeutung ist.

Die elektrischen Schwankungen bei Dionaea stehen mit der grob sichtbaren mechanischen Zusammenklappbewegung des Blattes nicht in unmittelbarem Zusammenhang. Burdon Sanderson registrierte ja die Schwankungen im allgemeinen an Blättern, die durch Gipsverband an der Ausführung der Bewegung verhindert waren, zweitens beobachtete er aber auch wiederholt an frei beweglichen Blättern als Folge von mechanischen oder elektrischen Reizen normale elektrische Schwankungen, denen keine Schließung folgte, ja bei Verwendung von geeigneten Kettenströmen konnte er als Folge einer Reizung eine fünfmalige Schwankung registrieren, bevor die Schließbewegung eintrat. Die Frage, inwieweit die elektrischen Schwankungen, allerdings mit nicht ohne weiteres sichtbaren Flüssigkeitsverschiebungen im Blatt zusammenhängen, läßt Burdon Sanderson offen. Was die einzelnen Phasen der Doppelschwankung betrifft, so glaubt er, in dem Nachstrom eine mit Wasserbewegung verbundene Änderung im elektromotorischen Verhalten des Blattes sehen zu dürfen, etwa wie Kunkel eine solche beobachtet hatte. Dagegen bezieht er die erste Phase der Schwankung auf einen protoplasmatischen Reizprozeß. „Es ist nicht denkbar, daß eine Veränderung, die sich von einer Seite der Blätter nach der anderen in weniger als $^1/_2$ Sekunde fortpflanzt, durch Wasserverschiebung verursacht werden könnte. Die elektrische Schwankung (erste Phase) ist vielmehr das Zeichen einer explosionsartigen Veränderung des Protoplasmas von ähnlicher Natur wie die Reizschwankungen tierischer Gebilde.“

Diese Anschauung wird von Bose bekämpft. Er sieht vielmehr umgekehrt in der ersten Phase die Wirkung einer Wasserbewegung, in der zweiten den Ausdruck der Erregung des Protoplasmas. Er stützt sich dabei auf folgende Versuche und Erwägungen. Bei Mimosa ist der Erfolg direkter Reizung Fallen des Blattes durch Turgescenzverminderung der unteren Gelenkhälfte und die dazugehörige Schwankung eine negative. Wenn der Reiz aber nicht direkt, sondern in einer solchen Entfernung vom Gelenk gesetzt wird, daß die protoplasmatische Erregung es nicht erreiche, so trete eine schwache Hebung des Blattes ein, die auf Turgescenzzunahme der unteren Gelenkhälfte beruhe und mit positiver elektrischer Schwankung verbunden sei. Wird der Reiz aber in einer Entfernung gesetzt, die zwischen dem Ort der ersten und zweiten Reizung liegt, so erhält man eine vorübergehende Hebung, der alsbald das Fallen des Blattes folgt und elektrisch zunächst eine positive, dann eine negative Schwankung. Auf Grund dieser auch an anderen Gelenkpflanzen gewonnenen Ergebnisse gelangt Bose zu der Anschauung, daß positive Schwankung der Ausdruck einer Wasserbewegung sei — er bezeichnet sie deshalb als „hydropositive effect" —, daß aber negative Schwankung der Ausdruck protoplasmatischer Erregung sei, wie ja auch im allgemeinen die erregte Stelle galvanometrisch negativ gegen die unerregte wird.

Bose hat ferner eine Reihe Versuche am Blatte von Musa gemacht, die annähernd der Anordnung Burdon Sandersons Grundversuch entsprechen (Abb. 28). Gereizt wurde, um jede störende Wirkung des elektrischen Reizes auszuschalten, mit einem durch Stromwärme erhitzten Platindraht an der einen Blatthälfte, abgeleitet von der entgegengesetzten Blatthälfte. Bei einer Entfernung von 16 mm zwischen Reizort und Ablenkungselektroden erhält er positive Schwankung der Blattoberseite, d. h. diese wird galvanometrisch positiv, bei 8 mm diphasische, nämlich positive, gefolgt von negativer, bei 4 mm negative Schwankung. Er deutet diesen Versuch so, daß im ersten Versuch nur die hydropositive Wirkung sich geltend mache, da die Entfernung zu groß sei, als daß die protoplasmatische Erregung die Ableitungsstelle erreichen könne. Im zweiten Versuch träfe an der Ableitungsstelle zuerst die hydropositive Wirkung, dann die echte Erregung ein, und im dritten Falle träfe die echte Erregung wegen der kurzen Entfernung etwa gleichzeitig mit der hydropositiven Wirkung ein, überkompensiere aber letztere, so daß sie nicht zum Vorschein käme. Wie man sieht, handelt es sich bei diesem Versuch nur insofern um eine Analogie zu den Versuchen Burdon Sandersons, als Reizort und Ableitungselektroden an entsprechenden Blattstellen liegen und als in beider Autoren Versuchen sowohl ein- wie zweiphasische Schwankungen auftreten. Aber bei Burdon Sanderson traten diese ja bei gleichbleibender Entfernung zwischen Reiz- und Ableitungselektroden auf, was in den Versuchen Boses nicht der Fall ist. Auch darüber, ob Modifikation bei Musa eintritt oder nicht, erfahren wir bei Bose nichts. Es ist daher sicherlich nicht ohne weiteres gerechtfertigt, wenn Bose die Ergebnisse seines ersten Versuches ohne weiteres mit den Ergebnissen Burdon Sandersons am modifizierten Blatte, die seines zweiten mit denen am unmodifizierten Blatte vergleicht. Dies ist um so weniger der Fall, als Bose nicht berücksichtigt, daß Burdon Sanderson am modifizierten Blatte, jedenfalls wenn keine Reizung vorausgegangen ist, noch einen der positiven Schwankung der Oberseite entgegengesetzt gerichteten Nacheffekt beobachtete, der bei Bose fehlt. Ferner ist von Bose die positive Phase seiner diphasischen Schwankung mit dem positiven Vorschlag in Burdon Sandersons Versuch am unmodifizierten Blatte identifiziert, während Burdon Sanderson selbst diesen eben nur als Vorschlag wertet und als erste Phase die negative Schwankung ansieht, der — jedenfalls am ganz frischen Blatt — noch eine entgegengesetzt gerichtete Phase folgt.

Mir erscheinen weder die Ansichten Burdon Sandersons noch Boses hinreichend begründet, und sie erscheinen auch viel zu gewaltsam vereinfachend die komplexen Vorgänge, die sich im Dionaeablatt offenbar abspielen, darzustellen. Wenn Burdon Sanderson glaubt, aus der Tatsache, daß eine elektrische Veränderung bereits wenige Hundertstel Sekunden nach der Reizung einige Zentimeter vom Reizort entfernt eintritt, schließen zu dürfen, daß diese nicht mit Wasserbewegungen zusammenhängt, so kann diese Anschauung nicht als stichhaltig angesehen werden; denn das Blattgewebe ist ja kontinuierlich mit Flüssigkeit gefüllt und da hydrostatische Druckschwankungen sich momentan fortpflanzen, so könnte es sich auch am Ableitungsort bei der ersten Phase um die Wirkung einer hydrostatischen Druckschwankung oder einer durch solche ausgelösten Bewegung handeln. Umgekehrt besagt aber die Tatsache, daß eine bestimmte elektrische Schwankung erst längere Zeit nach der Reizung auftritt, keineswegs, daß dieselbe nicht mit irgendeinem Prozeß in der Kette der protoplasmatischen Erregungsvorgänge verbunden sein könnte. Der zeitliche Ablauf elektrischer Vorgänge allein kann nicht als zuverlässiges Mittel zur Entscheidung nach der vitalen oder nichtvitalen Natur der Vorgänge benutzt werden, mit denen sie verknüpft sind. Es kann aber ebensowenig der Sinn der Schwankung als solches Kriterium gelten, wie Bose dies will. Solange wir in völliger Unkenntnis über die chemischen und physikalischen Vorgänge sind, die im Protoplasma als Folge einer Reizung die Erregung konstituieren, solange ist auch der Gedanke zurückzuweisen, daß protoplasmatische Erregung stets mit negativer Schwankung verbunden sein müsse, weil sie es nachweislich in zahlreichen Fällen ist. Und erst recht ist der Schluß zu beanstanden, daß, wenn irgendwo eine negative Schwankung von einem Gewebe ableitbar ist, diese ihre Ursache in einer protoplasmatischen Erregung sicherlich haben müsse, da wir ja gar nicht wissen, ob nicht andere rein physikalische Prozesse gerade in dem betreffenden Falle die negative Schwankung bedingt haben. Dasselbe gilt natürlich ceteris paribus für den Schluß Boses, daß, weil positive Schwankung offenbar in einigen Fällen mit Turgescenzzunahme verknüpft ist, umgekehrt jede positive Schwankung immer ihre Ursache in einem Wasserbewegungsprozeß haben müsse. Wir erinnern an den Versuch Burdon Sandersons, der fand, daß starke elektrische Ströme eine fünfmalige Schwankung auslösen, bevor es zur sichtbaren Schließbewegung des Blattes von Dionaea kommt, oder an Beobachtungen Kunkels an Mimosen, der ebenfalls als Folge von Reizung eine ganze Kette von Schwankungen beobachtete, die zum mindesten auf nachweisbare Wasserbewegungen nicht zurückgeführt werden können. Diese Versuche zeigen deutlich, daß die Möglichkeit, positive Schwankungen auf Wasserbewegungen zurückzuführen, noch lange nicht die Gewißheit einer notwendigen Verknüpfung beider Prozesse bedeutet.

Schließlich sei im Hinblick auf die Bosesche Anschauung noch angemerkt, daß positive und negative Schwankung sich ja stets nur auf die Potentialdifferenz zwischen 2 Punkten bezieht. Es kann also, wenn zwischen 2 Punkten vor einer Reizung keine Spannungsdifferenz herrschte, derselbe Punkt einmal positiv, das andere Mal negativ gegen den anderen werden, selbst wenn an beiden Punkten in beiden Fällen genau die gleichen Prozesse ablaufen, wenn aber die Intensität der Prozesse verschieden ist, vorausgesetzt, daß letzterer die Größe der elektrischen Schwankung entspricht. Finden z. B. an beiden Punkten Prozesse statt, durch die die betreffenden Punkte gegen eine unveränderte Stelle negativ würden, so würde nach Voraussetzung z. B. die obere Stelle negativ gegen die untere, wenn der Prozeß an ihr intensiver, positiv, wenn er weniger intensiv abliefe wie an der unteren Stelle.

2. Haut- und Drüsengewebe.

Die elektromotorische Reaktion von Haut- und Drüsengewebe wurde besonders von Bose untersucht, an dessen Darstellung wir uns im folgenden halten. Die Ergebnisse wurden übereinstimmend gewonnen bei Verwendung mechanischer, thermischer und elektrischer Reizung. Der normale Ruhestrom der pflanzlichen Haut fließt von der äußeren zur inneren Haut im Gewebe, d. h. die innere Seite ist galvanometrisch positiv. Wird die Haut gereizt, so kommt es darauf an, ob nur eine Seite oder beide Seiten gereizt werden. Letzteres kann auch durch Reizleitung zu der direkt ungereizten Seite bei scheinbar einseitiger Reizung stattfinden. Um dies zu vermeiden, muß man möglichst schwache Reize verwenden. Die Haut der Weintraube wird z. B. auf der Außenseite bei alleiniger Reizung dieser galvanometrisch positiv, auf der Innenseite bei alleiniger Reizung dieser galvanometrisch negativ, bei Reizung beider tritt demgemäß ein Aktionsstrom von der inneren zur äußeren Seite im Gewebe auf, der die Summationswirkung beider Reizerfolge im Gewebe darstellt. Ein ebenso gerichteter Aktionsstrom tritt aber auch bei der Tomatenhaut auf, obwohl hier bei alleiniger Reizung der Außenbzw. Innenseite der Haut galvanometrische Negativität sich zeigt. Da aber die Reaktion der Innenseite viel stärker ist, so tritt bei Reizung beider Seiten der Haut eine Überkompensation der Reizwirkung auf der Außenseite auf, und der Erregungsstrom fließt, wie angegeben, im Gewebe von der Innen- zur Außenseite. Die genauere Betrachtung des Aktionsstroms der Tomatenhaut zeigt, daß zunächst eine kurze Latenzperiode vorhanden ist, dann ein starker Ausschlag im Sinne des angegebenen Aktionsstromes auftritt, dem ein schwacher Nachstrom in entgegengesetzter Richtung folgt. Da bei Reizung nur einer Seite dieser Nachstrom ausbleibt, so haben wir es vermutlich mit einer Folge des Umstandes zu tun, daß die Reizwirkung an der Innenseite abgeklungen ist, während sie an der Außenseite noch besteht, so daß in dem Stadium der Nachwirkung nur der Aktionsstrom der Innenseite zur Geltung kommt.

Bemerkenswert ist noch, daß unter der Wirkung zahlreicher Reize der Ruhestrom periodische Schwankungen erleiden kann, die sich in dem Heben bzw. Senken der Fußpunktslinie der Aktionsstromkurve äußern. Ferner kommen besonders im subtonischen Zustand bisweilen anormale Reaktionen vor, die sich nach weiterer Reizung in diphasische und nachher normale umwandeln.

Epithel und in noch höherem Maße drüsiges Gewebe sind im Ruhezustande galvanometrisch positiv, im erregten negativ gegenüber gewöhnlichem Hautgewebe. Wird z. B. ein hohler Stengel von Uriclis aufgeschlitzt und Elektroden a) an die Epidermis der Außenseite, b) die teils dünnwandige epitheliale, teils drüsige Innenseite angelegt, so geht der Ruhestrom im Gewebe von der Außen- zur Innenseite. Bei Reizung entsteht ein umgekehrt gerichteter Aktionsstrom. Entsprechende Ergebnisse erhielt Bose an Fruchtblättern von Dillenia indica und Cucurbita melo. Dabei ist zu berücksichtigen, daß durch die Präparation vor Ausführung des Versuches in der Regel eine Reizung entsteht und der wahre Ruhestrom sich nur dann einige Zeit nach der Präparation zeigt, wenn die Nachwirkung dieser Reizung rasch abklingt. Ist dies nicht der Fall, so erhält man einen falschen Ruhestrom, der eben in Wirklichkeit eine Nachwirkung des Reizstromes durch die Präparation ist. In diesem Falle zeigen falscher Ruhestrom und nachfolgender Reizstrom gleiche Richtung. Die galvanometrische Negativität der epithelialen bzw. drüsigen Seite nach Reizung ist der Normalfall. Wie bei sehr schwachen Reizen schon an anderen Geweben eine positive Antwort beschrieben wurde, so tritt unter Umständen solche auch bei drüsigen Geweben auf und ebenso infolge von Ermüdung und von extrem starken Reizen.

Bei Nepenthes wurde von Außen- und Innenseite einer jungen Kanne abgeleitet. Die Faden der Elektroden waren mit Kannenflüssigkeit befeuchtet, um Reizung durch Salze zu vermeiden. Der Ruhestrom ging im Gewebe von der Außen- zur Innenseite, die Drüsenseite war also galvanometrisch positiv. Die elektrische Reaktion auf Reiz ist verschieden je nach der Art der verwendeten Kannen, doch treten stets auf einzelne Reize eine Reihe von Schwankungen auf (multiple response). Bei jungen, noch keine Insekten enthaltenden Kannen wird die Innenseite galvanometrisch negativ, bei älteren, die bereits eine Anzahl Tiere enthalten, sind die nach einer Reizung auftretenden Schwankungen teils negativ, teils positiv, bei alten, die mit Insektenleibern gefüllt sind, wird die Innenseite positiv.

Auch bei Drosera fließt der Ruhestrom im Gewebe zur drüsigen Blattseite, bei Reizung wird die Drüsenseite galvanometrisch negativ, jedoch nach Tetanisieren positiv. Auch hier gibt Einzelreizung mehrfache elektrische Schwankungen.

3. Elektromotorische Reaktionen isolierter pflanzlicher Gefäßbündel.

Von Bose wurden Versuche ausgeführt an Gefäßbündeln von Adiantum capillum veneris und Nephrodium molle. Die auspräparierten Gefäßbündel wurden vor dem Versuch eine halbe Stunde in Salzlösung — nähere Zusammensetzung nicht angegeben — gelegt, um Nachwirkung der Wundreizung auszuschalten. Um die Erregbarkeit zu erhalten, war die Temperatur der Lösung eiskalt. Ein Ende des Gefäßbündels wird durch Eintauchen in heißes Wasser abgetötet. Dann wird eine Elektrode am abgetöteten, die andere weiter nach dem lebenden Ende zu angelegt.

Charakteristisch für die Reaktion der Gefäßbündel ist die hohe Reaktionsfähigkeit, die sich darin äußert, daß ein schwacher Reiz bereits einen sehr starken negativen Ausschlag erzeugt, während derselbe Reiz vielfach wiederholt am unversehrten Blattstiel nur einen viel schwächeren Ausschlag gibt. Charakteristisch ist ferner die geringe Ermüdbarkeit. Nicht nur, daß derselbe Reiz, in vielfacher Wiederholung appliziert, in der Regel dieselbe elektrische Reaktion erzeugt, ohne daß ein Abflauen der Wirkung infolge von Ermüdung merklich würde, sondern man findet sogar nach Anwendung eines tetanisierenden Reizes eine Vergrößerung der galvanometrischen Ausschläge auf nunmehr angewandte Einzelschläge. Inwieweit dies als Folge gesteigerter Reizbarkeit aufzufassen ist, wie Bose will, und wieweit es mit Widerstandsveränderungen durch das vorangegangene Tetanisieren verknüpft ist, bleibt noch zu untersuchen.

Ätherdämpfe und CO_2 erzeugen zunächst eine Vergrößerung, dann eine Depression der Ausschläge auf gleichmäßig nacheinander applizierte Reize. Während parenchymatisches Gewebe auf Einwirkung von Ammoniakdämpfen nicht merklich reagiert, findet am Gefäßbündel nach kurzem eine völlige Vernichtung der Erregbarkeit statt. Inwieweit diese Differenz, die auch der tierische Muskel gegenüber dem Nerven aufzeigt, auf verschiedenem Eindringen oder auf spezifischer Wirkung des Ammoniaks auf beide Gewebe beruht, läßt sich aus Boses Versuchen nicht entnehmen. Während ein frisches Gefäßbündel normale negative Schwankung auf Reiz ergibt, zeigt ein deprimiertes, subtonisches eine positive Schwankung mit nachfolgender negativer, bei noch stärkerer Depression eine rein positive Schwankung. Dieselben 3 Reaktionstypen der Schwankung erhält man, wenn man reizt a) unmittelbar in der Nähe der am lebenden Teil des Nerven anliegenden Elektrode, b) in einiger Entfernung, c) in größerer Entfernung von ihr. Die beobachteten Erscheinungen finden sich alle ebenso am tierischen Nerven (nach Bose).

4. Elektromotorische Reaktionen von Wurzeln.

Das elektromotorische Verhalten von Wurzeln wurde von Bose je nach ihrem Alter verschieden gefunden. Eine Elektrode lag als indifferente einer abgestorbenen Wurzel an, die andere einer jüngeren oder älteren lebenden. Gereizt wurde mit Induktionsschlägen. Jüngere Wurzeln wurden zunächst galvanometrisch negativ, nach längerer Reizung positiv, ältere Wurzeln bereits nach den ersten Reizungen positiv. Bose deutet dies dahin, daß jüngere Wurzeln auf Reiz anfänglich sezernieren, später absorbieren, ältere von vornherein absorbieren. Nach dieser Auffassung würde also die Negativität der jüngeren Wurzeln der nach Bose durch Turgescenzverminderung und Saftaustritt bedingten Negativität beliebiger gereizter turgescenter Gewebe entsprechen, die Positivität der wiederholt erwähnten „Hydropositivität“ Boses bei Turgescenzvermehrung. Bei Reizung mit 0,5proz. Na_2CO_3 wurden junge Wurzeln anfänglich galvanometrisch negativ, nach längerer Reizung positiv, ältere Wurzeln positiv und erst bei Reizung mit 10proz. Na_2CO_3 negativ. Befund und Deutungsversuch bedürfen der Nachprüfung, bevor sich ein Urteil darüber fällen läßt.

D. Die elektromotorischen Reaktionen als Hilfsmittel zur Erforschung von Perzeptions-, Reaktions- und Leitvermögen.

Das Studium der Aktionsströme kann uns auch Einblicke gewähren in die Verhältnisse von Perzeptions-, Reaktions- und Leitvermögen verschiedener Gewebe, wie wir sie mit anderen Methoden kaum gewinnen können. Freilich befindet sich diese Methode zur Erforschung pflanzlicher Prozesse und Eigenschaften noch durchaus im Anfangsstadium. Was vorliegt, sind vor allem eine größere Anzahl Versuche Boses, die überaus wertvoll sind, wenngleich ihre Anordnung und Deutung vielfach einer strengen Kritik nicht genügt.

Boses wesentlichste Untersuchungsmethode, die er als „conductivity balance" bezeichnet, besteht in folgendem: An 2 Punkten E und E' eines Pflanzenteils (Abb. 30), am besten eines auspräparierten Gefäßbündelstranges, werden Elektroden angelegt, die zu einem Galvanometer führen. Zwischen E und E' kann ein thermischer Reiz erzeugt werden durch die Stromwärme, die beim Durchströmen eines verschieblich angebrachten Platindrahtes T entsteht. Der jeweilige Ort des Platindrahtes sei mit S, die Stücke $E\,S$ bzw. $E'\,S$ mit C bzw. C' bezeichnet. Die Versuchsanordnung ist bei Bose so eingerichtet, daß eine Aufwärtsbewegung der die Galvanometerausschläge registrierenden Kurve galvanometrische Negativität der rechten Elektrode, also von E, anzeigt.

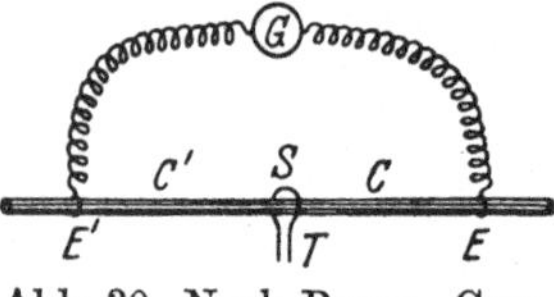

Abb. 30. Nach Bose, Comparative Electrophysiology.

1. Veränderung der elektromotorischen Reaktion bzw. Erregbarkeit durch verschiedene Reize.

Wird der Thermostimulator in der Mitte zwischen E und E' eingestellt, bei E ein Tropfen m/10 $CaCl_2$ aufgelegt und mit T gereizt, so würde bei gleicher Reaktionsfähigkeit von E und E' kein Galvanometerausschlag sichtbar werden. In Wirklichkeit ergibt sich aber eine starke Aufwärtsbewegung der galvanometrischen Kurve, womit angezeigt wird, daß durch das $CaCl_2$ die elektromotorische Reaktionsfähigkeit also wohl auch die Erregbarkeit von E, gesteigert wird. Umgekehrt, also deprimierend auf die elektromotorische Reaktion, wirkt KCl. Wenn man von zwei verschiedenen Reagenzien das eine bei E, das andere bei E' anbringt, so erhält man in der angezeigten Kurve nach einer Reizung die Differenz der Änderungen der elektromotorischen Reaktionsfähigkeit und kann so die Wirkung beider vergleichend untersuchen. Setzt man z. B. rechts NaBr, links NaCl auf (E_{NaBr}, E'_{NaCl}), so erhält man bei wiederholter thermischer Reizung zunächst Aufwärtsausschläge zum Zeichen der überwiegenden Erhöhung der elektromotorischen Reaktion durch NaBr. Nach einiger Zeit kehrt sich aber der Sinn des Ausschlages um, so daß nunmehr die NaCl-Seite überwiegt. Ein entsprechendes Verhalten für die elektromotorische Reakionsfähigkeit fand Grützner am Nerven. Da, wie wir gesehen haben, die erregte Stelle im allgemeinen galvanometrisch negativ gegen eine unerregte oder weniger erregte wird, so kann die EMK in gewissen Grenzen als Maß der Erregbarkeit gelten, und die mit dieser Methode gewonnenen Ergebnisse können einen gewissen Einblick in die Verhältnisse der Erregbarkeit und ihrer Beeinflussung bieten.

Bevor wir von der Betrachtung der Wirkung chemischer Reize auf die elektromotorische Reaktionsfähigkeit zu der diesbezüglichen Wirkung elektrischer Ströme übergehen, müssen wir einige elektrotonische Erscheinungen näher betrachten, also Erscheinungen, die die Wirkung des elektrischen Stromes in Geweben erzeugt. Bose nahm ein pflanzliches Gefäßbündel und legte Elektroden in 2,5 cm Abstand an. Rechts und links in 2 cm Abstand von diesem Paar befand sich wiederum je ein Paar Elektroden; der Abstand der 2 Elektroden eines jeden dieser Paare voneinander betrug 2 cm. An das mittlere Elektrodenpaar wurden wachsende EMK angelegt, und zwar zwischen 0,6 und 1,4 V in Schritten von 0,2 V Zuwachs. Durch eine Wippe konnte der angelegte Strom umgepolt werden. Es zeigte sich, daß bei der Durchströmung auch von den extrapolaren beiden Elektrodenpaaren Ströme abzuleiten waren, und zwar solche, daß jenseits der Kathode ein elektrotonischer Strom ableitbar war derart, daß die dem polarisierenden Strom nähere Elektrode galvanometrisch negativ wurde gegen die weiter entfernte, während jenseits der Anode ein Strom ableitbar war derart, daß die der Anode nähere Elektrode galvanometrisch positiv wurde gegen die entferntere Elektrode dieses Paares. Die elektrotonischen

Ströme sind also im Gewebe gleichgerichtet dem polarisierenden Strom. Die Stärke dieser elektrotonischen Ströme wuchs mit der Stärke des polarisierenden Stromes. Entsprechende elektrotonische Ströme sind bereits früher von Hörmann an Nitella nachgewiesen worden. Um den Einfluß des elektrischen Stromes auf die Erregbarkeit zu ermitteln, bediente sich Bose folgender Versuchsanordnung. An ein Farngefäßbündel wird ein Kreis angelegt, der ein Galvanometer und die sekundäre Spule eines Induktionsapparates enthält. Da an beiden Elektroden die Erregbarkeit etwa gleich groß ist, so zeigt das Galvanometer nach Reizung mit Induktionsschlägen keinen Ausschlag. Darauf wird ein zweiter Stromkreis außerhalb des ersten derart an das Gefäßbündel gelegt, daß eine seiner Elektroden in die Nähe einer der Elektroden des Reizkreises fällt. Das ergibt im Galvanometerkreis einen elektrotonischen Strom, der im Gefäßbündel gleichgerichtet ist mit dem des polarisierenden Zusatzstromes. Wird jetzt durch Induktionsschläge gereizt, so tritt eine Umkehr der Stromrichtung auf, die wohl nur darauf beruhen kann, daß die Erregbarkeit an der Stelle in der Nähe der Anode des Zusatzkreises erhöht, in der Nähe der Kathode deprimiert wird (Abb. 31). Es ergibt sich also: Schwache elektrische Ströme vermehren die Erregbarkeit an der Anode und setzen sie herab an der Kathode.

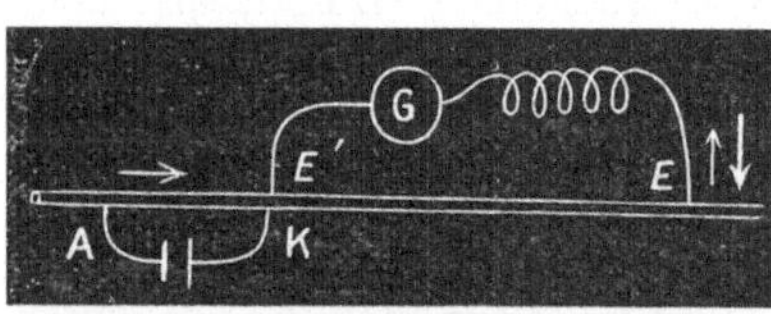

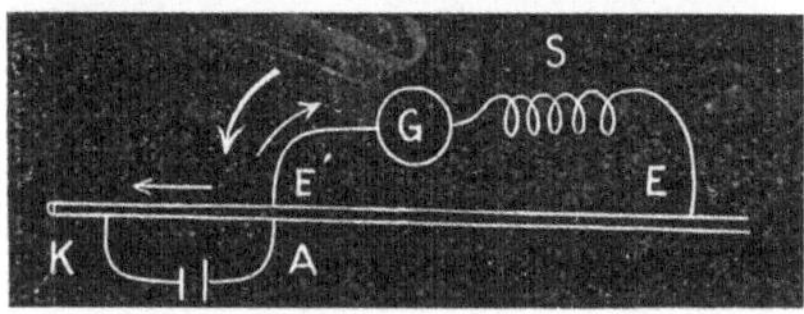

Abb. 31. Versuchsanordnung zur Demonstration der deprimierenden Wirkung der Kathode (oben), der erregenden der Anode (unten). Der dünne Pfeil zeigt die Richtung des elektrotonischen, der dicke die des Aktionsstromes an. Nach Bose, Comparative Electrophysiology.

2. Ermittlung der Reizleitungsgeschwindigkeit mittels elektromotorischer Reaktion.

Die Reizleitungsgeschwindigkeit ist bestimmbar durch die Zeit, die vergeht zwischen dem Moment der Reizung und dem Moment des Auftretens einer elektrischen Schwankung an einem vom Reizort in bestimmter Entfernung befindlichen Punkte, wenn von diesem und einem entfernteren Punkte abgeleitet wird. Dabei ist die durch die Trägheit des Galvanometers entstehende Verzögerung der elektrischen Schwankung in Rechnung zu ziehen. Allerdings ist der Begriff „Reizleitungsgeschwindigkeit" überhaupt einer Revision zu unterziehen, da wir es offenbar bei allen oder wenigstens den meisten Reizprozessen mit einer Kette von Prozessen am Reizort zu tun haben, von denen die einzelnen mit verschiedener Intensität und Geschwindigkeit weitergeleitet werden. Mit unserer Methode wird die Reizleitungsgeschwindigkeit — einschließlich der Änderung der Intensität der geleiteten Erregung — derjenigen Prozesse bestimmt, die zu einer elektromotorischen Veränderung an vom Reizort entfernteren Stellen führen. Bose hat etwa folgendes ermittelt, wobei hervorgehoben sei, daß er entsprechende Ergebnisse auch mit anderen Methoden erhielt: Die Reizleitung findet besonders gut in den Gefäßbündeln statt, während parenchymatisches Gewebe sehr schlecht leitet. Bei Abkühlung tritt eine Verminderung der Reizleitungsgeschwindigkeit ein, einhergehend mit Schwächung der Intensität der fortgeleiteten Erregung, bei Temperaturerhöhung bis etwa 48° C eine Steigerung, nach Überschreiten etwa dieser Temperatur ein rapider Abfall.

Mit der „conductivity balance" kann man auch den Einfluß chemischer Reagenzien auf die Leitfähigkeit prüfen. Anstatt das Reagens bei E oder E' wirken zu lassen, wird ein Stück von C bzw. C' über etwa 1 cm hin mit dem Reagens beschickt. Die Wirkung auf die Erregung von E und E' kann darin beruhen, daß lediglich die Geschwindigkeit der Erregungsleitung gehemmt oder gefördert wird, während die Intensität der fortgeleiteten Erregung nicht geändert wird. In diesem Falle ergeben sich diphasische Schwankungen. Die erste Schwankung entspricht dem Augenblick, in dem die Erregung an dem Ende ankommt, nach dem sie schneller geleitet wird, die zweite der Ankunft der Erregung an dem Ende, nach dem sie langsamer geleitet wird. Die Wirkung kann ferner darin beruhen, daß lediglich die Intensität der Erregung durch das angewandte Reagens geändert wird, dann gibt der einphasische Galvanometerausschlag die Differenz zwischen den Stärken der fortgeleiteten Erregung an. Es können aber auch beide Momente zusammenwirken. So gibt z. B. 2proz. Na_2CO_3 am Beginn der Einwirkung nur einphasische Abwärtsbewegungen der Kurve, später diphasische Schwankungen, eine Erscheinung, die Bose wohl mit Recht dahin deutet, daß zunächst nur die Intensität der fortgeleiteten Erregung gemindert wird, später auch die Geschwindigkeit, und daß die dadurch zustande kommende Phasendifferenz, mit der die Erregungen in E und E' ankommen, die Doppelschwankung veranlaßt.

E. Erklärungsversuche der elektromotorischen Erscheinungen an Pflanzen.

Versuche zur Erklärung der elektromotorischen Erscheinungen an tierischen Objekten sind von Tierphysiologen und Physikochemikern zahlreich unternommen und auch auf die entsprechenden Erscheinungen an Pflanzen übertragen worden. Die Botaniker übten Zurückhaltung. Das wichtigste Ergebnis dieser Erklärungsversuche ist die heute wohl allgemein anerkannte Feststellung, daß der Hauptsitz der EMK im Organismus seine Membranen sind. Ostwald hat diesen grundlegenden Gedanken zuerst ausgesprochen. Er hat ihn mit einer Theorie der Ionenpermeabilität verknüpft, die besagt, daß die Durchlässigkeit einer Membran für einen Elektrolyten eine Funktion ihrer Durchlässigkeit für dessen Ionen sei, daß die Membran eine spezifische Durchlässigkeit für jede Art Ion besitze, also z. B. für das Kation eines Salzes undurchlässig, für sein Anion durchlässig sein könne. Sei aber dies der Fall, so müsse es zur Anhäufung von Ladungen und damit zur Entstehung von EMK an der Membran kommen. Diese Theorie der Ionenpermeabilität ist jedoch theoretischen Einwendungen und experimenteller Prüfung gegenüber nicht aufrechtzuerhalten. Alle bisher untersuchten Membranen zeigten, daß eine solche spezifische Durchlässigkeit für die einzelnen Kat- und Anionen bei ihnen nicht existiert. Wenn man aber auch die Ostwaldsche Erklärung für das Zustandekommen von Ionenpermeabilität aufgibt, so bestehen doch eine Reihe anderer Möglichkeiten, durch die ein Verhalten von Membranen zustande kommen kann, als ob sie ionenpermeabel wären, ein Verhalten, bei dem also der Stromtransport mehr oder weniger nur durch eine Art Ionen, Kationen oder Anionen, durch die Membran vonstatten gehen kann. Z. B. könnte die Wanderungsgeschwindigkeit des einen Ions in der Membran gegenüber der des entgegengesetzt geladenen sehr gering oder unendlich klein sein, es könnte das eine Ion durch Adsorption an die Membran gebunden sein oder seine Löslichkeit in der Membran sehr gering oder gleich Null sein. In Berücksichtigung dieser Möglichkeiten wird auch heute in der Physiologie ganz allgemein der Begriff Ionenpermeabilität gebraucht, und sofern man sich nur darüber klar ist, daß mit diesem Ausdruck ein neuer Begriff bezeichnet wird, der sich mit dem alten Ostwaldschen Begriff der Ionenpermeabilität nur teilweise deckt, ist gegen die Verwendung des Ausdruckes nichts einzuwenden. Als Beispiel für eine auf Ionenpermeabilität der Membran zurückgeführte Erklärung bioelektrischer Ströme sei die Bernsteinsche Theorie angeführt.

Die tierische Muskelfaser ist im unverletzten, unerregten Zustande stromlos, verletzt oder erregt zeigt sie einen Strom, derart, daß die verletzte oder erregte Stelle galvanometrisch negativ wird. Nach Bernstein ist die Membran der Muskelfaser bevorzugt kationenpermeabel. Im normalen Zustande kann dies nur zur Ausbildung einer elektrischen Doppelschicht an der Membran der Muskelfaser führen, deren Außenfläche sich positiv, deren Innenfläche sich negativ aufladt, jedoch nicht zur Ausbildung eines Stromes. Also ist die Muskelfaser stromlos. Sowie jedoch durch eine Verletzung oder Erregung die Permeabilität an einer Stelle erhöht wird — diese früher hypothetische Annahme ist durch neuere Untersuchungen Gildemeisters und Ebbeckes experimentell verifiziert worden —, kann an dieser Stelle ein mehr oder weniger ungestörter Ionenaustausch vor sich gehen, während die intakte Stelle der Membran nur Kationen durchläßt. Es muß also bei Ableitung zu einem Strom kommen, indem die intakte Stelle dauernd positive Ionen auf ihrer Außenseite abgibt, auf ihrer Innenseite aufnimmt, also galvanometrisch positiv wird, wie auch die Erfahrung zeigt.

Eine andere, ebenfalls auf Ionenpermeabilität beruhende Anschauung über die Entstehung von Membranpotentialen verdanken wir Donnan. Donnan faßt die Verteilungsverhältnisse ins Auge, die sich ergeben, wenn sich auf der einen Seite einer Membran ein permeables Salz, auf der anderen Seite ein Salz befindet, dessen eines Ion mit einem der Ionen des Salzes jenseits der Membran identisch ist, dessen anderes Ion aber ebenso wie etwaige undissoziierte Moleküle des Salzes durch die Membran nicht hindurchdiffundieren kann, wobei man vor allem an mangelndes Diffusionsvermögen infolge zu großen Moleküldurchmessers zu denken hätte. Rechnerische und experimentelle Untersuchung derartiger Systeme zeigte, daß sich nach Einstellung des Gleichgewichtes der permeable Elektrolyt nicht auf beiden Seiten der Membran in gleicher Konzentration befindet, wie man zunächst annehmen sollte, sondern daß die Konzentration der permeablen Ionen auf beiden Seiten der Membran verschieden ist. Dabei stellt sich eine Verteilung der Ionen derart ein, als ob das impermeable Ion das ungleichnamig geladene Ion des permeablen Elektrolyten jenseits der Membran anziehen, das gleichnamig geladene abstoßen würde. Das Auftreten dieser Verteilungsgleichgewichte ist übrigens nicht an die Trennung von diffusiblem und nicht diffusiblem Elektrolyten durch eine Membran gebunden, vielmehr stellen sich solche nach Procter und Loeb bereits beim Eintauchen von Gelatine in Salzlösungen zwischen diesen beiden Phasen durch die Wirkung der nicht diffusiblen Eiweißionen der Gelwände ein. Mit der Verschiedenheit der Ionenkonzentration zu beiden Seiten der Membran im Gleichgewichtszustande ist, wie sich experimentell und theoretisch zeigen läßt, das Auftreten von Potentialdifferenzen an der Membran verbunden. Jedoch kann nicht umgekehrt, wie Loeb annahm, aus der Übereinstimmung von beobachteten Potentialdifferenzen mit solchen, die aus der Differenz von Ionenkonzentrationen zu beiden Seiten der Membran nach Einstellung des Gleichgewichtes berechnet sind, geschlossen werden, daß diese Potential- bzw. Konzentrationsdifferenzen durch Donnangleichgewichte hervorgerufen werden; denn, wie Hill hervorhob, müßte sich diese Übereinstimmung auch dann zeigen, wenn die beobachteten Konzentrations- und Potentialdifferenzen auf irgendeinem anderen Mechanismus, z. B. auf einem Adsorptionsgleichgewicht, beruhen würden. Da, wie sich rechnerisch zeigen läßt, auch unter Bedingungen, die so günstig gewählt sind, wie sie im Organismus kaum zu erwarten sind, aus den Dounangleichgewichten nur Potentialdifferenzen von einigen Millivolt resultieren, so dürfte ihre Bedeutung für die Erklärung der biologischen Membranpotentiale nicht allzu hoch zu veranschlagen sein.

Eine Anschauung, die den Begriff der Ionenpermeabilität ganz beiseite läßt, ist von Haber entwickelt worden. Haber geht bei seinen Auseinandersetzungen aus von seinen im Kapitel I dargelegten Befunden mit H^+-Konzentrationsketten vom Typ $[H^+]_I$ / Membran / $[H^+]_{II}$, deren negativer Pol auf der stärker sauren Seite liegt. Er nimmt an, daß bei Tätigkeit oder Verletzung an der tätigen bzw. verletzten Stelle Säure produziert wird und daß diese im Sinne seines Modellversuches mittels der Membranen im Organismus die galvanometrische Negativität der tätigen bzw. verletzten Stelle bedingt.

An die Habersche Theorie knüpft die Beutnersche an insofern, als auch sie in elektrischen Phasengrenzkräften an der Grenze zwischen Membranen und wäßrigen Lösungen die wesentliche Ursache für das Auftreten der bioelektrischen Erscheinungen sieht. Die physikalisch-chemische Natur der im Organismus elektromotorisch wirksamen Substanzen wird als „Öl", d. h. als wasserunmischbare Substanz, angenommen auf Grund von Parallelversuchen an „Ölen" und Geweben. So lassen sich die Ströme, die durch äußere Asymmetrie und durch den Konzentrationseffekt an Geweben hervorgerufen werden, an Ketten nachahmen, in denen das Gewebe durch „Öl" ersetzt ist, sowohl hinsichtlich der Richtung wie der Größe der EMK wie hinsichtlich der speziellen Abhängigkeit von der Natur der einwirkenden Ionen und Konzentrationen. Da der Konzentrationseffekt der Gewebe seiner Richtung nach nur mit säurehaltigen Ölen nachgemacht werden kann, während basische Öle den entgegengesetzt gerichteten Konzentrationseffekt zeigen, so spezialisiert Beutner die Natur der Oberflächenschicht der Gewebe (bei Pflanzen Cuticula) als wasserunmischbare Säure enthaltend. Das innere Gewebe sei im Verhältnis zur Haut säurearm. Im besonderen denkt Beutner an Fettsäuren und ihre Ester als im Organismus elektromotorisch wirksame Stoffe, weist aber darauf hin, daß auch eine Reihe anders konstituierter „Öle" als Modellsubstanzen dienen können.

Loebs und seine an Blättern und vor allem am Apfel gewonnenen Ergebnisse und damit überhaupt die Läsionsruheströme an Pflanzen deutet er folgendermaßen: Die Cuticula entspreche einer säurehaltigen, das Fruchtfleisch bzw. Parenchym einer säurearmen Membran. Diese beiden Membranen berühren sich, da sie zusammengewachsen sind, direkt, und damit seien Bedingungen wie in der von Cremer angegebenen Nitrobenzolkette gegeben (Abb. 32). Daß die Cuticula säurehaltig gegenüber einem säurearmen Parenchym sei, schließt Beutner aus dem oben erwähnten Verhalten, daß der Konzentrationseffekt der unverletzten, d. h. mit Cuticula versehenen Oberfläche größer

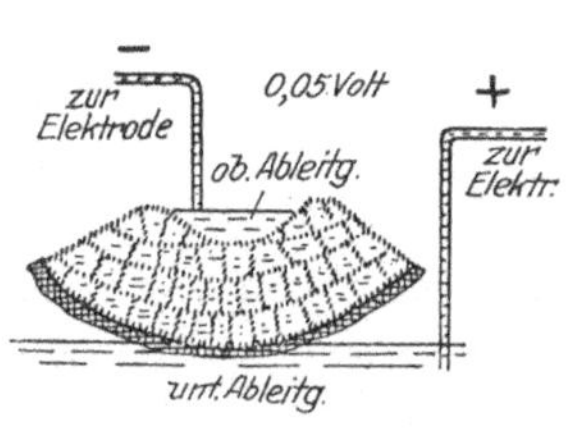

Schematische Darstellung eines Apfelfragments, das den normalen Läsionsstrom zeigt. Die Zellmembranen des Fruchtfleisches (schraffiert markiert) sind unverletzt und schließen den Zellsaft ein, der deshalb elektromotorisch unwirksam ist. Die äußere säurehaltige Membran (punktiert) steht mit der inneren in direktem Zusammenhang.

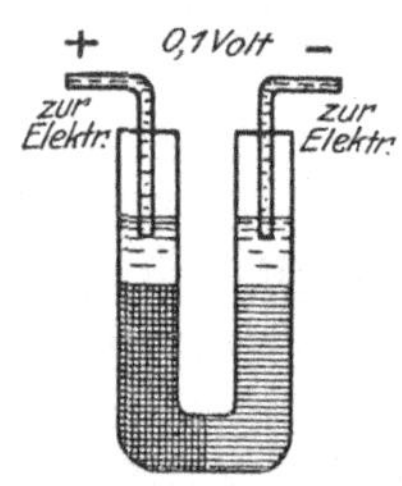

Schema der Cremerschen Nitrobenzolkette; säurehaltige „Öl"phase punktiert markiert; säurearme „Öl"phase gestrichelt markiert; beide in elektrischem Kontakt, über beiden 2 identische Salzlösungen zur Ableitung. Diese Anordnung stellt den elektrischen Zustand des Apfelfragments vollkommen dar und erklärt das Zustandekommen des Verletzungsstromes.

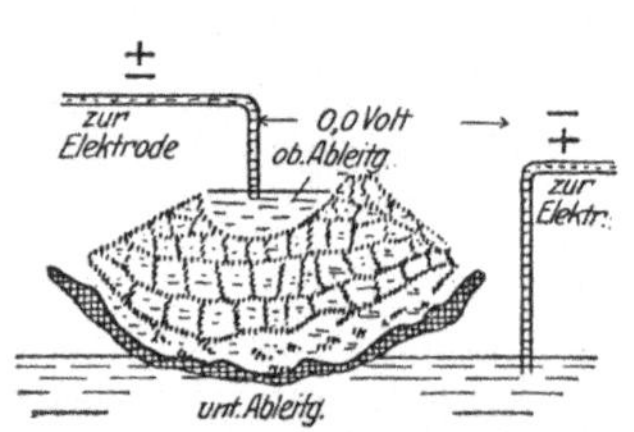

Schematische Darstellung der Quetschwirkung. Die harte und elastische äußere Rinde ist nicht durchbrochen, wohl aber die inneren Membranen teilweise zerstört; der Zusammenhang zwischen beiden ist durch den Erguß des Zellsaftes unterbrochen.

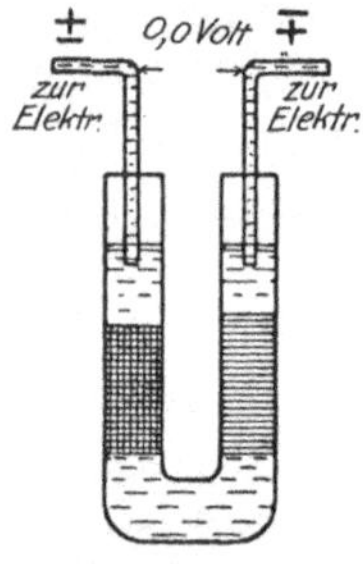

Schematische Darstellung einer „Öl"kette, welche ein Modell des gequetschten Apfelfragmentes darstellt. Die elektromotorische Kraft sinkt dadurch auf Null, genau so wie durch den Zellsafterguß infolge Quetschung die EMK des Pflanzenteils geändert wird.

Abb. 32. Schematische Darstellung des Quetschversuches. Nach Beutner, Entstehung der elektrischen Ströme, S. 143.

sei als der geschälten, wie dies bei den von ihm untersuchten Ölketten säurehaltige gegenüber säurearmen Ölen zeigen. Ferner führt er als Stütze für seine Anschauung an, daß die Größe der EMK des Verletzungsstromes unabhängig von der Dicke des Fruchtfleisches sei. Schließlich soll das Ergebnis eines Quetschversuches für seine Deutung des Läsionsruhestromes sprechen. Eine gequetschte Stelle des Apfels zeigt sich galvanometrisch negativ gegen eine ungequetschte. Die Quetschung wirkt nach Beutner so, als ob zwischen das Fruchtfleisch und die Schale an der gequetschten Stelle eine neue Schicht Zellsaft eingeschaltet würde, die etwa dieselbe Konzentration wie die Ableitungsflüssigkeit habe. Wie bei Zwischenschaltung einer solchen Flüssigkeit zwischen die säurehaltige und säurearme Phase der Cremerschen Nitrobenzolkette die EMK auf 0 sinke, so sinke auch die EMK der verletzten Stelle, so daß, wie sich aus folgendem Schema ergibt, bei Ableitung von zwei gegenüberliegenden Stellen, von denen die eine gequetscht, aber mit Schale versehen ist, die andere unversehrt, dasselbe Resultat entstehen muß wie bei Ableitung von zwei gegenüberliegenden Stellen, von denen die eine entschalt ist.

$$\text{Abl. Fl.} \underset{1}{/} \text{Schale} \underset{2}{/} \text{Fleisch} \underset{3}{/} \text{Zellsaft} \underset{4}{/} \text{Schale} \underset{5}{/} \text{Abl. Fl.}$$

$$= \text{Abl. Fl.} \underset{1}{/} \text{Schale} \underset{2}{/} \text{Fleisch} \underset{3}{/} \text{Zellsaft} = \text{Abl. Fl.}$$

4 und 5 heben sich als gleich und entgegengesetzt gerichtet auf, da der Zellsaft nach Voraussetzung im Hinblick auf seine elektromotorische Wirksamkeit der Ableitungsflüssigkeit gleichgesetzt werden kann. Die gequetschte Stelle muß also galvanometrisch negativ gegen die ungequetschte sein.

Wenn auch die von Beutner angeführten Momente gut in den Rahmen seiner Anschauungen passen, so darf nicht verkannt werden, daß keines derselben einen eindeutigen Beweis für sie liefert, sondern jedes sich auch vom Standpunkte anderer Anschauungen aus gut verstehen läßt. Der Quetschversuch wie der Befund weitgehender Unabhängigkeit der EMK des Läsionsruhestromes von der Schichtdicke des Apfelfruchtfleisches könnten mit demselben Recht als Stütze der Bernsteinschen Membrantheorie oder der Haberschen Anschauung herangezogen werden wie der Beutnerschen. Wenn ferner Beutner die saure Natur der Fruchtschale gegenüber dem Fruchtfleisch aus der größeren Stärke des Konzentrationseffektes schließt, so muß dieser Schluß als nicht eindeutig bezeichnet werden; denn sie könnte auch andere Ursachen haben, z. B. die, daß im Fruchtfleisch die Salze mehr dem Nernstschen Verteilungssatz gemäß sich verteilen als in der Schale, auch wenn letztere weniger sauer wäre als ersteres. Es würde jedoch zu weit führen, hier näher auf die Bedingungen für das Zustandekommen und die Größe des Konzentrationseffektes einzugehen. Es sei nur darauf hingewiesen, daß nach den diesbezüglichen Auseinandersetzungen von Michaelis und Rohonyi auch das Auftreten von Konzentrationseffekt nicht als beweisende Stütze für die Beutnersche Deutung bioelektrischer Erscheinungen betrachtet werden kann. Ferner haben vergleichende Untersuchungen der Ruhestromerscheinungen an Muskeln und lipoiden Substanzen, wie sie von tierphysiologischer Seite unternommen wurden, bis jetzt noch keine Stoffe aufzeigen können, bei denen eine wirkliche Übereinstimmung zwischen dem Verhalten von Modell und Muskel erzielt wurde. Schließlich liegt eine weitere, wie mir scheint, sehr erhebliche Schwierigkeit der Beutnerschen Theorie darin, daß es eine Reihe von Befunden über Ruheströme gibt — von den Aktionsströmen, auf die Beutner seine Theorie nicht ausgedehnt hat, ganz zu schweigen —, die dieselben als an den lebenden Zustand gebunden erweisen. Dem stehen freilich Beobachtungen Beutners gegenüber, der an einem durch 22stündiges Liegen in Äther entfärbten und zweifellos völlig abgestorbenen Blatt von Ficus elastica Ruheströme fand, die sogar die am lebenden Blatte beobachteten noch um einige Millivolt übertrafen. Vermutlich wird dieser scheinbare Widerspruch sich dahin aufklären, daß es in der Tat zweierlei Arten von Ruheströmen gibt, solche, die an das Vorhandensein lebenden Plasmas gebunden sind, und solche, die es nicht sind. Letztere werden sich vermutlich vor allem an denjenigen Geweben finden, die mit einer starken Cuticula versehen sind; denn gerade eine starke pflanzliche Cuticula würde, genügenden Säuregehalt vorausgesetzt, ihrem Charakter nach in hohem Maße einer Beutnerschen Ölmembran entsprechen, und es ist nicht einzusehen, warum nicht auch beim Absterben des Gewebes diese wachsartige Schicht ihre elektromotorischen Eigenschaften beibehalten sollte. Anders die Plasmamembranen. Diese bestehen aller Wahrscheinlichkeit nach außer aus Lipoiden auch aus Eiweißsubstanzen und Wasser, und es ist deshalb schwer zu verstehen, wieso gleichförmige Schichten aus lipoiden Substanzen ein geeignetes Modell der durch das Plasma bewirkten elektromotorischen Erscheinungen abgeben können und wieso bei den emulsionsähnlichen Membranen des Plasmas lediglich der lipoide Anteil ausschlaggebend für das Zustandekommen der Ruheströme sein sollte. So wenig daher auch in den Beutnerschen Darlegungen und Loeb - Beutnerschen Experimenten eine endgültige Aufklärung bioelektrischer Erscheinungen erblickt werden kann, so sehr muß anerkannt werden, daß durch diese Untersuchungen mit dem Hinweis auf die Bedeutung lipoider Substanzen im Organismus für die Stromerzeugung in die elektrophysiologische Forschung ein Ferment von außerordentlicher Wirksamkeit eingeführt wurde.

In einer Arbeit von Haynes wird Beutner eine ungenügende Berücksichtigung des Einflusses der $[H^+]$ bei der Deutung seiner Versuche vorgeworfen. Die Kritik ist wohl zu weitgehend, zeigt aber, daß auch die physikalisch-chemische Erklärung der von Beutner beschriebenen Ölketten noch sicherer gestellt werden muß.

Eine Anschauung Rohonyis, nach der nicht, wie Beutner will, die lipoiden Bestandteile der Membran, sondern gerade das Membranwasser der elektromotorisch wirksame Bestandteil der Membran sein soll, braucht nur kurz erwähnt zu werden. Rohonyi glaubt, daß Niederschlags- und Plasmamembranen infolge ihrer Salzundurchlässigkeit Systeme darstellen, die beim Angrenzen an Salzlösungen so wirken wie destilliertes Wasser, mit dem Unterschiede, daß mit der Salzundurchlässigkeit zugleich die Aufrechterhaltung des Diffusions- und Potentialgefälles an der Grenze Salzlösung/Membran verbunden sein soll, während beim unmittelbaren Angrenzen einer wäßrigen Lösung an destilliertes Wasser diese Gefälle durch die Wirkung der Diffusion sich schnell vermindern. Die in dieser Anschauung eingeschlossene spezielle Vorstellung vom Mechanismus der semipermeablen Membran bedürfte eingehenden Beweises, den jedoch Rohonyi nicht erbringt; denn mit dem Begriff einer semipermeablen Membran ist diese Vorstellung nicht notwendig verbunden, sondern es würden mit ihm ebensogut oder besser Vorstellungen im Einklang stehen, bei denen das Auftreten von elektromotorischen Kräften an der Phasengrenze durch verschiedene Absorption, Verteilung, Löslichkeit usw. von einzelnen Ionenarten erklärt wird.

Überblickt man die Entwicklung unserer Anschauungen und Kenntnisse betreffs der Erklärung der elektromotorischen Kräfte, so sieht man, wie nach einigen ergebnislosen Versuchen Du Bois-Reymonds und Hermanns zunächst Wilhelm Ostwald die Membranen als Sitz der elektromotorischen Kräfte im Organismus erkannte. Damit war die Aufgabe gestellt, Modellversuche mit Membranen anzustellen, die die physiologischen Verhältnisse nachahmten. Dieser Weg wurde von Cremer, Haber, Loeb und Beutner betreten, wobei eine immer deutlichere Annäherung der Membranmodelle an die physiologischen Verhältnisse nicht zu verkennen ist. Der Weg zur weiteren Erforschung führt ohne Zweifel zur immer vollkommeneren Nachahmung der lebenden Membranen, und die nächste Aufgabe der künftigen experimentellen Forschung auf diesem Gebiete muß es sein, solche Modellversuche mit stark polarisierbaren Membranen aus Eiweiß mit emulgierten Lipoiden auszuführen, wie sie etwa der physikalisch-chemischen Struktur des Plasmas entsprechen. Alle Erklärungsversuche bioelektrischer Erscheinungen werden in höherem Maße als bisher auch die Mannigfaltigkeit der Mittel zu beachten haben, die der Natur zur Produktion elektrischer Energie im Organismus zu Gebote stehen. Wir haben im I. Kapitel gesehen, wie elektrische Energie aus allen möglichen anderen Energieformen gewonnen werden kann unter Bedingungen, wie sie im Organismus leicht verwirklicht werden können. Soweit wir in das funktionelle Getriebe der Organismen eingedrungen sind, hat sich immer wieder gezeigt, daß dieselbe ungeheure Mannigfaltigkeit, die die Natur in der äußeren Form der Organismen zeigt, auch in den Mitteln herrscht, mit denen sie die funktionellen Aufgaben löst, die der Betrieb des Lebens erfordert. Nichts wäre deshalb eigentümlicher und ist weniger zu erwarten, als daß die Produktion elektrischer Energie im Organismus auf eine einzige Quelle zurückgeführt werden kann, daß sie stets nach demselben Schema sich vollzieht, wie dies die bisherigen Theorien in der Regel annehmen. Viel wahrscheinlicher ist es, daß ganz im Gegenteil die Natur alle Möglichkeiten, die ihr der Aufbau der Organismen zur Produktion elektrischer Energie an die Hand gibt, auch ausnutzt, daß also im Organismus bald chemische, bald osmotische Energie, bald die mechanische Energie einer Flüssigkeitsbewegung oder die thermische eines Temperatursprungs in elektrische Energie umgewandelt wird.

IX. Probleme und Aufgaben der pflanzlichen Elektrophysiologie.

In den vorangegangenen Kapiteln haben wir die wichtigsten Tatsachen der pflanzlichen Elektrophysiologie besprochen und die Versuche zu ihrer Erklärung diskutiert. Wiederholt wurde auch schon darauf hingewiesen, welche weiteren Forschungsziele sich aus einem bestimmten Faktum oder Erklärungsversuch ergeben. Hier sollen noch einmal kurz im Zusammenhang Probleme und Aufgaben erörtert werden, zu denen der gegenwärtige Stand unseres Wissensgebietes führt.

Wie jeder Zweig der Physiologie mit einem ziemlich wahllosen Aufsuchen von Erfahrungstatsachen ansetzt, so beginnt auch die pflanzliche Elektrophysiologie unter dem Einfluß der Entdeckungen Galvanis und Voltas zunächst einfach damit, Tatsachen und gesetzliche Beziehungen über das Verhältnis von Pflanze und Elektrizität zu sammeln, ohne dabei von besonderen leitenden Gesichtspunkten auszugehen.

Zum Teil bedingt durch die resultierenden Erfahrungen, zum Teil bedingt durch die Entwicklung der tierischen Elektrophysiologie stellte sich das Bedürfnis heraus, dem weiteren Experimentieren eine bestimmtere Fragestellung unterzulegen. So entwickelten sich einmal im Anschluß an Beobachtungen über Förderung von Pflanzenwachstum durch Elektrizität die Elektrokulturbestrebungen, die von Bertholon bis in die jüngste Zeit reichen, zum anderen entstand eine vergleichende Elektrophysiologie, die anhub mit der Arbeit Ritters: „Elektrische Versuche an der Mimosa pudica in Parallele mit gleichen Versuchen an Fröschen" und in neuerer Zeit durch die Untersuchungen Kühnes: „Über das Protoplasma" und Boses: „Comparative Elektrophysiology" in systematischer Weise gefördert wurde. Aus dieser vergleichenden Wissenschaft erwuchs notwendig das Streben nach immer weiterer systematischer Untersuchung aller Tatsachen der pflanzlichen Elektrophysiologie. Es interessierte nicht nur das, was Vergleichspunkte zum Verhalten des tierischen Organismus bot, sondern auch alles, was unter rein botanischem Gesichtspunkte Bedeutung hatte.

Während diese Forschung ihrem Wesen nach hauptsächlich deskriptiver Natur war, begann mit dem Fortschreiten der Physiologie im allgemeinen, der physikalisch-chemischen Erkenntnis und ihrer Anwendung auf Lebensvorgänge im besonderen auch die Forschung nach den Ursachen der beobachteten elektrophysiologischen Erscheinungen. Es ergab sich die Aufgabe, die beobachteten komplexen Wirkungen zunächst auf ihre physiologischen Ursachen zurückzuführen, sodann diese physiologischen Ursachen physikalisch-chemisch aufzuhellen.

Die pflanzliche Elektrophysiologie ist, wie heute nur noch wenige Zweige der pflanzlichen Physiologie ein Gebiet, bei dem auch die Erforschung der reinen Erfahrungstatsachen noch völlig in den Anfangsstadien steckt. Über große Gebiete, wie die Beziehungen zwischen Pflanze und atmosphärischer Elektrizität oder über die Ströme im Innern der Pflanzen und ihre Leistungen wissen wir fast gar nichts. Für viele, noch nicht in Angriff genommene Themen sind die Untersuchungsmethoden von den Tierphysiologen zu so hoher Vollkommenheit ausgebildet, daß oft schon die bloße Anwendung irgendeines Instrumentes, z. B. des Saitengalvanometers, eine Fülle neuer Tatsachen aufzudecken verspricht.

Bei der fundamentalen Bedeutung des Protoplasmas für die Lebensfunktionen der Pflanze ist die immer weitere Erforschung der Beziehungen zwischen Elektrizität und Plasma von höchster Wichtigkeit. Dabei werden der Natur der Sache nach vor allem kolloidchemische Gesichtspunkte in Betracht gezogen werden müssen. Es kann gar nicht anders sein, als daß die mit dem Stromdurchgang verbundenen Konzentrationsänderungen der Ionen den Dispersitätsgrad des Plasmas beeinflussen, zumal die Änderungen der [H˙] und [OH′]. Mit der Veränderung des Dispersitätsgrades müssen bei der hohen Bedeutung, die Oberflächenreaktionen im Plasma haben, Änderungen im Chemismus speziell enzymatischer Prozesse verbunden sein, wie sie ja auch durch die Änderung der [H˙] und anderer Ionenkonzentrationen ohnehin zustande kommen. Hier sei an die Befunde Emdens (S. 144) erinnert. Ferner aber müssen durch die beim Stromdurchgang stattfindenden Dispersitäts- und Konzentrationsänderungen Permeabilitätsänderungen auftreten, die ja auch schon festgestellt, aber mit den verschiedensten Methoden noch genauer zu untersuchen sind. Es drängen sich die Fragen auf nach den quantitativen Beziehungen zwischen Größe, Dauer und sonstigen Charakteristiken des elektrischen Reizes und der Durchlässigkeitsänderungen, nach der Natur der Stoffe bzw. Ionen, für die die Permeabilität erhöht oder erniedrigt wird, es drängt sich die Frage auf, ob etwa bei der elektrischen Reizung spezielle Stoffe gebildet werden, in welcher Beziehung die Durchlässigkeitsänderungen zur Reizleitung stehen und zur Mechanik etwaiger durch sie ausgelöster Bewegungsprozesse. Daß dabei sowohl rein protoplasmatische Bewegungen (Geißelbewegung, Plasmaströmung) wie Wachstumsbewegungen (Elektrotropismus, Wachstumsverzögerung und -beschleunigung). wie Turgescenzbewegungen (Elektronastie) in Frage kommen und demnach eine außerordentliche Mannigfaltigkeit von Fragestellungen sich ergibt, liegt auf der Hand. Hier sei nur nochmals daran erinnert (S. 146), daß z. B. für elektronastische Erscheinungen möglicherweise auch die durch Stromdurchgang hervorgerufene Ausfällung oder sonstige Zustandsänderung von Zellsaftkolloiden Bedeutung hat, zumal dabei ein Teil der Zellsaftsalze absorbiert und dadurch osmotisch unwirksam gemacht werden könnte, um bei Aufhören des Reizes und der betreffenden kolloiden Zustandsänderung wieder in osmotisch wirksame Form übergeführt zu werden. Auch für die Lösung derartiger Fragen dürfte die Methode der elektrischen Widerstandsmessung, speziell die von Gildemeister ausgearbeitete vergleichende Form der Messung von Wechsel- und Gleichstromwiderstand, von hohem Nutzen sein. Bevor allerdings allzu weitreichende Schlüsse aus mit dieser Methode gewonnenen Ergebnissen gezogen werden, wozu namentlich von tierphysiologischer Seite Neigung besteht, bedarf es noch kritischer Untersuchungen der mannigfachen Fehlerquellen, die die Schlußfolgerungen aus mit ihr gewonnenen Ergebnissen gerade bei den Verhältnissen an Pflanzen bieten (Austritt von Zellsaft). Mit der weiteren Aufklärung der Widerstandsverhältnisse bei Pflanzen würde zugleich eine weitere Einsicht in die Wirkung des elektrischen Stromes auf das Plasma, Wasserbewegung usw. verbunden sein.

Es ist dargelegt worden wie unter der Wirkung von Kathode und Anode die Erregbarkeit, Reaktions- und Reizleitungsvermögen geändert wird. Hier ist zunächst noch ein weites Feld zur Aufklärung der speziellen tatsächlichen Verhältnisse. Wie wirkt das Anlegen einer Anode bzw. einer Kathode auf die Perzeption, Reaktion und Reizleitung bei Licht-, Schwere-, Wärmereizung usw.

vor allem bei Tropismen und Nastien? Wie erklärt sich diese Einwirkung? Steht sie im Zusammenhang mit Permeabilitätsänderungen, Dispersitäts- oder Konzentrationsänderungen oder Beeinflussung enzymatischer Prozesse durch den Strom. Das Problem der Reizleitung — auf die notwendige Präzisierung dieses Begriffes wurde bereits hingewiesen (S. 197) — erfährt eine eigentümliche Beleuchtung durch die Feststellung, daß die Reizleitungsgeschwindigkeit für einen Reiz vermehrt wird, wenn ein Strom in entgegengesetzter Richtung das Gewebe durchfließt, längs der der Reiz geleitet wird, und vermindert, wenn der Strom in gleicher Richtung fließt. Wie weit reicht der Geltungsbereich dieses Satzes? Worauf beruht diese Verknüpfung? Das alles sind Fragen, die experimentell meist ohne weiteres in Angriff zu nehmen sind, und deren Lösung uns weitgehende Einblicke in den Mechanismus von Reizbarkeit und Reizleitung verspricht.[1])

Ebenso mannigfache Aufgaben, wie sich aus unseren bisherigen Kenntnissen über die Stromwirkung auf die Pflanzen ergeben, stellt auch unser derzeitiges Wissen über die Erzeugung elektrischer Ströme in lebenden Geweben. Die Fragen nach der Stärke, dem Ort und der Art der im Organismus kreisenden Ströme und ihrer Bedeutung für den Organismus gehören anscheinend freilich, so fundamental sie sind, nicht zu denen, die zur Zeit viel Aussicht auf Beantwortung bieten. Nützlicher wird der Versuch zunächst sein, durch möglichst lebensähnliche Modelle einen Einblick in den Mechanismus der Stromerzeugung im Organismus zu erhalten, also Ketten zu bauen mit eiweiß- und lipoidhaltigen Membranen von der physikalisch-chemischen Struktur des Plasmas, an ihnen die Wirkung von Änderungen der anwesenden Ionen und ihrer Konzentrationen zu untersuchen, an ihnen künstlich Änderungen der Polarisierbarkeit, Permeabilität, des Dispersitätsgrades hervorzurufen und die Wirkung dieser Eingriffe auf die auftretenden EMK zu studieren. Gerade pflanzliche Objekte wie Myxomycetenplasmodien bieten nach ihrer Natur als einfache Plasmaklümpchen geeignete Vergleichsobjekte für derartige Versuche, um unbeeinflußt durch alle die verwickelnden Momente, die der kom-

[1]) Eine Theorie des Geotropismus von Small verknüpft die Auslösung der geotropischen Reaktion mit elektrischen Strömen, die durch Wanderungen kolloider Teilchen unter dem Einfluß der Schwerkraft entstehen. Small, J., New Phytologist, **19**, 49. 1920; **20**, 73. 1921.

plexe Bau der höheren Pflanzen und Tiere und ihrer Organe mit sich bringt, die Gesetze der Elektrizitätsproduktion durch das Plasma als solches zu erkennen. Das Auftreten von pflanzlichen Geweben, die sich, soweit erkennbar, wesentlich nur durch Alkalität oder Säuerung ihrer Zellen unterscheiden, wie die blauen und roten Blütenblätter vieler Lippenblütler, ist geeignet die Rolle der [H˙] für Ruhe- und Aktionsströme am lebenden Objekte genauer zu untersuchen. Schließlich dürfte bei der Erforschung der EMK auch die Methode der Widerstandsmessung wertvolle Aufschlüsse geben. Mit ihr wäre festzustellen, ob beobachtete Aktionsströme wesentlich auf Änderungen der elektromotorischen Kraft an den Membranen beruhen, die den Ruhestrom erzeugen, oder ob Änderungen des elektrischen Widerstandes und der Zellpermeabilität ihre Ursachen sind, oder ob und wie beide Momente zusammenwirken.

Die Beispiele für Aufgaben der pflanzlichen Elektrophysiologie ließen sich leicht vermehren. Indes — die angeführten zeigen bereits zur Genüge, welch reiche Entwicklungsmöglichkeiten dieses bisher so vernachlässigte Gebiet noch in sich trägt und welch hohe Bedeutung es in der Pflanzenphysiologie vielleicht schon in naher Zukunft einnehmen wird.

Literaturverzeichnis.

I.

Bethe, A., u. Th. Toropoff: Zeitschr. f. physikal. Chem. Bd. 88, S. 686. 1914; Bd. 89, S. 597. 1915.

Beutner, R.: Die Entstehung elektrischer Ströme in lebenden Geweben. Stuttgart 1920.

Cremer, M.: Zeitschr. f. Biol. Bd. 47, S. 1. 1906.

Flusin, M.: Ann. de chim. et de physique Bd. 13, S. 480. 1908.

Freundlich, H.: Kolloid-Zeitschr. Bd. 18, S. 11. 1916.

— Capillarchemie. Leipzig 1922.

— u. P. Rona: Sitzungsber. d. preuß. Akad. d. Wiss. Bd. 20, S. 397. 1920.

— u. A. Gyemant: Zeitschr. f. physikal. Chem. Bd. 100, S. 182. 1921.

Gouy: Journ. de phys. Bd. 9, S. 457. 1910.

Haber, F.: Ann. d. Physik Bd. 26, S. 947. 1908.

— u. Klemensiewicz: Zeitschr. f. physikal. Chem. Bd. 67, S. 385. 1909.

Höber, R.: Phys. Chemie der Zelle. 4. Aufl. Leipzig 1914.

Lemström, S.: Elektrokultur. Berlin 1902.

Loeb, J.: Journ. of gen. physiol. Bd. 1, S. 717. 1919; Bd. 2, S. 173. 1919; S. 255, 387, 563, 577, 659, 673. 1920; Bd. 3, S. 667, 691. 1921; Bd. 4, S. 213, 463, 617, 769. 1922; Bd. 5, S. 89, 109. 1922; S. 395, 505. 1923.

Michaelis, L.: Die Wasserstoffionenkonzentration. I. 2. Aufl. Berlin: Julius Springer. 1922.

Nathansohn, A.: Stoffwechsel der Pflanze. Leipzig 1910.

— Kolloidchem. Beih. Bd. 11, S. 261. 1919.

Nernst, W.: Zeitschr. f. physikal. Chem. Bd. 9, S. 140. 1892.

— u. Riesenfeld: Ann. d. Physik Bd. 8, S. 600. 1902.

Ostwald, Wi.: Zeitschr. f. physikal. Chem. Bd. 6, S. 71. 1890.

— Grundriß der allgem. Chemie. 4. Aufl. Dresden 1909.

Rohonyi, H.: Biochem. Zeitschr. Bd. 66, S. 248. 1914.

Smoluchowski, v.: Grätz' Handb. d. Elektrizität II. 1914.

Stern, K.: Zeitschr. f. Botanik Bd. 11, S. 561. 1919.

Stock, J.: Anzeiger d. Akad. d. Wiss. Krakau A. S. 635. 1912.

II.

Bancroft: Journ. of exp. zool. Bd. 4, S. 157. 1906.

Becquerel: Cpt. rend. hebdom. des séances de l'acad. des sciences Bd. 5, S. 784. 1837.

Bersa, E. v., u. Weber: Ber. d. dtsch. bot. Ges. Bd. 40, S. 254. 1922.

Bethe, A.: Pflügers Arch. f. d. ges. Physiol. Bd. 163, S. 147. 1916; Bd. 183, S. 289. 1920.

Bose, Ch.: Plant response. London 1906.
— Comparative Electrophysiology. London 1907.
Brücke, E.: Sitzungsber. d. Akad. d. Wiss. Wien Bd. 46, II, S. 1. 1862.
Carlgreen, O.: Zentralbl. f. Physiol. Bd. 14, S. 35. 1900.
Du Bois Raymond, E.: Monatsber. d. Berl. Akad. d. Wiss. 1856, S. 395; 1860, S. 846.
Ebbecke, U., u. G. Hecht: Pflügers Arch. f. d. ges. Physiol. Bd. 199, S. 88. 1923.
Gardiner: Ann. of bot. Bd. 1, S. 362. 1887.
Gildemeister, M.: Pflügers Arch. f. d. ges. Physiol. Bd. 162, S. 489. 1915.
Greeley, A. W.: Biol. bull. of the marine biol. laborat. Bd. 7, S. 1. 1904.
Hardy, W. B.: Journ. of physiol. Bd. 47, S. 108. 1913/14.
Hörmann, G.: Studien über die Protoplasmaströmung der Characeen. Jena 1898.
Jürgensen, Th.: Studien d. physiol. Inst. Breslau Bd. 1, S. 87. 1861.
Klemm, P.: Jahrb. f. wiss. Botanik Bd. 28, S. 647. 1895.
Koketsu, R.: The bot. magaz. Tokyo Bd. 30, S. 264. 1916.
Kövessy, Fr.: Cpt. rend. hebdom. des séances de l'acad. des sciences Bd. 155, S. 63. 1912.
Kühne, W.: Untersuchungen über das Protoplasma. Leipzig 1864.
Kunkel, A.: Arb. d. bot. Inst. Würzburg Bd. 2, S. 333. 1882.
Meier, H. A.: Botan. Gaz. Bd. 72, S. 113. 1921.
Munk, H.: Du Bois u. Reicherts Arch. f. Anat. u. Physiol. 1873, S. 241.
Osterhout, W. J.: Science Bd. 35, S. 112. 1912; Bd. 37, S. 111. 1913.
— Journ. of gen. physol. Bd. 3, S. 15, 145. 1920; S. 415, 611. 1921; Bd. 4. S. 1, 275. 1921.
Small, J.: Proc of the roy. soc. of London Bd. 90, S. 349. 1919.
Steinach, E.: Pflügers Arch. f. d. ges. Physiol. Bd. 125, S. 239. 1908.
Thornton, W. M.: Proc. of the roy. soc. of London (B) Bd. 82, S. 638. 1911.
Velten, W.: Sitzungsber. d. Akad. Wien, Mathem.-naturw. Kl. Bd. 73. I, S. 293, 343. 1876.

III.

Bersa, E. v.: Österr. botan. Zeitschr. 1921, S. 194.
Bose, Ch.: Recherches on Plants Irritability. London 1913.
Brunn, J.: Cohns Beitr. z. Biol. Bd. 9, S. 307. 1908.
Cremer, M.: Nagels Handb. d. Physiol. Bd. IV. 1909.
Eucken, A.: Pflügers Arch. f. d. ges. Physiol. Bd. 123, S. 454. 1908; Bd. 140, S. 593. 1911.
Gassner, G.: Botan. Ztg. Bd. 64, S. 149. 1906.
Gildemeister, M., u. O. Weiss: Pflügers Arch f. d. ges. Physiol. Bd. 130, S. 329, 630. 1909.
Hermann, L.: Pflügers Arch. f. d. ges. Physiol. Bd. 127, S. 172. 1909.
Hill, V. A.: Journ. of Physiol. Bd. 40, S. 190. 1910.
Jost, L.: Vorlesungen über Pflanzenphysiologie. Jena 1913.
Lapicque: Journ. de physiol. et de pathol. gén. Bd. 9, S. 620. 1907.
— Cpt. rend. des séances de la soc. de biol. Bd. 62, S. 615; Bd. 63, S. 37. 1907.

Nernst, W.: Pflügers Arch. f. d. ges. Physiol. Bd. 122, S. 286. 1908.
— u. v. Zeynek: Göttinger Nachr., Mathem.-phys. Kl. 1899, H. 1.
Pütter, A.: Naturwissenschaften Bd. 8, S. 501. 1920.
Reiss, E.: Pflügers Arch. f. d. ges. Physiol. Bd. 117, S. 578. 1907.
Steinach, E.: Pflügers Arch. f. d. ges. Physiol. Bd. 125, S. 239 1908.
Stern, K.: Pflügers Arch. f. d. ges. Physiol. Bd. 193, S. 479. 1922.

IV.

Abbott, J., u. A. Life: Amer. journ. of physiol. Bd. 22, S. 116.
Bancroft: Pflügers Arch. f. d. ges. Physiol. Bd. 107, S. 335. 1905.
— Univ. of Calif. Publ. Physiol. Bd. 3, S. 21. 1906.
— Journ. of physiol. Bd. 34, S. 444. 1906.
— Journ. of exp. zool. Bd. 4, S. 157. 1907; Bd. 15. 1913.
Bethe, A.: Pflügers Arch. f. d. ges. Physiol. Bd. 163, S. 147. 1916.
Birukoff: Pflügers Arch. f. d. ges. Physiol. Bd. 77, S. 555. 1899.
— Arch. f. Anat. u. Physiol. S. 271. 1904.
Carlgreen, O.: Arch. f. Anat. u. Physiol., S. 49. 1900.
— Zeitschr. f. allg. Physiol. Bd. 5, S. 123. 1905.
Coehn u. Barrat: Zeitschr. f. allg. Physiol. Bd. 5, S. 1. 1905.
Greeley, A. W.: Biol. bull. of the marine biol. laborat. Bd. 7, S. 1. 1904.
Hermann, L.: Pflügers Arch. f. d. ges. Physiol. Bd. 37, S. 457. 1885; Bd. 39, S. 414. 1886.
Jennings: Journ. of physiol. Bd. 21, S. 305. 1897.
— Die niederen Organismen. Leipzig 1914.
Kühne, W.: Untersuchungen über das Protoplasma. Leipzig 1864.
Loeb, J., u. Budgett: Pflügers Arch. f. d. ges. Physiol. Bd. 65, S. 518. 1897.
Statkewitsch: Zeitschr. f. allg. Physiol. Bd. 5, S. 511. 1905.
Thornton, W. Proc. of the roy. soc. of London (B) Bd. 82, S. 638. 1911.
Terry, O.: Amer. journ. of physiol. Bd. 15, S. 238. 1906.
Unger, F.: Die Pflanze im Moment der Tierwerdung. 1843.
Verworn, M.: Psychophys. Protistenstudien. 1889.
— Pflügers Arch. f. d. ges. Physiol. Bd. 45, S. 1. Bd. 46, S. 267. 1889; Bd. 62, S. 415; Bd. 65, S. 47. 1896.

V.

Bayliss, J.: Ann. of botan. Bd. 21, S. 387. 1907.
Bersa, E. v.: Österr. botan. Zeitschr. 1921, S. 194.
Bethe, A.: Pflügers Arch. f. d. ges. Physiol. Bd. 183, S. 289. 1920.
— u. Th. Toropoff: Zeitschr. f. physikal. Chem. Bd. 88, S. 686. 1914; Bd. 89, S. 597. 1915.
Brunchhorst, J.: Ber. d. dtsch. botan. Ges. Bd. 2, S. 204. 1884.
— Botan. Zentralbl. Bd. 23, S. 192. 1885.
Elfving, F.: Botan. Ztg. Bd. 40, S. 257, 273. 1882.
Ewart u. J. Bayliss: Proc. of the roc. soc. of London (B) Bd. 77, S. 63. 1906.
Gassner, G.: Botan. Ztg. Bd. 64, S. 149. 1906.
— Ber. d. dtsch. botan. Ges. Bd. 25, S. 26. 1907.

Hegler, R.: Verhandl. d. Ges. dtsch. Naturforsch. u. Ärzte 1891, S. 108.
Letellier, A.: Bull. de la soc. botan. de France Bd. 46, S. 11. 1899.
Loeb, J.: Pflügers Arch. f. d. ges. Physiol. Bd. 67, S. 483; Bd. 69, S. 99. 1897.
Müller-Hettlingen, J.: Pflügers Arch. f. d. ges. Physiol. Bd. 31, S. 193. 1883.
Piccard, A.: Jahrb. f. wiss. Botanik Bd. 40, S. 94. 1904.
Rischawi, L.: Botan. Zentralbl. Bd. 22, S. 121. 1885.
Rothert: Zeitschr. f. allg. Physiol. Bd. 7, S. 142. 1907.
Schellenberg, H.: Flora Bd. 96, S. 474. 1906.

VI.

Bert, P.: Mém. de la soc. sciences de Bordeaux 1870.
Bethe, A., u. Happel: Pflügers Arch. f. d. ges. Physiol. (v. Kries-Festschrift) 1923.
Biedermann, W.: Elektrophysiologie. Jena 1895.
Blackmann, V., u. G. Paine: Ann. of botan. Bd. 32, S. 69. 1918.
Bose, Ch.: Plant response. London 1906.
— Comparative Electrophysiology. London 1907.
— Researches on Plants Irritability. London 1913.
— Ann. of botan. Bd. 27, S. 758. 1913.
— Proc. of the roy. Soc. of London (B) Bd. 90, S. 364. 1919.
Brown, W., u. L. Sharp: Botan. Gaz. Bd. 49, S. 290. 1910.
Cohn, F.: Abhandl. d. schles. Ges. f. vaterl. Kultur 1861.
Emden, G., u. Adler: Zeitschr. f. physiol. Chem. Bd. 118, S. 1. 1922.
Kabsch: Botan. Ztg. Bd. 19, S. 345. 1861.
Linsbauer, K.: Wiesner-Festschrift 1908, S. 396.
— Sitzungsber. d. Akad. d. Wiss., Wien Bd. 114, I, S. 809. 1905.
— u. L.: Sitzungsber. d. Akad. d. Wiss., Wien Bd. 115, I. 1906.
Pfeffer, W.: Pflanzenphysiologie II. Leipzig 1904.
Ritter, J. W.: Denkschr. d. Münchn. Akad. d. Wiss. 1809/10, S. 245.
Stern, K.: Ber. d. dtsch. botan. Ges. Bd. 39, S. 3. 1921; Bd. 40, S. 43. 1922.
— Zeitschr. f. Botanik Bd. 14, S. 234. 1922.
— Pflügers Arch. f. d. ges. Physiol. Bd. 193, S. 479. 1922.
Stoppel, R.: Zeitschr. f. Botanik Bd. 8, S. 609. 1916; Bd. 12, S. 529. 1920.
— Nachr. d. Ges. d. Wiss., Göttingen, math.-naturw. Kl. 1919.
Schweidler, E., u. A. Sperlich: Zeitschr. f. Botanik Bd. 14, S. 577. 1922.
Tigerstedt, R.: Svenska Akad. Handlingar Bd. 6. 1882.

VII.

Berthelot: Ann. de chim. et de phys. Bd. 10. 1877.
Bertholon: De l'éléctricité des végétaux. Paris 1783.
Bose, Ch.: Comparative Electrophysiology. London 1907.
Darwin, Fr.: Philos. Transact. Ser. B Bd. 190. 1898.
Gassner, G.: Ber. d. dtsch. botan. Ges. Bd. 25, S. 26. 1907.
Grafe, V.: Abderhaldens Handb. d. biochem. Arbeitsmeth. XI, 2. 1922.
Grandeau, L.: Cpt. rend. hebdom. des séances de l'acad. des sciences Bd. 87. 1878.

Höstermann: Arch. d. Landwirtschaftsrats Bd. 33. 1910.
Ingenhousz: Journ. de phys. de l'abbé Rozier Bd. 32. 1788.
Jallabert: Expériences sur l'électricité. Genève 1748.
Knight u. Priestley: Ann. of Botan. Bd. 28, S. 135. 1914.
Koltonski: Beih. z. Botan. Zentralbl. Bd. 23, I. 1908.
Körnicke, M.: Ber. d. dtsch. botan. Ges. Bd. 22, S. 155. 1904; Bd. 23, S. 404. 1905.
— Die Wirkung der Röntgenstrahlen auf die Pflanzen. Handb. d. ges. med. Anw. d. Elektr. Leipzig, 1922, III, 157,
Lemström, S.: Elektrokultur. Berlin 1902.
Lesage, P.: Cpt. rend. des hebdom. séances de l'acad. des sciences Bd. 157. 1913.
Löwenherz, R.: Zeitschr. f. Pflanzenkrankh. Bd. 15, S. 137. 1905; Bd. 18, S. 336. 1908.
Molisch, H.: Sitzungsber. d. Akad. d. Wiss., Wien Bd. 121, S. 833. 1912.
Naudin, Ch.: Cpt. rend. hebdom. des séances de l'acad. des sciences Bd. 89. 1879.
Nollet: Mém. de l'acad. des sciences, Paris 1747/48.
Pollacci, G.: Bull. de la soc. ital. des sciences de Firenze 1905, S. 94.
Priestley, J.: Journ. of the board of agricult. Bd. 20. 1913.
Solly, E.: Journ. of hortic. soc., London Bd. 1. 1846.
Spöhr, H.: Botan. Gaz. Bd. 59, S. 366. 1915.
Stäffelt, M.: Svensk botan. tidskr. Bd. 13, S. 61. 1919.
Stern, K.: Zeitschr. f. Botanik Bd. 11, S. 561. 1919.
Stoppel, R.: Zeitschr. f. Botanik Bd. 12, S. 529. 1920.
Thouvenin: Rev. gén. de botan. Bd. 8, S. 493. 1896.
Wollny, E.: Über die Anwendung der Elektrizität bei der Pflanzenkultur. München 1883.

VIII.

Becquerel: Ann. de chim. et de physique Bd. 31, III, S. 40.
Bernstein, J.: Elektrobiologie. Braunschweig 1912.
Bethe, A.: Scientia Bd. 8, S. 65. 1910.
Beutner, R.: Die Entstehung elektrischer Ströme in lebenden Geweben. Stuttgart 1920.
— Biochem. Zeitschr. Bd. 47, S. 73. 1912; Bd. 137, S. 496. 1923.
— Zeitschr. f. Elektrochem. Bd. 28, S. 483. 1922.
Biedermann, W.: Elektrophysiologie II. Jena 1895.
Buff: Liebigs Ann. d. Chem. u. Pharmazie 1854, S. 76.
Burdon-Sanderson: Proc. of the roy. soc. of London Bd. 21, S. 495. 1873.
— Phil. Trans. Bd. 173, I. 1882; Bd. 179, I. 1888.
— Biol. Zentralbl. Bd. 2, S. 481. 1882/83; Bd. 9, S. 1. 1889/90.
— u. Page: Proc. of the roy. soc. of London Bd. 25, S. 411.
Cremer, M.: Nagels Handb. d. Physiol. IV. 1909.
Donnan, F. G.: Zeitschr. f. Elektrochem. Bd. 17, S. 572. 1911.
Fraser, M.: Ann. of botan. Bd. 30, S. 181. 1916.
Haake, O.: Flora Bd. 50, S. 454. 1892.

Haber, F., u. Klemensiewicz: Zeitschr. f. physikal. Chem. Bd. 67, S. 385. 1909.
Hardy u. Harvey: Proc. of the roy. soc. of London (B) Bd. 84, S. 217. 1911.
Haynes, D.: Ann. of botan. Bd. 37, S. 95. 1923.
Hermann, L.: Pflügers Arch. f. d. ges. Physiol. Bd. 4, S. 155. 1871; Bd. 27, S. 280. 1882.
Höber, R.: Pflügers Arch. f. d. ges. Physiol. Bd. 106, S. 599. 1905.
Klein, B.: Ber. d. dtsch. botan. Ges. Bd. 16, S. 335. 1898.
Kunkel, A.: Pflügers Arch. f. d. ges. Physiol. Bd. 4, S. 155. 1871.
— Arb. d. botan. Ist. Würzburg Bd. 2, S. 1. 1878.
Loeb, J., u. R. Beutner: Biochem. Zeitschr. Bd. 41, S. 1. 1912; Bd. 44, S. 303. 1912; Bd. 51, S. 288. 1913; Bd. 59, S. 195. 1914.
Loeb, J.: Journ. of gen. physiol. Bd. 4, S. 351. 1922.
Müller-Hettlingen, J.: Pflügers Arch. f. d. ges. Physiol. Bd. 31, S. 193. 1883.
Munk, H.: Arch. f. Anat. u. Physiol. Bd. 30. 1876.
Natannsen, H.: Pflügers Arch. f. d. ges. Physiol. Bd. 196, S. 635. 1922.
Pflüger, E.: Untersuchungen über den Elektrotonus. Berlin 1859.
Ranke, J.: Sitzungsber. d. Akad. d. Wiss., München, Mathem.-naturw. Kl. 1872.
Rohonyi, H.: Biochem. Zeitschr. Bd. 66, S. 231, 248. 1914; Bd. 130, S. 68, 309. 1922.
Vorschütz, J.: Pflügers Arch. f. d. ges. Physiol. Bd. 190, S. 54. 1921.
Velten, W.: Botan. Ztg. Bd. 34, S. 273, 289. 1876.
Waller, A.: Signs of Life. 1903.
— Journ. of linn. soc. Bd. 37.
— Rep. of brit. soc. for adv. of sc. 1911, S. 173; 1913, S. 241.
Wartmann: Arch. des sciences phys. et nat., Genève 1850.
Woronzeff, D.: Pflügers Arch. 197. 471. 1922.

Namenverzeichnis.